Kolodej: **Mobbing**

Christa Kolodej: **Mobbing**

Psychoterror am Arbeitsplatz
und seine Bewältigung

Mit zahlreichen Fallbeispielen
und Tipps für Betroffene,
Führungskräfte
und BeraterInnen

WUV

Bibliografische Information Der Deutschen Bibliothek

Die Deutsche Bibliothek verzeichnet diese Publikation
in der Deutschen Nationalbibliografie;
detaillierte bibliografische Daten sind im Internet über
http://dnb.ddb.de abrufbar.

WUV, Berggasse 5, A-1090 Wien

Umschlaggestaltung: Atelier Tiefenthaler
Druck: Facultas AG
Printed in Austria

ISBN 3-85114-882-7

Meinen Eltern und meiner Freundin Lotte

Inhalt

Teil II: Fallbeispiele

Vorwort zur 1. Auflage

> Streit ist ein historisch-gesellschaftliches Phänomen, das durch Übung, Einübung, also gesellschaftlichen Gebrauch oder Nicht-Gebrauch ins Leben kommen und am Leben bleiben kann oder mutiert und verschwindet. Streit braucht Schauplätze, Anwendungsgebiete, um sich nicht an der eigenen Erbärmlichkeit zu erübrigen.
> (Christina Thürmer-Rohr 1989)

Mobbing: Für die Betroffenen bedeutet dies, ein Trauma bewältigen zu müssen, einen tiefen Schock erlitten oder auch einen innerlichen Bruch erlebt zu haben. Sie leiden unter gravierenden psychischen Beschwerden, die von Konzentrationsproblemen bis zu Depressionen und Selbstmordgedanken reichen. Mobbingerlebnisse haben bei lang anhaltender Dauer eine dermaßen traumatisierende Wirkung, dass sie von den normalen psychischen Kräften nicht mehr bewältigt werden können. Die Folge ist das Auftreten schwerwiegender physischer Folgeerscheinungen, die von Kopf- und Magenschmerzen, Übelkeit, Schweißausbrüchen, Ein- und Durchschlafstörungen bis zu Herz- und Kreislaufproblemen gehen können. Die Behandlung so entstandener Krankheitssymptome verursacht jährlich enorme medizinische Kosten. Zudem entstehen Kosten für die Betriebe durch die Verschlechterung des Betriebsergebnisses, vermehrte Krankenstände, Motivations- und Leistungsabbau sowie Fluktuation und Neueinschulungen aufgrund von Kündigungen.

Mobbing ist kein neues Phänomen am Arbeitsplatz, es ist lediglich die Umschreibung des alten Sachverhaltes der Konflikteskalation im Berufsleben mit einem neuen Begriff, sodass die Thematik neu beleuchtet ins Bewusstsein einer breiten Bevölkerungsschicht gelangte. Dem gezielten Psychoterror am Arbeitsplatz auf Einzelne oder Gruppen geht eine lange eskalierende Konfliktdynamik voraus. Die Positionen sind zumeist so verhärtet, dass die Chance zur Lösung kaum gegeben scheint. Niemand will den lange mit allen Mitteln verteidigten Standpunkt aufgeben, hinter die Fassaden des eigenen Tuns, des eigenen Beteiligtseins blicken. Festgehalten wird an einem unhinterfragten Standpunkt, der in Opfer- und Täterschemata kategorisiert. In den vielen für dieses Buch geführten Gesprächen mit Betroffenen, Beteiligten, MitläuferInnen und TäterInnen verdeutlichte sich eines schnell: Mit einseitigen Betrachtungsweisen ist keiner/m der Beteiligten gedient. Die Entwicklung lässt sich nur aus der Dynamik des jeweiligen Verlaufes beschreiben und erhellen.

Mobbinghandlungen beziehen sich auf die unterschiedlichsten Bereiche. Es kann zu Beeinträchtigungen der Kommunikation kommen, indem z. B. die Betroffenen ständiger Kritik ausgesetzt sind, unentwegt unterbrochen werden oder die KollegInnen den Kontakt mit ihnen meiden, sie wie Luft behandeln. Die sozialen Beziehungen und das soziale Ansehen werden durch solche und ähnliche Handlungen maßgeblich gestört, sodass die Betroffenen zumeist in eine starke Isolation geraten. Mobbinghandlungen betreffen darüber hinaus oft auch die Arbeitssituation selbst. Gezielte Über- und Unterforderung der Betroffenen, sinnlose Arbeitsaufträge oder das ständige Infragestellen der Entscheidungen der Betroffenen seien hier beispielhaft erwähnt. Darüber hinaus kommt es zu physischen Gewalthandlungen in Form von gesundheitsschädlichen Arbeitsaufträgen, der Androhung von Gewalthandlungen, dem Anrichten von Schäden im Heim oder am Arbeitsplatz der Betroffenen oder in Form von sexuellen Belästigungen.

Mobbingprozesse beeinträchtigen die Lebensqualität der Betroffenen maßgeblich und wirken sich auf die unterschiedlichen Lebensbereiche aus. Nicht nur, dass der Bereich der Arbeit gestört wird und die existentielle Absicherung in Gefahr gerät, auch das psychische und physische Wohl wird in Mitleidenschaft gezogen. Oftmals wird zudem das soziale Netz durch die Ausweitung des Konfliktes auf den privaten Bereich zerstört. Je mehr Bereiche durch den Mobbingprozess gestört werden und je geringer der individuelle Handlungsspielraum hierdurch wird, desto tiefer ist die individuelle Bedrohung des Lebenskonzeptes, die bis zum Suizid der Betroffenen führen kann.

Im Rahmen des vorliegenden Buches werden eine Vielzahl von Präventionsmöglichkeiten aufgezeigt, durch die Konflikte und ihre Eskalationen in Mobbing verhindert oder beendet werden können. Es wird u. a. auf die organisatorischen Rahmenbedingungen, die Unterstützung produktiver sozialer Arbeitsbeziehungen, die Institutionalisierung eines Problembewusstseins und auf Evaluierungsmethoden von Mobbing eingegangen. Darüber hinaus wird durch die durchgeführten Interviews mit Betroffenen gezeigt, dass die Unternehmenskultur, der damit verbundene Führungsstil und die Personalpolitik eine wesentliche Rolle bei der Etablierung von Mobbing spielen. Relevant sind weiters die im Betrieb bestehenden Normen und Werte, die es erlauben oder eben nicht, sich Mobbinghandlungen zu bedienen.

Ein wichtiges Augenmerk wird neben der Veranschaulichung präventiver Maßnahmen auf konkrete Interventionsmöglichkeiten bei bereits bestehenden Mobbingverläufen gelegt. Mögliche betriebliche Interventionsformen gehen hierbei u. a. von der Moderation über Supervision, Mediation, Mobbingberatung, Organisationsentwicklung, Schiedsverfahren bis hin zu Machteingriffen. Verdeutlicht wird, dass die Interventionsmethoden dem jeweiligen Eskalationsgrad und den Rahmenbedingungen des Mobbingprozesses entsprechen müssen. Je früher eine Konfliktintervention erfolgt, desto größer sind die Chancen auf eine konstruktive Konfliktlösung. Durch die zahlreichen Interviews mit Betroffenen und Beteiligten wurden zudem individuelle konfliktlösende Interventionsstrategien erarbeitet. Einige Interviewte konnten den

Mobbingprozess durch ihre eigene Initiative und die Unterstützung ihres sozialen Umfeldes beenden, andere brachen unter der Last der Erniedrigungen und Demütigungen zusammen, wurden krank oder verließen im Schock die Arbeitsstelle. Bei allen Interviews mit Mobbingbetroffenen zeigte sich die selbstheilende Kraft, die durch die aktive Gegenwehr und die Unterstützung des sozialen Umfeldes entstand. Deutlich wird, dass es wichtig ist, sich zur Wehr zu setzen; deutlich wird aber auch, dass es noch wichtiger ist abzuschätzen, ob sich dieser Kampf lohnt. Hilfe und Unterstützung bei diesem Entscheidungsprozess sind elementar, die Entscheidung selbst kann nur und soll bei den Betroffenen bleiben.

Das vorliegende Buch soll Betroffene, ihr berufliches und privates Umfeld, Vorgesetzte sowie alle Betriebsverantwortlichen und BeraterInnen dabei unterstützen, Mobbingentwicklungen konstruktiv entgegenzuwirken. Die Analyse einer Vielzahl von Mobbingverläufen hat gezeigt, dass Mobbing ein Phänomen ist, das wohl mit einer großen Eigendynamik verbunden ist, dem jedoch mit dem Wissen um das Phänomen, der richtigen Interventionssetzung und der Bereitschaft zur offenen Konfliktauseinandersetzung konstruktiv entgegengewirkt werden kann. Mobbing ist so kein Phänomen, dem die Beteiligten hilflos ausgesetzt sind. Es gilt dementsprechend zu erkennen und zu vermitteln, dass der Mensch ein Teil des Systems Arbeitsplatz mit all seinen Facetten und Unliebsamkeiten ist und dass er als solcher dieses auch zu bewegen vermag.

Vorwort zur 2. Auflage

Im Perspektivenwechsel liegen die Chancen der Veränderung.

Am Beginn dieses Buches stand eine mir vertraute Zugfahrt. An diesem Nachmittag saß ich im Zug mit dem Gedanken an das vorliegende Buch. Lange hatte ich mich mit unterschiedlichen Herangehensweisen auseinander gesetzt, ich hatte einige Wege geprüft und wieder verworfen. In dieser Situation ließ ich meinen Blick aus dem Fenster schweifen und betrachtete die mir mittlerweile vertraut gewordene Landschaft, als ich mich spontan entschloss, den Platz zu wechseln. Nun saß ich nicht mehr, wie zuvor, in der Fahrtrichtung sondern mit dem Rücken dazu und ich konnte die mir so vertraut gewordene Landschaft nicht mehr erkennen. Sie erschien durch meine wenigen Bewegungen in einem neuen, für mich unbekannten Licht. So sehr ich versucht habe, sie wieder zu erkennen, gelang es mir nur schwer und ich musste mich ihr neu stellen. Diese neue Perspektive ermöglichte es mir, den alten Blick auf die gewohnte Landschaft zu schärfen und sie anders zu sehen. Meine Landschaft bekam Kontur.

Damals in diesem Zug hatte ich den ersten Gedanken, der später für mich ein wesentlicher Bestandteil meiner Arbeit mit Betroffenen von Mobbing und ihren Organisationen wurde.

Dem Perspektivenwechsel als Chance der Veränderung bei Konflikten galt fortan mein besonderes Interesse. Gerade bei eskalierenden Konflikten, wie ich heute weiß, birgt er die Chance zur Versöhnung in sich. Aus meiner Auseinandersetzung entwickelte sich in den folgenden Jahren das vorliegende Buch, das nun neu überarbeitet wurde, eine Beratungsstelle, die heute zu den größten in Österreich zählt, und ein Lehrgang, der Menschen in beratenden Berufen das spezifische Know-how der Konflikt- und Mobbingberatung vermittelt.

In den letzten Jahren ist in Bezug auf das Thema Mobbing viel geschehen. Von den anfänglichen bewusstseinsbildenden Maßnahmen bis hin zur Etablierung von Anlaufstellen innerhalb vieler großen Unternehmen wie z. B. Universitäten, Ministerien, Gewerkschaften, Banken, Betriebe des Gesundheitswesens, der Entwicklung von Betriebsvereinbarungen und externen Mobbingberatungsstellen hat sich langsam eine Infrastruktur entwickelt.

Die Interdisziplinarität unterschiedlicher Fachrichtungen in Bezug auf Mobbing hat begonnen. Zugleich besteht hier ein großer Entwicklungsbedarf. Themen der Qualitätssicherung und Standards in der Konflikt- und Mobbingberatung sollten verstärkt ins Zentrum der Betrachtung rücken. Mehr noch als bisher bedarf es der Zusammenarbeit unterschiedlicher Fachdisziplinen, um bestmögliche Hilfestellungen für die Betroffenen, Beteiligten und ihre Organisationen bieten zu können. Die nunmehr vorliegende zweite, überarbeitete Auflage dieses Buches soll die bereits begonnenen Entwicklungen unterstützend begleiten helfen.

Teil I: Grundlagen

1 Der Mobbingbegriff

Das Wort Mobbing geht auf das englische Wort „mob“ zurück, das übersetzt „zusammengerotteter Pöbel(haufen), Gesindel, Bande, Sippschaft“ bedeutet (Messinger/Rüdenberg 1977). Im Ursprung entstammt das Wort der lateinischen Bezeichnung „mobile vulgus“. Dies meint übersetzt „aufgewiegelte Volksmenge, Pöbel, soziale Massengruppierungen mit sehr geringem oder völlig fehlendem Organisationsgrad, in denen triebenthemmte, zumeist zerstörerisch wirkende Verhaltenspotenz vorherrscht“ (vgl. Meyers großes Taschenlexikon 1992). Etabliert haben sich für das Phänomen des Psychoterrors am Arbeitsplatz darüber hinaus im angelsächsischen Sprachgebrauch der Begriff „bullying“ (vgl. Adams 1992; Bing 1992; Zemke 1987). Übersetzt bedeutet „bullying“ tyrannisieren, schikanieren, einschüchtern und piesacken (Messinger/Rüdenberg 1977). Im US-amerikanischen Kontext ist zudem die Bezeichnung „(sexual) harassment“ gebräuchlich (vgl. Brodsky 1976; Collins/Blodgett 1981; Gold/Unger 1993). Gemeint ist auch mit diesem Begriff das ständige Belästigen, Beunruhigen, Quälen und Aufreiben von Menschen am Arbeitsplatz (Messinger/Rüdenberg 1977). Als weiteres Äquivalent für das Phänomen Mobbing dient der Begriff „(employee) abuse“ (vgl. Toohey 1991; Wilson 1991). Auch dies sucht den Missbrauch, die grausame Behandlung, Beschimpfung und Schmähung von MitarbeiterInnen zu veranschaulichen (Messinger/Rüdenberg 1977).

Aus entwicklungsgeschichtlicher Sicht wurde der Begriff Mobbing bereits 1958 vom Verhaltenswissenschaftler Lorenz angewendet. Er verwendete den englischen Begriff Mobbing, um das Angriffsverhalten von Tieren gegenüber einem einzelnen Tier zu beschreiben. Mobbing ist für ihn zum Beispiel, wenn sich eine Gruppe von Gänsen gegen einen Fuchs zusammenrottet und diesen mit gezielten Angriffen vertreibt (vgl. Lorenz 1991).

In den 60er Jahren etablierte sich der Begriff durch eine Publikation des schwedischen Mediziners Heinemann, der angelehnt an das Angriffsverhalten der Tiere, ähnliches Verhalten bei Kindern beobachtete und ebenfalls als Mobbing bezeichnete. Sein Buch „Mobbing – Gruppengewalt unter Kindern und Erwachsenen“ wurde in den skandinavischen Ländern zum Bestseller und machte den Begriff in einer breiten Bevölkerungsschicht bekannt (vgl. Heinemann 1972; vgl. Niedl 1995). Zwanzig Jahre später verwendete der schwedische Arbeitspsychologe und Betriebswirt Leymann den Begriff Mobbing erstmalig in seiner heutigen Bedeutung für gezielten Psychoterror am Arbeitsplatz.

Anhand der Ausführungen zeigt sich, dass die Mobbingforschung, die es sich zum Ziel gesetzt hat, den gezielten Psychoterror am Arbeitsplatz zu analysieren, ein relativ junger Forschungszweig ist. Wesentlich ist, dass die Handlungen, die dem Begriff Mobbing zugeordnet werden, im Arbeitsprozess nicht neu sind, jedoch durch die Verknüpfung mit einem populärwissenschaftlichen Begriff über die Grenzen wissenschaftlicher Forschungstätigkeit hinaus ein erhöhtes Bewusstsein für die Bedrohlichkeit des Phänomens hergestellt werden konnte. Dies hat Präventions- und Interventionscharakter, da Prozesse, Handlungen und physische sowie psychische Erscheinungsformen nicht nur benannt, sondern somit auch erkennbar geworden sind. Diejenigen, die Dinge benennen, beherrschen diese in der Regel auch und schaffen durch die Festlegung des Begriffes Wirklichkeit (vgl. Diergarten 1994, S. 10).

Heinz Leymann liefert die im deutschsprachigen Raum gebräuchlichste Definition von Mobbing. Er definiert Mobbing als einen *zermürbenden Handlungsablauf*, der erst durch seine *ständige Wiederholung* zu Mobbing wird. Als kommunikative Handlung kann es zu gravierenden psychischen und physischen Folgen führen. Er beschreibt mit einem einfachen Beispiel den Unterschied zwischen einer einmaligen negativen Handlung und seiner Ausbreitung und Häufung über einen längeren Zeitraum. „Eine Unverschämtheit, einmal gesagt, ist und bleibt eine Unverschämtheit. Wiederholt sie sich aber jeden Tag über mehrere Wochen, dann sprechen wir von Mobbing" (1993, S. 22). Mobbing wird dementsprechend von ihm wie folgt definiert:

> Der Begriff Mobbing beschreibt negative kommunikative Handlungen, die gegen eine Person gerichtet sind (von einer oder mehreren anderen) und die sehr oft oder über einen längeren Zeitraum hinaus vorkommen und damit die Beziehung zwischen Täter und Opfer kennzeichnen (Leymann 1993, S. 21).

Leymann hat seine Definition durch 45 Handlungen innerhalb eines Mobbingfragebogens operationalisiert. Mobbing ist für ihn dann gegeben, wenn eine oder mehrere von 45 genau beschriebenen Handlungen *über ein halbes Jahr* oder länger, *mindestens einmal pro Woche*, vorkommen (siehe Anhang). Unter kommunikativen Handlungen werden auch stumme körperliche Handlungen sowie Gewaltakte subsumiert. Dies steht ganz im Einklang mit Watzlawicks These (1990), dass jegliche Art von Handlung Kommunikation darstellt. Wenngleich die Erläuterung der Mobbinghandlungen, die im Folgenden als feindselige Angriffe bezeichnet werden, die zeitlichen Angaben und die Häufigkeiten im vorliegenden Buch übernommen werden, wird der von Leymann vorgegebene Fragebogen als Orientierungshilfe angesehen und nicht als ausschließliches Faktum für Mobbing gewertet. Verschiedene Untersuchungen haben gezeigt, dass nicht alle Mobbinghandlungen durch den Fragebogen beschrieben sind und der prozesshafte Charakter eines Mobbingverlaufes in seinem Umfang nicht erfasst werden kann (vgl. Knorz/Zapf 1996; Neuberger 1995).

Vartia (1996), der die Begriffe Mobbing und Bullying äquivalent benutzt, betont wie Leymann, dass der Begriff Mobbing erst dann benutzt werden sollte, wenn die Handlungen über einen längeren Zeitraum stattfinden. Darüber hinaus bemerkt er, dass es oftmals zu einer Hilflosigkeit seitens der Gemobbten kommt, sich zur Wehr zu setzen.

> Bullying is long-lasting recurrent, and serious negative actions, and behavior that is annoying and oppressing. It is not bullying if you are scolded once or somebody shrugs his/her shoulders at you once. Negative behavior develops into bullying when it becomes continuous and repeated. Often the victim of bullying feels unable to defend him/herself (S. 205).

Für Einarsen und Skogstad (1996) ist die hilflose und unterlegene Position sogar wesentliches Definitionskriterium des Mobbinggeschehens.

> ... a person is defined as bullied if he or she is repeatedly subjected to negative acts in the workplace. However, to be a victim of such bullying one must also feel inferiority in defending oneself in the situation (Einarsen/Skogstad 1996, S. 187).

Wenngleich auch im vorliegenden Buch davon ausgegangen wird, dass das Kräfteverhältnis zu Ungunsten einer Partei verschoben ist, so wird dies nicht automatisch damit gleichgesetzt, dass sich die Betroffenen als hilflos und ausgeliefert empfinden müssen.

Zuschlag (1994) erweitert die Definition von Leymann auf Personengruppen, die zu Mobbingbetroffenen werden können. Angehörige definierbarer Minderheiten wie AusländerInnen, Behinderte, Homosexuelle oder Frauen in Männerberufen können als Sündenböcke stigmatisiert und so zu Mobbingbetroffenen werden. Diese Erweiterungen sind wichtig und sollen im vorliegenden Buch berücksichtigt werden.

Als interessant erweist sich auch Neubergers Definition, die im ersten Anschein sehr einfach erscheint. Von Bedeutung ist sie, weil sie verschärft auf die TäterInnen-Betroffenen-Perspektive verweist. Neuberger definiert Mobbing dementsprechend mit dem Satz: „Jemand spielt einem übel mit und man spielt wohl oder übel mit" (1995, S. 11). Auch dies ist eine wesentliche Bereicherung für die bereits vielfach angewandte Definition von Leymann, da gerade dem Mobbingprozess eine immense (gruppen-)dynamische Komponente anhaftet, durch die es erst zu Eskalationsprozessen mit psychischen und physischen Folgen für die Betroffenen kommen kann. Die entscheidende Erweiterung zu der Definition von Leymann liegt in der Akzentsetzung auf beiden Parteien, denen Aktivität zugeschrieben wird. Es wird die eine Seite (Betroffene) nicht zum passiven Empfänger der Initiativen der anderen Seite (Täter) gemacht.

> Mobbing ist somit keine einseitige Täter-Opfer-Relation, sondern ein dynamisches Hin und Her von Attacke und Gegenwehr, bei dem erst am (vorläufigen) Ende bilanziert und zugeschrieben (Sieger-Verlierer, Täter-Opfer) werden kann (Neuberger, 1995, S. 12).

Dieser Aspekt soll zudem verdeutlicht werden, indem der Begriff Betroffene/r anstatt Opfer in der vorliegenden Arbeit verwendet wird. Dies impliziert die potentielle Handlungstätigkeit und -möglichkeit. Ausschließlich in Bezug auf physische und sexuelle Gewalt wird der Begriff Opfer Verwendung finden.

Aufgrund der unterschiedlichen Differenzierung bezüglich der betroffenen Personen und Personengruppen, des Mobbingverlaufes und des Kräfteverhältnisses der Beteiligten lautet die im vorliegenden Buch angewandte Definition von Mobbing wie folgt:

Der Begriff Mobbing beschreibt eine Konflikteskalation am Arbeitsplatz, bei der das Kräfteverhältnis zu Ungunsten einer Partei verschoben ist. Diese Konfliktpartei ist systematisch feindseligen Angriffen ausgesetzt, die sich über einen längeren Zeitraum erstrecken, häufig auftreten und zu maßgeblichen individuellen und betrieblichen Schädigungen führen können.

2 Ergebnisse der empirischen Mobbingforschung

2.1 Verbreitung von Mobbing

Eine Vielzahl der durchgeführten Untersuchungen stellt die Frage, welche Verbreitung das Phänomen Mobbing in einzelnen Unternehmen oder innerhalb der Bevölkerung eines Landes findet. Niedl hat die Forschungsarbeiten zum Thema Mobbing in Österreich, Deutschland und in den skandinavischen Ländern untersucht und kommt zu dem Schluss, dass „Prozentsätze der Mobbingbetroffenheit im Ausmaß von 1 % bis 16,9 % der untersuchten Population berichtet werden" (1995, S. 45).

Leymann hat die erste große Untersuchung in Schweden 1991 an 3.507 Berufstätigen im Alter von 18 bis 65 Jahren aus einem Bevölkerungsregister ausgewählt und anonym anhand eines Fragebogens befragt. Die Ergebnisse wurden mittels des LIPT-Fragebogens (Leymann Inventory of Psychological Terrorization) ermittelt. Sie stellen ein standardisiertes Erhebungsinventarium dar, welches 45 verschiedene operationalisierte Mobbinghandlungen enthält, die aufgrund von 300 zuvor durchgeführten Interviews mit Betroffenen, Arbeitsmedizinern und Betriebsräten erarbeitet wurden. Die Untersuchung ergab, dass 3,5 % der befragten Personen durch eine oder mehrere Mobbinghandlungen betroffen waren. Bei einer Übertragung dieses Prozentsatzes auf die Gesamtbevölkerung ergab sich für Leymann, dass *„jede vierte Person Gefahr läuft, zumindest einmal während ihres Berufslebens ein halbes Jahr lang Mobbingopfer zu sein"* (1993, S. 84).

Auch eine große norwegische Untersuchung bestätigt diesen Richtwert. Anhand einer Stichprobe von 4.742 Personen aus einer Grundgesamtheit von 10.611 Gewerkschaftsmitgliedern ergab sich, dass 10,3 % im letzten halben Jahr von Mobbing betroffen gewesen waren. Davon gaben 2,2 % an, wöchentlich oder öfter pro Woche Mobbing ausgesetzt gewesen zu sein und der Rest von 8,1 % gab an, *ab und zu* oder *eher selten* in Mobbinghandlungen involviert gewesen zu sein (vgl. Niedl 1995, S. 13).

Eine vergleichsweise junge Untersuchung, die im Auftrag der Europäischen Stiftung zur Verbesserung der Lebens- und Arbeitsbedingungen (Dublin-Stiftung) durchgeführt wurde, zeigt, dass in der Europäischen Union 12 Millionen – dies entspricht einem Anteil von rund 8 % – in den letzten 12 Monaten an ihrem Arbeitsplatz unter Mobbing gelitten haben. Hierbei geht das Europäische Parlament den Erfahrungen entsprechend von einer höheren Dunkelziffer aus. Die Untersuchungsergebnisse fußen auf Direktbefragungen von 21.500 ArbeitnehmerInnen in den EU-Mitgliedstaaten. (Europäisches Parlament, Bericht des Ausschusses für Beschäftigung und soziale Angelegenheiten, sowie des Ausschusses für die Rechte der Frau auf Chancengleichheit, und Erschließung des Europäischen Parlaments zu Mobbing am Arbeitsplatz 2001).

Darüber hinaus ergab eine im Rahmen eines Forschungsprojektes der Bundesanstalt für Arbeitsschutz und Arbeitsmedizin in Deutschland durchgeführte Studie eine „Mobbingquote" in der erwerbstätigen Bevölkerung von 2,7 %. Wenn man diese Zahlen auf einen Betrieb mit 100 Beschäftigten überträgt, bedeutet dies, dass 3 MitarbeiterInnen aktuell an Mobbing leiden. Die ebenfalls erhobene „Betroffenheitsquote" betrug nach dieser Studie 11,3 %, woraus folgt, dass jede neunte Person im Alter zwischen 15 und 65 Jahren mindestens einmal im Laufe ihrer Erwerbstätigkeit gemobbt wurde (Meschkutat/Stackelbeck/Langenhoff 2002)

2.2 Auftretenshäufigkeit und -dauer

Vergleicht man die in Schweden gewonnen Ergebnisse, so variiert der Anteil an der Gesamtpopulation, der berichtet, von Mobbing täglich betroffen zu sein, zwischen 2,5 % und 16,2 %. Eine weitere Befragung nach der wöchentlichen Betroffenheit schlägt sich in einer Antwortbreite von 1,7 % bis 6,4 % nieder (vgl. Leymann 1993, S. 10). Klaus Niedl kommt zu dem Schluss, „daß ein *durchschnittlicher Anteil der Gesamtpopulation von 5 % bis 10 % ein häufiges Auftreten feindseliger Handlungen*" berichtet (vgl. Niedl 1995, S. 46).

Im Hinblick auf die Dauer der durchgeführten Mobbinghandlungen ergibt ein Vergleich der bisher durchgeführten Studien, dass 2,2 % bis 8,8 % der befragten Personen eine Dauer der Mobbinghandlung über fünf Jahre angibt. 2 % bis 10,8 % der Gesamtpopulation waren innerhalb eines Zeitraumes von zwei bis fünf Jahren Mobbinghandlungen ausgesetzt (vgl. Leymann 1993, S. 10). Diejenigen 5 % bis 10 %, die von einem häufigen Auftreten feindseliger Handlungen sprachen, gaben eine *Auftretensdauer zwischen einem und fünf Jahren* an.

2.3 Position und Anzahl der Mobbingbeteiligten

Mobbing kann sowohl auf der vertikalen Beziehungsebene von der oder dem Vorgesetzten gegen die oder den Untergebene/n oder von der oder dem Untergebenen gegen die oder den Vorgesetzte/n, als auch auf der horizontalen Beziehungsebene, von der Kollegin oder dem Kollegen gegen den Kollegen oder die Kollegin, stattfinden. Niedl verweist jedoch in diesem Zusammenhang darauf, dass sich Mobbing *in erster Linie als ein Phänomen unter hierarchisch gleichgestellten Personen darstellt* (vgl. Niedl 1995). Hierfür gibt es die unterschiedlichsten Gründe. Manchen Angriffen liegt eine persönliche Feindschaft zugrunde, manchmal wird die eigene Unzufriedenheit an sozial schwächeren oder andersartigen Menschen ausgelassen, manchmal dient Mobbing dazu, Gruppenmitglieder an die Gruppennormen anzupassen oder es wird aus Langeweile und zum Zeitvertreib gemobbt. Aber auch Konkurrenz um bessere Arbeitsaufgaben, um einen besseren Status oder ein besseres Gehalt kann den Auslöser für Mobbing unter KollegInnen darstellen.

Als zweithäufigste Form kommt Mobbing von der oder dem Vorgesetzten zum/zur Untergebenen vor. Diese Form des Mobbings wird auch *Bossing* genannt. Hierbei ergaben die Untersuchungen von Knorz/Zapf (1995, S. 30), „daß Vorgesetzte zu einem großen Anteil mitbeteiligt sind beim *Mobbing* und daß sich Vorgesetzte und Kollegen oft zusammentun, um jemanden zu schikanieren (oder zu disziplinieren)“. Übergriffe von Vorgesetzten zeichnen sich häufig durch unangemessene, willkürliche oder überzogene Machtausübung aus.

> Er kann wichtige Fragen verheimlichen, Informationen manipulieren oder offen aussprechen. Er hat seine persönliche subjektive Meinung über jeden einzelnen Mitarbeiter, die er meistens nicht sagt, aber indirekt ausstrahlt. Er kann Prämien beliebig verteilen und Macht in Form von (...) Lob und Tadel ausdrücken. (...) Er kann Arbeitsgruppen spalten, die Mitarbeiter durch gezielte persönliche Bemerkungen gegeneinander ausspielen, Mißtrauen säen, Eifersüchteleien provozieren, Konkurrenz- und Machtkämpfe um seine Gunst schüren (Moebius 1988, S. 37).

Diese Form der Konflikte ist von besonderer Intensität für die MitarbeiterInnen, da sie zumeist mit Existenzängsten und dem Gefühl der Machtlosigkeit verbunden sind. Huber zählt in ihrer Untersuchung die typischen Strategien von Vorgesetzten auf. Hauptsächliche Maßnahmen zur Schikane von Untergebenen sind demnach die Unterforderung oder Überforderung dieser, ständige Kontrolle, Kompetenzbeschneidungen, Isolierung, immerwährende Änderungen der Arbeitsaufgabe, das Übertragen von sinnlosen Arbeitsaufgaben oder von Aufgaben, die für die Betroffenen am unangenehmsten und schwersten sind. Auch Angriffe auf die Gesundheit sowie Anspielungen auf die psychische Verfassung zählen hierbei zu geläufigen Mobbingstrategien (vgl. Huber 1993). Darüber hinaus erwähnt Zuschlag, dass Vorgesetzte die Möglichkeit haben, Schikanen als logisch nachvollziehbare Maßnahmen und somit als scheinbar sachliche Erfordernisse darzustellen (1994, S. 57). Dies erschwert es den MitarbeiterInnen, sich gegen diese erfolgreich zur Wehr zu setzen. Vorgesetzte haben somit die Möglichkeit der Rationalisierung, indem nachvollziehbare Gründe vorgeschoben werden, die aber mit den tatsächlichen Ursachen nichts zu tun haben.

Als dritthäufigste Form, ist die Schikane von den Untergebenen zum/zur ChefIn zu erwähnen, die auch *Staffing* genannt wird. Diese stellt aufgrund des

Machtaspektes zwischen Vorgesetzten und Untergebenen eine seltene Form des Mobbings dar. Leymann verweist in diesem Zusammenhang auf zwei Typen von Übergriffen. Zum einen kann es zu Mobbing kommen, wenn die Belegschaft vom Arbeitgeber einen Vorgesetzten erhält, den sie nicht will.

Mobbing richtet sich dann jedoch nicht gegen die Arbeitgeber, sondern gegen den/die neue/n Vorgesetzte/n. Der Protest trifft dann in der Regel ein unschuldiges Opfer. Neueinstellungen können jedoch auch dann zu Mobbing führen, wenn der oder die MitarbeiterIn den ihm/ihr gestellten Aufgaben aufgrund eines mangelnden Überblickes, fehlender sozialer oder fachlicher Kompetenz, nicht gerecht werden kann. Zum anderen kann es zu Mobbing kommen, wenn der/die ChefIn als ungerecht, kränkend oder autoritär empfunden wird. „Diese Fälle sind nur sehr selten. Und meistens scheinen die Vorgesetzten den Krieg zu gewinnen" (Leymann 1993, S. 40).

Die bisherigen Untersuchungen ergaben darüber hinaus, dass Mobbing ein eindeutiges *Gruppenphänomen* ist, an dem sich neben der betroffenen Person immer mehr als nur eine Person beteiligen (vgl. Niedl 1995). Denkbar ist es jedoch auch, dass sich eine Mobbingdynamik aus einem Konflikt zwischen zwei Personen heraus entwickelt und erst später durch Koalitionen zum Gruppenphänomen und zu Isolation von einer Person oder einer Gruppe führt. Dass jedoch eine ganze Gruppe oder Abteilung gemobbt wird, kommt relativ selten vor, da sie für sich schon eine eigene Macht darstellt und schwer zu schikanieren ist. Gruppen, die sich einig sind, können nicht effektiv angegriffen werden. „Allerdings gibt es Fälle, in denen einzelne Abteilungen eine hohe Fluktuation haben, weil sie von anderen Abteilungen gemobbt werden" (Waniorek/Waniorek 1993, S. 14). Einzelne KollegInnen können oder wollen dem Druck nicht standhalten und verlassen dann die Abteilung. Dies führt zu einer hohen Fluktuation, die es der Restgruppe erschwert, einen inneren Zusammenhalt herzustellen, der wiederum ein wichtiges Schutzschild gegen Mobbing darstellt. In der Mehrzahl der Fälle jedoch trifft Mobbing auf ein einzelnes Individuum.

> Zwei Drittel aller Mobbing-Opfer sehen sich nicht einem Einzelkämpfer gegenüber, sondern einer Gruppe von Gegnern, wobei die Zusammensetzung dieser Gruppe variabel ist. Es kann sich um eine/n AnführerIn und dessen/deren Gefolgschaft oder mehrere AnführerInnen und deren MitläuferInnen handeln. Das Schlimme aus der Sicht des Opfers ist, daß sich eine Gruppe viel verantwortungsloser, enthemmter, triebhafter, aggressiver, irrationaler, destruktiver und gedankenloser verhält, als es der Einzelne tun würde (Hesse/Schrader 1993, S. 123).

2.4 Branchen und Berufszugehörigkeit der Betroffenen

Die bisherigen Untersuchungen ergaben *keinen signifikanten Unterschied zwischen der Mobbingbetroffenheit und der Branchenzugehörigkeit* (vgl. Niedl 1995). Auch die schwedische Untersuchung von Leymann ergab keine signifikanten Untersuchungen, wenngleich er Tendenzen für eine unterschiedliche Mobbingwahrscheinlichkeit bezüglich der Branchen aufzeigte. Die Bereiche Produktion, Handel, Land- und Forstwirtschaft und Gesundheitswesen zeigen demnach einen geringen Grad an Mobbing auf. Hingegen konnte er im Bildungswesen einen tendenziell hohen Grad an Mobbing nachweisen. „Nur 6,5 % der Befragten kommen aus diesem Berufsfeld, aber 14,1 %, also proportional doppelt so hoch, ist der Anteil der Mobbingopfer“ (Leymann 1993, S. 85).

2.5 Alter der Betroffenen

In einer norwegischen Untersuchung ergab sich ein signifikanter Zusammenhang zwischen steigendem Alter und steigender Mobbingbetroffenheit. Die Altersgruppe der über 61-Jährigen war demnach am stärksten betroffen. (vgl. Niedl 1995). Als Begründung könnte hierfür die Rezession der Wirtschaftslage und das damit verbundene Verdrängen *kostenintensiver* älterer MitarbeiterInnen zugunsten jüngerer MitarbeiterInnen dienen. Mobbing wird dann als ein Mittel benutzt, um unliebsame MitarbeiterInnen zur Kündigung zu veranlassen, ohne ihnen eine Abfertigung zahlen zu müssen. Die Ergebnisse der quantitativen Untersuchungen gestalten sich jedoch äußerst divergent. Leymann führt hierzu aus, dass die bisherigen Untersuchungen „keinen signifikanten Unterschied, wenn auch die Gruppe 21 bis 30 Jahre und 31 bis 40 Jahre einen etwas höheren Anteil an Mobbingopfern aufweist als die drei Altersgruppen 41 bis 50, 51 bis 60 und über 61 Jahre“ ergeben haben (1993, S. 85). Als Interpretation könnte hierfür der noch höhere Konkurrenzkampf der jüngeren ArbeitnehmerInnen um die wenigen Positionen dienen.

Die bisherigen Ergebnisse lassen demnach die Tendenz erkennen, dass an den jeweiligen Randbereichen des beruflichen Werdeganges, in der Zeit nach dem Berufseinstieg oder vor dem Berufsausstieg, ein erhöhtes Mobbingrisiko besteht.

2.6 Persönlichkeitsfaktoren der Betroffenen

In einer norwegischen Untersuchung wurde der Zusammenhang zwischen den beiden Persönlichkeitsfaktoren *Selbstachtung* und *soziale Angst* in Beziehung zu Mobbing gesetzt. Die Auswertungsergebnisse zeigten, dass Personen, die häufig gemobbt wurden, einen signifikant geringeren Grad an Selbstachtung und einen hohen Grad an sozialer Angst aufwiesen. „Beide Faktoren korrelieren hochsignifikant (soziale Angst positiv, Selbstachtung negativ) mit einem aus mehreren Faktoren zusammengesetzten Mobbingindex“ (Einarsen/Raknes 1991; vgl. Niedl 1995).

In einer deutschen Untersuchung von Zapf und Warth

> gaben die Mobbingopfer im Vergleich zu Nichtopfern beispielsweise viel häufiger an, daß sie Konflikte erst sehr spät bemerken, und es zeigt sich, daß sie wesentlich häufiger Konfliktvermeider waren als die Nichtopfer (1997, S. 28).

Leymann führte eine Studie durch, in der er die Persönlichkeit der gemobbten Personen untersuchte. Es zeigten sich *keine typischen Persönlichkeitsmerkmale.*

> ... research so far has not revealed any importance of personality traits either with respect to adults at workplaces or children at school. We regard statements about character problems of single individuals by logic, as false statement (Leymann 1996, S. 178).

Anhand von Tagebuchaufzeichnungen entdeckte er jedoch, dass Mobbingbetroffene unter langsamen Persönlichkeitsveränderungen leiden, die sich zum Beispiel in Form von Hilflosigkeits- und Misstrauensgefühlen bemerkbar machen können.

> ... the individual can develop major personality changes as a symptom of a major mental disorder due to the mobbing process. As the symptoms of this changed personality are quite typical and distinct, it is understandable, but still false, that even psychiatrists lacking modern knowledge about PTSD as a typical victim disorder misunderstand the symptoms as being what the individual brought into the company in the first place (Leymann 1996, S. 178).

Dementsprechend sollten die Persönlichkeitsveränderungen der Betroffenen im Sinne der Untersuchungen von Leymann als Folge und nicht als Ursache von Mobbing angesehen werden.

Niedl kommt nach einer ausführlichen Sichtung des bisherigen Forschungsmaterials zu dem Schluss, dass aufgrund der wenigen Ergebnisse im Bereich prozessauslösender und -fördernder Persönlichkeitsfaktoren gemobbter Personen eine Einschätzung eines derart sensiblen Bereiches verfrüht scheint und zu monokausalen *Schuldzuweisungen* führen könnte (vgl. Niedl 1995). *Gerade eine vorschnelle Kategorisierung in Opfer-, TäterInnen- und MitläuferInnenpersönlichkeiten, wie dies von vielen AutorInnen betrieben wird, führt zu Schuldzuweisungen und behindert auch nach Ansicht der Verfasserin einen konstruktiven Lösungsprozess.* Die Festschreibung der Rollen auf Persönlichkeitsmerkmale vernachlässigt zum einen die dynamisch-wechselseitige Entwicklung im Mobbingprozess und berücksichtigt zum anderen die organisatorisch-gesellschaftlichen Faktoren nicht.

2.7 Geschlechtsspezifische Aspekte von Mobbing

2.7.1 Geschlechtsspezifische Unterschiede bei Betroffenen und TäterInnen

In Bezug auf die Geschlechterverteilung der Mobbingbetroffenen zeigt sich in fast allen Studien, dass *Frauen zu zwei Drittel häufiger von Mobbing betroffen sind als Männer* (vgl. Zapf/Warth 1997). Thomas führt dies darauf zurück, dass Männer in unserer Gesellschaft noch immer die hierarchisch höher gestellten Positionen innehaben und somit mit mehr innerbetrieblicher Macht ausgestattet sind. „Der Anteil der mobbenden Männer ist zweifellos größer, weil die Führungspositionen mehrheitlich von Männern gehalten werden und sich Mobbing von oben nach unten ungleich stärker auswirkt" (1993, S. 63).

Eine landesweite Untersuchung in Schweden ergab, dass Männer zu 76 % von Männern, zu 3 % von Frauen und in 21 % von beiden Geschlechtern angegriffen werden. Frauen werden zu 40 % von Frauen, zu 30 % von Männern und in 30 % aller Fälle von beiden Geschlechtern schikaniert (Leymann 1993, S. 87). Es zeigt sich auch hier, dass der Anteil der mobbenden Männer wesentlich größer ist als der der Frauen. Dass Männer allgemein mehr Mobbing betreiben, liegt zum einen in dem bereits erwähnten Ungleichgewicht der Verteilung der innerbetrieblichen Führungspositionen, zum anderen in der patriarchalen Geschlechterideologie, die Frauen als Objekte männlicher Begierde und Macht definiert.

Darüber hinaus besteht ein hoher Prozentsatz des Gleichgeschlechtlichenmobbings. Männer mobben hauptsächlich Männer, und Frauen mobben hauptsächlich Frauen in einer hierarchischen Ebene, wobei die sexuelle Belästigung am Arbeitsplatz eine Ausnahme darstellt (siehe 3.2). Ein Grund hierfür kann in einer immer noch bestehenden Geschlechterteilung in der Berufswahl, die zu einer weitgehenden Trennung der Geschlechter in der Arbeitswelt führt, gesehen werden.

2.7.2 Sexuelle Belästigung als Mobbinghandlung

Die patriarchale Gesellschaftsideologie verdeutlicht sich wohl am anschaulichsten durch die Tatsache der sexuellen Belästigung am Arbeitsplatz. Sie ist eine besondere, geschlechtsspezifische Form von Psychoterror, bei dem es nicht um sexuelle Befriedigung, sondern um einen Machtverweis an die Frau geht. *Ist ein repetitives Verhalten festzustellen, so wird die sexuelle Belästigung unter dem Mobbingbegriff subsumiert* (vgl. Niedl 1995). *Wichtig ist hierbei jedoch, dass dies keinesfalls die eigenständige Berücksichtigung von sexueller Belästigung erspart,* da das schwerwiegende Ausmaß der Handlung bei der Leymannschen Definition erst durch ihre häufige Wiederholung zum Tatbestand wird. Einmalige sexuelle

Übergriffe fallen demnach nicht in die Beurteilung und müssen zusätzlich berücksichtigt werden.

Leymann stellt in seiner quantitativen Befragung zur sexuellen Belästigung drei Fragen. Er fragt, ob den Frauen obszöne Schimpfwörter oder andere entwürdigende Ausdrücke nachgerufen worden waren, ob sie durch verbale sexuelle Annäherungen oder sexuelle Angebote entwürdigt worden waren und ob es zu sexuellen Handgreiflichkeiten gekommen war.

> Legt man unsere Mobbingdefinition zugrunde, dann war nur eine/r von 400 Befragten (0,25 %) während der letzten zwölf Monate sexuellen Belästigungen ausgesetzt. Läßt man Handlungen gelten, ohne sich darum zu kümmern, wie oft und wie lange sie vorkamen, dann fühlte sich eine/r von 150 Befragten (0,66 %) betroffen (Leymann 1993, S. 90).

Adäquate Vergleichsstudien widerlegen jedoch seine Ergebnisse eindeutig (vgl. Hopfgartner/Zeichen 1988; vgl. Meschkutat/Holzbecher/Richter 1993). So ergab eine mittels qualitativer und quantitativer Methodik erhobene österreichische Befragung an 1.411 Frauen, dass 36,6 % der Frauen alle paar Tage sexuellen Übergriffen ausgesetzt sind. Davon waren 2,6 % der Frauen täglich von sexuellen Angriffen betroffen (vgl. Hopfgartner/Zeichen 1988). Im Sinne der Mobbingdefinition nach Leymann waren also 39,2 % von sexueller Belästigung am Arbeitsplatz betroffen.

Eine undifferenzierte Erhebung der sexuellen Belästigung, wie sie von Leymann durchgeführt wurde, muss als Bagatellisierung von sexueller Belästigung am Arbeitsplatz zurückgewiesen werden. Die Verbalisierung von sexueller Belästigung am Arbeitsplatz ist zu oft immer noch als gesellschaftliches Tabu anzusehen, dem nur mittels eines differenzierten Erhebungssensoriums beizukommen ist.

2.7.3 Geschlechtsspezifische Unterschiede bei der Gegenwehr des Opfers

Ein gravierender geschlechtsspezifischer Unterschied ergab sich bei einer erfolgten Selbstverteidigung der Opfer. Während bei den Männern nach einer erfolgten Gegenwehr die sexuellen Belästigungen aufhörten, wurden die sexuellen Belästigungen bei Frauen häufig weitergeführt. „Wenn ein Mann sich wehrt, gilt er lediglich als *Spielverderber*, einer Frau dagegen wird dann erst recht gezeigt, daß man sich von ihr nichts bieten läßt“ (Meschkutat/Holzbecher/Richter 1993, S. 30). Ob die weibliche Gegenwehr zum Ziel führt, hängt maßgeblich von der Abwehrstrategie ab. Anhand der ausdifferenzierten Darstellung der Untersuchungsergebnisse von Meschkutat, Holzbecher und Richter über die unterschiedlichen Formen der Gegenwehr von Frauen zeigt sich deutlich, dass nur eine klare Grenzziehung seitens der Frau zur Beendigung der sexuellen Belästigung führte (1993). Die meisten Frauen wählten jedoch indirekte Formen der Abwehr. Sie versuchten, das Verhalten des Belästigers zu ignorieren, ihn zu meiden, oder sie gingen scherzhaft mit den Belästigungen um. Diese Strategien erwiesen sich nur zu einem Drittel der evaluierten Fälle als erfolgreich. Zwei Drittel der Frauen waren weiterhin den sexuellen Belästigungen ausgesetzt.

Ein deutlicher Unterschied in der Reaktion des sexuellen Belästigers zeigte sich, wenn die Frauen direkte Formen der Abwehr wählten. Solche direkten Formen wie zum Beispiel sich körperlich zur Wehr zu setzen, die Androhung von Beschwerden bei Vorgesetzten oder das direkte Zur-Rede-Stellen des Belästigers führten zu einem hohen Prozentsatz zur Beendigung der Übergriffe. So stellten 38 % der Frauen den Mann zur Rede und verbaten sich die Belästigungen. Dieses Verhalten führte in zwei Drittel (63 %) der Fälle zur Beendigung der sexuellen Belästigung. *Eine aktive, offensive und klare Gegenwehr führt dementsprechend für Frauen mit einer größeren Wahrscheinlichkeit zum Ende der sexuellen Belästigung.*

> Es lassen sich eindeutige Vorteile erkennen, wenn eine Frau den betreffenden Mann sofort und unmittelbar beim ersten Übergriff zur Rede stellt und deutlich macht, daß sie ein solches Verhalten nicht wünscht und duldet. Je länger die Belästigte sexuelle Übergriffe kritiklos erträgt, desto weniger erfolgreich verlaufen in der Regel ihre Abwehrversuche (Meschkutat/Holzbecher/Richter 1993, S. 31).

2.7.4 Geschlechtsspezifische Unterschiede bei der Wahl der Mobbinghandlungen

Leymann verweist auf geschlechtsspezifische Unterschiede in der Ausführung von Mobbinghandlungen. Männer bedienen sich häufiger *rationaler Strategien.* Diese können als eine verdeckte Form des Mobbens charakterisiert werden, sie wird mit scheinbar logischen und rationalen Argumenten betrieben. Die betroffene Person wird kritisiert, ihr wird gedroht, sie wird unterbrochen oder die Arbeit wird auf falsche Art beurteilt. *Frauen hingegen setzen häufiger die Strategie der sozialen Manipulation ein.* Diese zeichnet sich durch Handlungen wie die Verbreitung von Gerüchten oder Andeutungen aus. Im Folgenden sollen die von Leymann herausgefundenen sieben häufigsten Mobbinghandlungen, die von Männern und Frauen ausgeführt werden, veranschaulicht werden (vgl. 1993, S. 89).

Bei der Kategorisierung von männlichen und weiblichen Mobbingstrategien zeigt sich, dass die Mobbinghandlungen der Männer häufig eine Machtposition im Betrieb voraussetzen. Die Einteilung zu Strafarbeiten oder zu erniedrigenden Arbeiten erfordert eine hierarchisch höhere Position des Mobbingtäters zum/zur Betroffenen.

Die sieben häufigsten Mobbinghandlungen, die von Frauen ausgeführt wurden:

- Man spricht hinter seinem Rücken schlecht über jemanden.
- Man macht jemanden vor anderen lächerlich.
- Man verbreitet Gerüchte über jemanden.
- Man schränkt jemandes Möglichkeiten ein, sich zu äußern.
- Man macht sich über eine Behinderung lustig.
- Man macht Andeutungen, ohne etwas direkt zu sagen.
- Man übt Druck aus durch ständige Kritik an jemandes Arbeit.

Die sieben häufigsten Mobbinghandlungen, die von Männern ausgeführt wurden:

- Jemand wird zur Strafe ständig zu neuen Arbeiten eingeteilt.
- Man übt durch mündliche Drohungen Druck auf jemanden aus.
- Man spricht nicht mehr mit jemanden.
- Man greift jemandes politische oder religiöse Einstellung an.
- Man wird an einem Arbeitsplatz eingesetzt, an dem man von anderen isoliert ist.
- Man wird ständig unterbrochen.
- Man wird gezwungen, Arbeiten auszuführen, die das Selbstbewusstsein verletzen.

Die Kategorisierung der Mobbinghandlungen in männlich-rationale und weiblich-emotionale Strategien kann zum einen als eine Festschreibung der patriarchalen Geschlechterideologie angesehen werden. Zum anderen kann sie jedoch auch als ein Resultat der geschlechtsspezifischen Sozialisation interpretiert werden, die Männer auf den rationalen Produktionsbereich hin erzieht und Frauen auf den sozialen Reproduktionsbereich der Hausarbeit. *Diese Sozialisation wirkt sich demnach auf die Wahl der Mobbinghandlungen aus. Frauen suchen das soziale Ansehen, Männer das berufliche Ansehen zu schädigen.*

3 Mobbingangriffsbereiche

3.1 Allgemeine Belästigungen

Mobbing ist ein spezifisches Phänomen, das sich erst aus seinem Verlauf erklären lässt. Einzelne der im Folgenden beschriebenen Handlungen müssen noch nicht zu Mobbing führen, erst in der zeitlichen Häufung werden sie für die Betroffenen zum Psychoterror. So ist es zum Beispiel noch nicht Mobbing, wenn ein Kollege oder eine Kollegin einmal nicht gegrüßt wird. Wird er oder sie jedoch über Monate hinweg ignoriert, so ist dies Psychoterror und als solcher als Mobbing zu bezeichnen.

Auch Leymann geht auf die spezielle Problematik ein, dass sich Mobbing nur aus dem Prozess heraus verstehen und definieren lässt. Er beschreibt seine ersten Annäherungsversuche an die Problematik wie folgt:

> Erst langsam kamen wir an die Handlungen heran, und es zeigt sich, daß viele Handlungen dazu gehören, die zwischen Menschen häufig passieren, ohne daß viel Aufhebens davon gemacht wird. Der Unterschied hier war, daß es immer und immer wieder vorkam, und das über längere Zeiträume. Auf diese Weise können auch Allerweltshandlungen, denen man mobbende Effekte gar nicht zutrauen sollte, einen Menschen zerbrechen. Sie machen ihn mürbe, erzeugen dauernde Angst. Nackte Existenzangst (Leymann 1993, S. 22).

Auch Walters Einwand ist in diesem Zusammenhang von Bedeutung, wenn er darauf hinweist, dass die Handlungen variieren: „An einem Tag wird nicht gegrüßt, am anderen wird besonders frech gegrüßt, am dritten Tag ist es nicht das Grüßen, sondern eine unlösbare Arbeitsaufgabe, am vierten Tag wird ein nasser Schwamm auf den Stuhl gelegt usw." (Walter 1993, S. 27). Gerade die Variation macht es oft für Außenstehende besonders schwierig, den Prozess als solchen zu erkennen. Oftmals ist dies erst möglich, wenn die Entwicklung schon einige Zeit in Gang ist. Erst der Prozess sich wiederholender oder summierender schikanöser Handlungen im Rückblick entscheidet darüber, ob Mobbing vorliegt oder nicht.

Aufgrund einer Sichtung deutschsprachiger und niederländischer Mobbingforschungen zeigte sich, dass indirekte Aggressionen den vorderen Rang bei den Nennungen von Mobbinghandlungen haben (Niedl 1995, S. 54). Als solche indirekten Aggressionen führt Björkqvist das ständige Unterbrechen, Andeutungen, ohne etwas Konkretes auszusprechen, oder auch Einschränkungen der Möglichkeit sich auszudrücken an (1992). Indirekte Aggression wird darüber hinaus häufig durch die soziale und arbeitsorganisatorische Isolierung der Betroffenen hervorgerufen (Vartia 1991, S. 132). Wenngleich vorhanden, spielen hingegen die Formen direkter Aggression wie zum Beispiel die Androhung von Gewalt, physische Misshandlungen oder das *Verpassen eines Denkzettels* eine geringe Rolle (vgl. Niedl 1995). Im Folgenden sollen fünf Bereiche, in denen es zu

Mobbinghandlungen kommen kann, detailliert dargestellt werden. Die Kategorisierung wurde von Leymann übernommen, da sie sich zur Differenzierung und Orientierung von Mobbinghandlungen gut eignet (vgl. Leymann 1993).

3.1.1 Angriffe auf der kommunikativen Ebene

> Das Leben – oder Wirklichkeit, Gott, Schicksal, Natur, Existenz oder welchen Namen auch immer man dafür vorzieht – ist also ein Partner, den man annimmt oder ablehnt und von dem man sich selbst angenommen oder verworfen, gefördert oder betrogen fühlt. Und in ganz ähnlicher Weise wie einem menschlichen Partner bietet man diesem existentiellen Partner seine Selbstdefinition zur Ratifizierung an und findet sie dann bestätigt oder entwertet; und von diesem Partner versucht man immer wieder, Hinweise auf die Natur der Beziehung zu ihm zu erhalten (Watzlawick 1990, S. 241).

Watzlawick beschreibt in dieser sehr eindringlichen Passage die gegenseitigen Austauschprozesse von Individuum und Gesellschaft, von Bestätigung und Ablehnung und deren existentielle Bedeutung für das einzelne Individuum. Menschliche Kommunikation ist das Bindemittel, das den Austauschprozess zwischen Individuum und Gesellschaft ermöglicht. Eine gestörte Kommunikation oder der Mangel an Kommunikation führt zu schwerwiegenden Schädigungen des Individuums. Dunkel und Zapf haben im Rahmen ihrer Untersuchung bestätigt, dass Arbeitsplätze, an denen Kommunikation nicht oder nur schwer möglich ist, psychische Stressreaktionen zur Folge haben (1986, S. 45; vgl. Greif/Bamberg/Semmer 1991).

Mobbingbetroffene können auf unterschiedliche Weise mittels kommunikativer Prozesse isoliert und in ihrem psychischen Wohlbefinden beeinträchtigt werden. Ständiges Unterbrechen, Anschreien und Beschimpfen, unaufhörliche Kritik an der Arbeit und dem Privatleben, mündliche und schriftliche Drohungen, Telefonterror, fortlaufende Kontaktverweigerungen durch abwertende Blicke oder Gesten und das kontinuierliche Meiden der Person sind nur einige Methoden, die von Betroffenen geschildert werden.

Eine besonders subtile Art ist nach Leymann die „wortlose Kommunikation“ (1993, S. 25). Achselzucken, eine bestimmte Kopfhaltung, Gesten, das Sichabwenden sind nur einige Formen, über die Geringschätzung und Verachtung vermittelt werden.

Eine ähnliche Wirkung hat die „irreführende Kommunikation“ (Leymann 1993, S. 25). Versprechen, die absichtlich nicht eingehalten werden, Informationen, die die Arbeit erschweren oder die absichtlich nicht weitergegeben werden und irreführende und verwirrende Rückmeldungen über die Arbeit sind nur einige Methoden, die hier zu subsumieren sind.

Einen großen Bereich der Schikanen am Arbeitsplatz nehmen die direkten verbalen Attacken ein. Auch hier sei wiederum erwähnt, dass es sich nicht um einmalige *Ausrutscher*, sondern um gezielte, häufig auftretende Attacken handelt. Themenbereiche können hierbei der Arbeitsstil, die Arbeitshaltung, der Arbeitseinsatz, die Fachkompetenz, angeblich zu häufige Arbeitspausen, angebliche Fehlzeiten, das persönliche Erscheinungsbild, der Führungsstil, aber auch die ethnische Herkunft, die soziale Schicht, das Geschlecht oder der persönliche Lebensstil sein.

Alle Methoden zielen jedoch auf das Mürbemachen der Betroffenen hin und führen letztendlich zu ihrer Isolation. Durch die mangelnde Kommunikation und Reflexion über die verlaufenden Prozesse kann es bei den Betroffenen zur Sprachlosigkeit kommen.

> Durch die Isolation während der alltäglichen Arbeiten fehlen deshalb plötzlich auch oft die Worte, um das Erlebte auszudrücken. Nicht nur die Erfahrung und Verhaltensweisen scheinen unerklärlich, auch die Worte, die das Geschehen beschreiben können, wirken absurd (Walter, 1993, S. 95).

3.1.2 Angriffe auf die sozialen Beziehungen

Die soziale Netzwerkforschung hat sich die Aufgabe gesetzt, die Funktion und Bedeutung von sozialen Beziehungen zu erforschen. Im Zentrum der Forschung stehen Familien und familienähnliche Strukturen sowie wichtige Alltagsbereiche wie Nachbarschaft, Arbeitswelt und Freizeit. Es zeigte sich, dass zum Beispiel betriebliche Stressoren besser bewältigt werden können, wenn ein intaktes soziales Umfeld besteht.

> There is increasing evidence that social support – that is, collegial relationships with co-workers or supervisors – can buffer the impact of stress. The logic underlying this moderating variable is that social support acts as a palliative, mitigating the negative effects of even high-strain jobs. For individuals whose work associates are unhelpful or even actively hostile, social support may be found outside the job. Involvement with family, friends, and community can provide the support – especially for those with a high social need – that is missing at work and that can make job stressors more tolerable (Robbins 1991, S. 611f.).

Der Austausch mit der Familie, Verwandten, FreundInnen und ArbeitskollegInnen ermöglicht es, dass schwierige Situationen bewältigt werden können, ohne dass größere psychische und physische Folgeerscheinungen entstehen. „*Social support* bedeutet, daß man jemanden hat, mit dem man über die Probleme reden kann, daß man Hilfe bekommt bei der Suche nach einer Lösung, daß man fühlt, da ist jemand, der sich um einen kümmert, dem man vertrauen kann" (Leymann 1993, S. 27). Brott hat die Funktion des sozialen Netzwerkes als eine Art „privater Sozialversicherung für Krisensituationen" charakterisiert (Keupp 1988, S. 696). Dies weist auf die zentrale Bedeutung des sozialen Netzwerkes als Vermittlungssystem sozialer Unterstützung hin.

> Das Netzwerk wird als Puffer gegen erfahrene Belastungen oder als Schutzschild gegenüber drohenden Krisen und Gefährdungen aufgefaßt. Defizitäre Unterstützungsnetzwerke werden als erhöhtes Erkrankungsrisiko verstanden (Keupp 1988, S. 700).

Gerade Mobbingprozesse zielen darauf ab, die Betroffenen von ihrem sozialen Netz zu isolieren.

> Eine wesentliche Wirkung der Isolation eines Menschen liegt darin, daß dieser dann keine Möglichkeit mehr hat, durch Vergleiche seiner Lebens- bzw. Arbeitsbedingungen mit den anderen Menschen zu erkennen, daß es sich bei den Regelungen nicht um lebens- bzw. betriebsnotwendige Maßnahmen handelt, sondern um bloße Willkür und Schikane (Zuschlag 1994, S. 80).

Eine genannte Strategie ist hierbei die Behinderung durch räumliche Isolierung. Der Kontakt mit den Betroffenen wird vermieden, sie werden nicht angesprochen, und man lässt sich auch nicht ansprechen. Die Betroffenen werden wie *Luft* behandelt. KollegInnen und MitarbeiterInnen werden angehalten, nichts mehr mit den Betroffenen zu sprechen. Die Betroffenen werden von allen sozialen Aktivitäten ausgeschlossen. Eine Extremform der Isolation ist die Versetzung in einen Raum ohne Kontakte zu den KollegInnen und ohne die Möglichkeit, eine sinnvolle Arbeit verrichten zu können. „Wir hatten da ein Zimmer, da waren alle Schreibtischschubladen und Schränke verschlossen, und beim Telephon war die Amtsleitung gekappt. Wenn einer in dieses Zimmer mußte, dann wußten alle, was los war" (Hochstätter 1990, S. 99).

Ist der Mobbingprozess weit fortgeschritten und innerhalb des Betriebes kein sozialer Rückhalt mehr möglich, so stellt das familiäre und freundschaftliche Netz den letzten Halt dar. Die betrieblichen Belastungen wirken sich auf die Mobbingbetroffenen sowohl psychisch als auch physisch aus. Da Mobbingprozesse meist über einen langen Zeitraum gehen, kann dies zu massiven Ehe- und Familienproblemen führen.

> In sehr vielen Fällen kommt es zu Trennungen in der Familie, da die Beziehung der Belastung nicht standhält. Damit verbunden ist dann oft ein sozialer Abstieg. Vielen Mobbingbetroffenen gelingt es nicht, sich wieder zu fangen und einen Neuanfang zu starten (Waniorek/Waniorek 1994, S. 151).

3.1.3 Angriffe auf das soziale Ansehen

Das soziale Ansehen eines Menschen bei seinen ArbeitskollegInnen, NachbarInnen, FreundInnen und in der Familie ist ein unmittelbarer Ausdruck seiner sozialen Beziehungen. Kommunikation und Interaktion mit dem sozialen Umfeld sind die Basis zum Aufbau und Erhalt des Selbstbewusstseins. „Damit man ein positives Bild von sich selbst entwickeln kann, muß man im Einklang mit sich selbst sein und sich als vollwertiges Mitglied der Gesellschaft empfinden“ (Sohm 1995, S. 29). Anerkennung, positive Rückmeldung, Ermutigung haben existentielle Bedeutung in der Konstruktion einer positiven, zur Welt zugewandten Lebenshaltung.

Besonders Mobbingbetroffene leiden stark unter Selbstzweifel und innerer Orientierungs- und Ziellosigkeit, da sie über einen längeren Zeitraum Angriffen auf ihr soziales Ansehen ausgesetzt waren. „Jemand lächerlich zu machen, respektlos zu beschimpfen, zu erniedrigen, das sind Mobbingaktivitäten, die, über die Zeit gesehen, das Ansehen und damit das Selbstvertrauen des oder der Betroffenen weitgehend untergraben können“ (Leymann 1993, S. 28). Die Strategien sind hierbei vielfältig: Die Person wird aufgrund persönlicher, politischer, ethnischer, geschlechtsspezifischer oder körperlicher Merkmale öffentlich lächerlich gemacht und diskriminiert. Sie wird gezwungen, Arbeiten zu versehen, die das Selbstbewusstsein verletzen. Ihre Arbeit wird falsch und kränkend beurteilt, und die Entscheidungen, die sie trifft, werden permanent in Frage gestellt. Die landläufigste Methode, das soziale Ansehen von KollegInnen oder MitarbeiterInnen zu manipulieren, ist das Verbreiten von Gerüchten. Unter Gerüchten werden unkontrollierte, meist mündlich verbreitete und nicht erwiesene Nachrichten verstanden, die zwar auf Tatsachen zurückgehen können, jedoch verzerrt und verfälscht weitergegeben werden (vgl. Pourroy 1986). Der Inhalt der Gerüchte ist hierbei vielfältig.

Erwähnt sei das unwahrheitsgemäße Behaupten, die Person sei in Ungnade bei den Vorgesetzten gefallen, die Person habe eine andere diffamiert, der/die MitarbeiterIn habe sich einer strafbaren Handlung schuldig gemacht. Die Familienangehörigkeiten und der Lebensstil werden durch Gerüchte diffamiert, auch Gerüchte über die angegriffene Gesundheit mit der zu erwartenden Arbeitsunfähigkeit sind häufig (vgl. Zuschlag 1994). Besonders bedrohlich wird die Demontage des sozialen Ansehens, wenn Gerüchte und Verleumdungen hinter dem Rücken des/der Betroffenen verbreitet werden. Plötzlich verhalten sich die KollegInnen distanziert oder sogar feindlich. Können die Betroffenen dem nicht schnell genug Einhalt gebieten, wird es immer schwerer, den geschädigten Ruf zu reparieren. Ziel solcher Attacken ist es meist,

> die Person lächerlich zu machen und sie zu isolieren. Gelingt diese Isolierung auch nur im Ansatz bei einer Einzelperson, kann dadurch eine Eigendynamik derart entstehen, daß auch andere Mitglieder der Arbeits- oder Bezugsgruppe den Eindruck gewinnen, mit dieser Person dürfe man nicht mehr sprechen bzw. Umgang pflegen, weil man dann selbst in die gleiche Schublade gesteckt wird und ebenfalls Gefahr liefe, aus der Gemeinschaft ausgeschlossen zu werden (Zuschlag 1994, S. 65).

Als extremste Form dieser Diffamierungen werden Personen als psychisch oder physisch krank tituliert, und es wird ihnen mit einer psychiatrischen Untersuchung als Sanktionierungsmaßnahme gedroht. Kommt es zu einer psychiatrischen Diagnose, bedeutet dies zumeist den Ausstieg aus dem Berufsleben, ohne je eine Chance auf Rückkehr zu haben. Es kann darüber hinaus zu einem *Self-fulfilling-prophecy*-Effekt kommen, indem sich der Mobbingbetroffene dem zugeschriebenen stigmatisierenden Verhalten angleicht und wirklich erkrankt. Die Betroffenen leiden dann unter einer zunehmenden persönlichen Einengung, in der sie jegliches Gefühl für ein selbstgesteuertes Leben verlieren. Temml (1997) bezeichnet dieses Phänomen als Framing. „Die von außen gesetzten Bedingungen schließen sich zu einem Rahmen, der ihre individuelle psychische Welt vollkommen und lückenlos umgibt“ (Temml 1997, S. 13).

3.1.4 Angriffe auf die Qualität der Berufs- und Lebenssituation

> Arbeit kann Quell von Selbstbewußtsein und Zufriedenheit, von intellektueller Anregung und sozialen Kontakten sein. Sie kann aber auch – und dafür steht Mobbing als Synonym – Entfremdung, Unterdrückung, Existenzkampf, Ursache von Frustration, von körperlichen und seelischen Krankheiten bedeuten (Diergarten 1994, S. 27).

Menschliche Arbeit hat darüber hinaus nicht nur einen Ertrag, sie hat einen Sinn. Gerade diese sinnstiftenden Momente der Arbeit sowie die darüber hinausgehenden Erfahrungsinhalte hat Marie Jahoda erforscht. Ausgehend von der Position, dass Arbeit den Bezug zur Realität darstellt, impliziert sie neben der finanziellen Existenzsicherung mehrere Erfahrungsdimensionen. Arbeit ermöglicht sozialen Kontakt außerhalb des engeren sozialen Netzes, sie schafft eine Zeitstrukturierung des Tagesablaufes, sie gibt die Möglichkeit, an kollektiven Zielen teilzuhaben, und sie verhilft zu einem anerkannten Status mit seinen Folgen für die persönliche Identität (vgl. Jahoda 1983).

Der identitätsstiftende Charakter von Arbeit ist in den westlichen Industrieländern besonders hervorzuheben. Die Berufssituation ist bestimmend für das gesamte Leben. Indem eine Person ein Produkt durch ihre Arbeit erschafft, vergegenständlicht sie sich selbst und tritt in Beziehung zu anderen Personen, die Gebrauch von dem Produkt machen, oder mit denen gemeinsam an der Herstellung gearbeitet wurde (vgl. Ottomeyer 1982). Die Kooperation mit anderen Menschen führt zu Identität, Selbstwert, Ordnung, Sicherheit und Status. Über den Beruf ist man Teil der Gesellschaft, er trägt zur Entwicklung des Menschen bei und ermöglicht soziale Kontakte. Schon Karl Marx hat die elementare Bedeutung der Arbeitstätigkeit für das Individuum erkannt. Er beschreibt den Menschen als ein Subjekt, das durch die Arbeit die Welt seiner Erfahrungen und zugleich sich selbst als Subjekt dieser Erfahrungen konstituiert.

Insgesamt findet sich bei Marx das Verständnis eines aktiv-handelnden Individuums, das in einer doppelten Beziehung zu seiner Umwelt steht und das daher Selbstbewußtsein durch produktive wie durch kommunikative Tätigkeit ausbildet (Tillmann 1993, S. 160; vgl. Schober 1994).

Arbeit stellt eine Basis des Selbstwertgefühls und der sozialen Anerkennung dar. Sie ist eine Quelle des Selbstbildes und auch des Bildes, das man sich von anderen Menschen macht. Sie bestimmt, wie man selbst eingeschätzt wird und wie man sich einer Person gegenüber verhält. Mobbing führt im Zusammenhang mit dem Arbeitsfeld zu einer enormen Einschränkung der Lebensqualität, gerade weil Arbeit und das Arbeitsfeld eine zentrale sinn- und identitätsstiftende Kategorie in unserem Leben ist. Dies erklärt auch die Tatsache, dass Mobbing in der Freizeit, bei der politischen Arbeit, so sie nicht hauptberuflich ausgeübt wird, oder im Sportverein geringere Auswirkungen hat (vgl. Leymann 1993). Sohm resümiert in ihrer Abschlussbemerkung zum Thema Mobbing berührend einfach: „Und vielleicht braucht es auch eine Gesellschaft, die das Individuum nicht nur über die berufliche Leistung und den Status definiert" (1995, S. 125).

Mobbing ist ein Prozess, in dem die Betroffenen um ihren Arbeitsplatz bangen müssen. Zugleich haben sie bereits die für die eigene Identitätsstabilisation notwendige Anerkennung, Bestätigung und Hilfestellungen durch die KollegInnen verloren. Dies löst bei ihnen unterschiedliche Reaktionen aus. In einer Langzeituntersuchung an englischen ArbeiterInnen, die vom Verlust der Arbeit bedroht waren, berichten Kasl und Cobb (1979) vom Anstieg der Depressionswerte, Absinken des Selbstwertes, Anämie und Angst, vermehrte psychophysiologische Symptome, Schlafschwierigkeiten, Gereiztheit und Verstimmung (vgl. Kirchler 1984).

Es zeigt sich, dass auch schon die Bedrohung des Arbeitsplatzes enorme Stressreaktionen hervorrufen kann. Doch gerade eine Vielzahl von Mobbingstrategien zielen darauf ab, die berufliche Situation zu erschweren und die Betroffenen aus dem Arbeitsprozess zu verdrängen.

Es gibt hierbei eine Vielzahl von Strategien. Zuschlag kategorisiert sie folgendermaßen (1994, S. 49ff.): Eingriffe in die Gestaltung des Arbeitsplatzes; Eingriffe in die Organisation der Arbeitsabläufe; Erschwerung oder Entziehung von Arbeit; Umsetzung, Versetzung an einen schlechteren Arbeitsplatz; Eingriff in die Besoldung oder auch die Gefährdung des Arbeitsplatzes.

Wie sich zeigt, ist der Handlungsspielraum derart groß, dass im Rahmen dieser Arbeit nur exemplarische Beispiele veranschaulicht werden sollen. Eine viel beschriebene Strategie ist die Über- oder Unterforderung der Betroffenen durch Vorgesetzte. Bei der Überforderung werden Aufgaben zugeteilt, die nicht im Rahmen der Fähigkeiten und Möglichkeiten der MitarbeiterInnen stehen oder die diese aufgrund mangelnder Kooperation und Materiallage nicht erfüllen können. Bei der Unterforderung wird den Betroffenen eine zu geringe oder keine Aufgabe zugeteilt. Beide Situationen führen zu einer enormen Stressbelastung. Darüber hinaus stellen sie eine Double-bind-Situation dar, da die Arbeitsaufgabe aus sich heraus nicht lösbar ist. Dies wiederum ermöglicht einen Grund für den/die Vorgesetzte/n, die Betroffenen vor den KollegInnen bloßzustellen und zu demütigen oder sie gar mit Entlassung zu bedrohen. Mobbing wird dann als Mittel benutzt, um den Betroffenen keine Abfertigung zahlen zu müssen. „Häufig fehlen sachliche Gründe, die eine Kündigung rechtfertigen würden. Da liegt es nahe, einer klaren Entscheidung auszuweichen und Mittel zu wählen, die von der gezielten Demütigung bis zur subtilen Folter reichen" (Hochstätter 1990, S. 98).

Als weitere häufige Mobbingaktion werden die fachlichen Qualifikationen der Betroffenen kritisiert oder gar negiert. Häufig genannte Angriffspunkte sind die Qualität der Arbeit, die Arbeitsplanung und Arbeitseinteilung, die Arbeitsgeschwindigkeit, die Kooperation mit anderen MitarbeiterInnen oder auch der Umgang mit Sicherheitsvorschriften.

Von Seiten der KollegInnenschaft besteht die Gefahr, dass die Arbeit der Betroffenen durch gezielte Sabotageakte gestört wird. So „verschwinden plötzlich Arbeitsunterlagen, Briefe und Telephonate werden zurückgehalten, auf die der Betroffene dringend wartet, und wichtige Besprechungen werden falsch terminiert" (Sohm 1995, S. 30).

Resultat dieser Sabotageangriffe ist zumeist, dass die Betroffenen für ihren Arbeitsplatz als nicht geeignet angesehen werden. Versetzung oder Kündigung setzen dann den Schlusspunkt in einem Prozess, der für die Mobbingbetroffenen lang anhaltende darüber hinausreichende psychische und physische Folgen hat.

Eine weitere, häufig geschilderte Mobbingmaßnahme ist die Androhung der Kündigung. Hierfür sind die unterschiedlichsten Strategien bekannt. Die Umsetzung oder Versetzung wird angedroht oder durchgeführt, die frühzeitige Pensionierung wird angedroht, *Degradierungen* werden angedroht oder vorgenommen, den Betroffenen werden wichtige Arbeitsgebiete entzogen, oder die Arbeitsgebiete der Betroffenen werden nach und nach soweit reduziert, dass dadurch letztlich ihre Weiterbeschäftigung in Frage gestellt ist. Auch kommt es vor, dass Familienangehörige, die im selben Betrieb beschäftigt sind, *sanktioniert* oder gekündigt werden, um die Betroffenen unter Druck zu setzen, Dienstwohnungen werden gekündigt, oder die Familienmitglieder werden gar selbst unter Druck gesetzt, sodass die Gemobbten zur Aufgabe des Arbeitsplatzes genötigt werden (vgl. Zuschlag 1994).

3.1.5 Angriffe auf die Gesundheit

Ein länger anhaltender Mobbingprozess führt zu psychischen und physischen gesundheitlichen Schädigungen. Darüber hinaus sind Mobbingbetroffene jedoch auch direkten Angriffen auf ihre Gesundheit ausgesetzt (vgl. Leymann 1993).

Es kann sich hierbei um Androhungen von physischer Gewalt handeln, Gewalt kann angewandt werden, oder die Betroffenen können körperlich misshandelt werden. Die Betroffenen können zu gesundheitsschädlichen Arbeiten gezwungen werden. Frauen sind häufig von sexuellen Übergriffen und Misshandlungen bedroht (siehe hierzu 3.2).

Eine weitere Variante stellen die Sachbeschädigungen dar. Es werden Kosten verursacht, die für die Betroffenen anfallen. „Man richtet physischen Schaden im Heim oder am Arbeitsplatz des Betroffenen an" (Leymann 1993, S. 33).

Allgemein stehen die physischen Bedrohungen am Ende der Eskalationsspirale von Mobbing. Sie finden glücklicherweise relativ selten statt. Hier ist jedoch wiederum die Ausnahme der sexuellen Belästigung, die häufig auftritt, zu erwähnen.

Besonders gefährdet sind, und dies ist wohl die schlimmste Seite dieses Themas, Menschen, „die bereits unter Gesundheitsschäden leiden, wie z. B. körperlich oder geistig Behinderte, Alkohol- oder Drogenabhängige, Patienten nach einem Herzanfall oder Schlaganfall, Patienten, die auf die regelmäßige Einnahme bestimmter Medikamente angewiesen sind (z. B. Zuckerkranke, Bluter, Epileptiker), sowie gebrechliche ältere Menschen" (Zuschlag 1994, S. 68).

3.1.6 45 Mobbinghandlungen (Leymann 1993)

Im Folgenden sollen fünf Bereiche, in denen es zu Mobbinghandlungen kommen kann, detailliert dargestellt werden. Im Laufe eines Mobbingprozesses werden zumeist die unterschiedlichsten Handlungen getätigt. Gerade die Variation macht es oft für Außenstehende besonders schwierig, den Prozess als solchen zu erkennen. Erst der Prozess sich wiederholender, über einen längeren Zeitraum hinweg vorkommender schikanöser Handlungen entscheidet darüber, ob Mobbing vorliegt oder nicht.

Angriffe auf die Möglichkeit sich mitzuteilen:

- Der/die Vorgesetzte schränkt die Möglichkeit ein sich zu äußern
- Man wird ständig unterbrochen
- Kolleginnen und Kollegen schränken die Möglichkeiten ein sich zu äußern

- Anschreien oder lautes Schimpfen
- Die Arbeitsleistung wird ständig kritisiert
- Das Privatleben wird ständig kritisiert
- Telefonterror
- Mündliche Drohungen
- Schriftliche Drohungen
- Kontaktverweigerung durch abwertende Blicke oder Gesten
- Kontaktverweigerung durch Andeutungen, ohne dass man etwas direkt ausspricht

Angriffe auf soziale Beziehungen:

- Man spricht nicht mehr mit dem/der Betroffenen
- Die Kollegen und Kolleginnen lassen sich nicht ansprechen
- Versetzung in einen Raum weitab von den Kolleginnen und Kollegen
- Arbeitskolleginnen und -kollegen wird verboten, den/die Betroffene/n anzusprechen
- Man wird wie Luft behandelt

Angriffe auf das soziale Ansehen:

- Es wird schlecht über die Betroffenen gesprochen
- Gerüchte werden verbreitet
- Die Gemobbten werden lächerlich gemacht
- Man verdächtigt jemanden, psychisch krank zu sein
- Man will jemanden zu einer psychiatrischen Untersuchung zwingen
- Über eine Behinderung wird gespottet
- Gang, Stimme oder Gesten werden imitiert, um jemanden lächerlich zu machen
- Die politische oder religiöse Einstellung wird angegriffen
- Man macht sich über das Privatleben lustig
- Man macht sich über die Nationalität lustig
- Die Betroffenen werden gezwungen, Arbeiten auszuführen, die das Selbstbewusstsein verletzen
- Der Arbeitseinsatz wird in falscher und kränkender Weise beurteilt
- Entscheidungen werden in Frage gestellt
- Man ruft ihm/ihr obszöne Schimpfworte oder andere entwürdigende Ausdrücke nach
- Sexuelle Annäherungen oder verbale sexuelle Angebote

Angriffe auf die Qualität der Berufs- und Lebenssituation:

- Es werden keine Arbeitsaufgaben zugewiesen
- Man nimmt ihm/ihr jede Beschäftigung am Arbeitsplatz, so dass er/sie sich nicht einmal selbst Aufgaben ausdenken kann
- Sinnlose Arbeitsaufgaben werden erteilt
- Man gibt ihm/ihr Aufgaben weit unter dem eigentlichen Können
- Es werden ständig neue Aufgaben zugewiesen
- Man gibt ihr/ihm „kränkende“ Arbeitsaufgaben
- Man gibt ihr/ihm Arbeitsaufgaben, die die Qualifikation übersteigen, um den Betroffenen/die Betroffene bloßzustellen

Angriffe auf die Gesundheit:

- Zwang zu gesundheitsschädlichen Arbeiten
- Androhung körperlicher Gewalt
- Anwendung leichter Gewalt, um jemandem einen Denkzettel zu verpassen
- Körperliche Misshandlung
- Man verursacht Kosten, um den Betroffenen zu schaden
- Es wird zu Hause oder am Arbeitsplatz materieller Schaden angerichtet
- Sexuelle Handgreiflichkeiten

3.1.7 Die häufigsten Mobbinghandlungen (Knorz/Zapf 1996)

Platz 1 Hinter dem Rücken wird schlecht über jemanden gesprochen
Platz 2 Abwertende Blicke oder Gesten
Platz 3 Kontaktverweigerungen durch Andeutungen
Platz 4 Falsche oder kränkende Beurteilungen der Arbeitsleistungen; man wird „wie Luft“ behandelt
Platz 5 Gerüchte werden verbreitet; die Arbeit wird ständig kritisiert
Platz 6 Vorgesetzte schränken Äußerungsmöglichkeiten ein
Platz 7 Entscheidungen werden in Frage gestellt
Platz 8 Man bekommt Arbeitsaufgaben weit unter dem Können zugeteilt
Platz 9 Man wird lächerlich gemacht; mit den Betroffenen wird nicht mehr gesprochen
Platz 10 Ständige Unterbrechungen; Kollegen/Kolleginnen schränken die Äußerungsmöglichkeiten ein
Platz 11 Man lässt sich nicht ansprechen
Platz 12 Anschreien, lautes Schimpfen
Platz 13 Verdächtigung, psychisch krank zu sein; Zwang zu selbstwertverletzenden Arbeiten
Platz 14 Mündliche Drohungen

Platz 15 Zuteilung sinnloser Arbeitsaufgaben
Platz 16 Ständig neue Aufgaben
Platz 17 Man bekommt kränkende Arbeitsaufgaben zugeteilt
Platz 18 KollegInnen wird das Ansprechen verboten
Platz 19 Angreifen der politischen Einstellung
Platz 20 Ständige Kritik am Privatleben; man erhält keine Arbeitsaufgaben

3.2 Sexuelle Belästigung

Sexuelle Belästigung und Mobbing stehen in engem Zusammenhang miteinander. Dennoch muss sexuelle Belästigung losgelöst von Mobbing als eigenständiges Problem behandelt werden.

> Umgekehrt ist das nicht möglich. Wer über Mobbing redet, kann die sexuelle Belästigung als eine Variante dieses täglichen Terrors im Arbeitsleben nicht ausblenden. Denn sie zielt häufig darauf ab, Macht auszuspielen und Frauen einzuschüchtern, zu nötigen und zu erniedrigen (Diergarten 1994, S. 69).

Auch Einarsen widmet sich dieser Frage, wenn er Mobbinghandlungen zwar grundsätzlich von sexuellen Angriffen am Arbeitsplatz abgrenzt, jedoch einräumt, dass sie Bestandteil eines Mobbingprozesses sein können. „The term mobbing is widely used to refer to incidents on non-sexual and non-racial harassment work, although sexual and racial harassment also can be implied in the term“ (Einarsen et al. o. J., S. 2).

Sexuelle Belästigung am Arbeitsplatz dient der Aufrechterhaltung der bestehenden patriarchalen Machtverhältnisse zwischen den Geschlechtern.

> Daran, daß es bei sexueller Gewalt nicht um Ausnahmeerscheinungen geht, nicht um pathologische Täter, sondern daß sexuelle Gewalt Ausdruck und Instrument der bestehenden Geschlechtshierarchie ist, zweifelt heute eigentlich ernsthaft niemand mehr (Heiliger 1992, S. 14).

Es geht dementsprechend um die Ausübung von Macht. „Correctly understood, the concept of *sexual harassment* goes wider than conduct which is *sexual* in that it may be a demonstration of power rather than reflection of lust“ (Conditions of Work Digest 1992, S. 10). Interessant sind in diesem Zusammenhang die Forschungsergebnisse von Godenzi, der die Thematik *Männerlogik am Arbeitsplatz* ins Zentrum seiner Forschung stellt. „Die männlichen Verhaltensweisen sind Kontroll- und Disziplinierungsmaßnahmen, obschon sie von den einzelnen Akteuren nicht unbedingt bewußt als solche wahrgenommen werden oder intendiert sind“ (1992, S. 43). Sexuelle Belästigung sind Gewaltakte, die von Frauen als unerwünscht angesehen werden. Durch sie werden die Grenzen ihrer Intimsphäre und ihre Selbstbestimmung übertreten, was zu einer maßgeblichen Beeinträchtigung des Lebensgefühls führt. Diergarten definiert sexuelle Belästigung als

> sexuelle Annäherungsversuche jeder Art in Form von Gesten und Äußerungen, jeder unerwünschte körperliche Kontakt, explizit sexuell abfällige Anspielungen oder sexistische Bemerkungen, die wiederholt am Arbeitsplatz vorgebracht und von der Person, an die sie sich richten, als beleidigend empfunden werden und zur Folge haben, daß diese sich bedroht, erniedrigt oder belästigt fühlt. Sexuell belästigend sind auch Anspielungen und sexistische Bemerkungen, die die Frauen in ihrer Arbeitsleistung beeinträchtigen, ihre Einstellung gefährden oder am Arbeitsplatz eine unangenehme oder einschüchternde Atmosphäre schaffen (Diergarten 1994, S. 66).

Der Maßstab bei der Definition von sexueller Belästigung muss auf das subjektive Empfinden der Frau gelegt werden. Aufschlüsse darüber, was Frauen als sexuelle Belästigung am Arbeitsplatz empfinden, gibt eine Untersuchung, die 1991 in Deutschland durchgeführt wurde. Folgende Handlungen wurden von 4.200 Frauen als sexuelle Belästigungen eingestuft (Meschkutat/Holzbecher/Richter 1993, S. 25). Das Ergebnis zeigt, dass es unter Frauen eine große Übereinstimmung über sexuelle Belästigung gibt (siehe Tabelle auf Seite 47f).

Die ersten drei Kategorien, anzügliche Witze, Hinterherpfeifen, Anstarren, taxierende Blicke und zufällige Körperberührungen wurden von der Mehrheit der Frauen nicht als sexuelle Belästigung gewertet. Alle anderen Nennungen wie zum Beispiel pornografische Bilder am Arbeitsplatz, anzügliche Bemerkungen über Figur und Privatleben, oder auch unerwünschte Einladungen mit eindeutiger Absicht wurden mit großer Übereinstimmung als sexuelle Belästigung eingestuft. Auffällig ist, dass besonders schwerwiegende Handlungen wie zum Beispiel Aufforderung zum sexuellen Verkehr, aufgedrängte Küsse, Zurschaustellen des Genitals und erzwungene sexuelle Handlungen nur 99 % aller Frauen als sexuelle Belästigung titulieren. Dies ist darauf zurückzuführen, dass manche Frauen den Terminus Belästigung für diese Taten als zu unpassend bzw. verharmlosend von sich wiesen.

Um Aussagen über das Ausmaß sexueller Belästigung am Arbeitsplatz zu erhalten, wurden die Frauen befragt, welchen Formen von sexueller Belästigung sie im Laufe ihres Berufslebens bereits ausgesetzt gewesen waren.

> Das Ergebnis war erschreckend. Die gesamte schriftliche Befragung ergab, daß 93 % aller Frauen persönliche Erfahrungen mit den genannten Vorkommnissen gemacht haben, d. h. lediglich 7 % waren im Laufe ihres Berufslebens noch nicht von den aufgelisteten Situationen betroffen gewesen (Meschkutat/Holzbecher/Richter 1993, S. 26).

Mehrheitlich nicht als Belästigung gewertete Vorfälle:

• anzügliche Witze	59 %
• Hinterherpfeifen, Anstarren, taxierende Blicke	62 %
• scheinbar zufällige Körperberührungen	63 %

Mehrheitlich als Belästigung gewertete Vorfälle:

• pornografische Bilder am Arbeitsplatz	73 %
• anzügliche Bemerkungen über Figur und sexuelles Verhalten im Privatleben	85 %
• unerwünschte Einladungen mit eindeutiger Absicht	86 %
• Po-Kneifen oder Klapsen	91 %
• Telefongespräche, Briefe mit sexuellen Anspielungen	96 %
• Versprechen beruflicher Vorteile bei sexuellem Entgegenkommen	97 %
• unerwartetes Berühren der Brust	98 %
• Androhung beruflicher Nachteile bei sexueller Verweigerung	98 %
• Aufforderung zum sexuellen Verkehr	99 %
• aufgedrängte Küsse	99 %
• Zurschaustellen des Genitals	99 %
• Erzwingen sexueller Handlungen, tätliche Bedrohung	99 %

Sexuelle Belästigung ist der Ausdruck einer patriarchalen Gesellschaft, um Frauen ihren Stellenwert in der Gesellschaft zu verdeutlichen. Sexuelle Übergriffe dienen als patriarchale gesellschaftliche Sanktionierungsmaßnahmen gegen Frauen. Hauch (1991) verweist darauf, dass mit sexuellen Belästigungen karrierewilligen Frauen ein *Platzverweis* erteilt und die männlich dominierte Hierarchie am Arbeitsplatz bestätigt wird. Hierzu die detaillierten Ergebnisse über das Ausmaß der Betroffenheit aus der Studie von Meschkutat, Holzbecher und Richter (1993, S. 26). Es zeigt sich, dass diejenigen Vorkommnisse, die die höchsten Nennungen erhalten, nicht als sexuelle Belästigung eingestuft wurden. „Da aber immerhin ein Drittel der befragten Frauen dies als sexuelle Belästigung empfindet, dürfen sie bei der Bewertung nicht beiseite geschoben werden“ (Meschkutat/Holzbecher/Richter 1993, S. 26).

Häufigkeit der einmalig erlebten sexuellen Belästigung:

• Anstarren, Hinterherpfeifen, taxierende Blicke	84 %
• anzügliche Witze	81 %
• scheinbar zufällige Körperberührungen	70 %
• anzügliche Bemerkungen über Figur und sexuelles Verhalten im Privatleben	56 %
• unerwünschte Einladungen mit eindeutiger Absicht	35 %
• Po-Kneifen oder -Klapsen	34 %
• pornografische Bilder am Arbeitsplatz	33 %
• unerwartetes Berühren der Brust	22 %

- aufgedrängte Küsse 15 %
- Telefongespräche, Briefe mit sexuellen Anspielungen 14 %
- Aufforderung zu sexuellem Verkehr 12 %
- Versprechen beruflicher Vorteile bei sexuellem Entgegenkommen 7 %
- Androhung beruflicher Nachteile bei sexueller Verweigerung 5 %
- Zurschaustellen des Genitals 3 %
- Erzwingen sexueller Handlungen, tätliche Bedrohung 3 %

In einer zusätzlichen Frage versuchten die Autorinnen herauszufinden, ob die genannten Übergriffe *einmalige Vorfälle darstellten oder ob sie diese am Arbeitsplatz mehrfach erlebt hatten.* Dass sexuelle Belästigung kein Ausnahmefall am Arbeitsplatz ist und die meisten der betroffenen Frauen mehrfach unter sexueller Belästigung zu leiden haben, verdeutlichen diese Ergebnisse (Meschkutat/Holzbecher/Richter 1993, S. 27; siehe Seite 48f).

Es zeigt sich, dass ein erschreckender Anteil der Frauen mehrfach von sexueller Belästigung am Arbeitsplatz betroffen war. Interessant im Bezug auf die Mobbingdefinition, die ja auch die sexuelle Belästigung am Arbeitsplatz beinhaltet, ist auch das Ergebnis von Hopfgartner und Zeichen (1988). Ihre Befragung von 1.411 Frauen ergab, dass 36,6 % der Frauen alle paar Tage sexuellen Übergriffen ausgesetzt sind. Davon waren 2,6 % der Frauen täglich von sexuellen Angriffen betroffen (vgl. Hopfgartner/ Zeichen 1988). Im Sinne der Mobbingdefinition nach Leymann waren also 36,6 % von sexueller Belästigung am Arbeitsplatz betroffen.

Die Frauen wurden im Rahmen dieser Untersuchung auch gefragt, welche Strategien sie zur Gegenwehr angewandt hatten und wie erfolgreich diese waren, d. h. ob das belästigende Verhalten eingestellt wurde (vgl. Meschkutat/Holzbecher/Richter 1993, S. 25–27; siehe Seite 50).

Anteile der Mehrfachbetroffenheit durch sexuelle Belästigung:

- Anstarren, Hinterherpfeifen, taxierende Blicke 97 %
- anzügliche Witze 95 %
- scheinbar zufällige Körperberührungen 87 %
- anzügliche Bemerkungen über Figur und sexuelles Verhalten im Privatleben 84 %
- unerwünschte Einladungen mit eindeutiger Absicht 71 %
- Po-Kneifen oder -Klapsen 64 %
- pornografische Bilder am Arbeitsplatz 61 %
- unerwartetes Berühren der Brust 58 %
- aufgedrängte Küsse 54 %

• Telefongespräche, Briefe mit sexuellen Anspielungen	47 %
• Aufforderung zu sexuellem Verkehr	44 %
• Versprechen beruflicher Vorteile bei sexuellem Entgegenkommen	41 %
• Androhung beruflicher Nachteile bei sexueller Verweigerung	40 %
• Zurschaustellen des Genitals	29 %
• Erzwingen sexueller Handlungen	27 %

Jede zweite Frau versucht, die Belästigung zu ignorieren und hat damit wenig Erfolg.

Formen der Gegenwehr bei sexueller Belästigung sowie Bewertung des Erfolges:

		erfolgreich
• die Annäherungsversuche ignoriert	51 %	35 %
• versucht, den Belästiger zu meiden	46 %	36 %
• versucht, scherzhaft damit umzugehen	40 %	33 %
• die Person zur Rede gestellt und sich		
• die Belästigung verboten	38 %	63 %
• körperlich zur Wehr gesetzt	27 %	63 %
• angedroht, sich zu beschweren	14 %	52 %
• sich gewehrt	9 %	79 %
• die Kleidung geändert	6 %	32 %
• angekündigt, es anderen weiterzuerzählen	6 %	60 %
• den Belästiger verklagt	1 %	40 %

Wichtigstes Ergebnis dieser Frage war, dass diejenigen Frauen, die sich aktiv und offensiv gegen die Belästigung zur Wehr gesetzt hatten, am erfolgreichsten waren. Das taten zwar nur 9 %, aber mit einer Erfolgsquote von 79 %. *Als erfolgreichste Strategie* gegen sexuelle Belästigung am Arbeitsplatz kann das *Sich-Wehren* bezeichnet werden.

Es ist jedoch von großer Bedeutung, dass Strukturen geschaffen werden, die es Frauen erleichtern, den Mut zur Gegenwehr, der im Gegensatz zu dem ihnen anerzogenen weiblichen Sozialverhalten der Passivität steht, aufzubringen. Es bedarf hierbei der Aufklärungsarbeit über sexuelle Belästigung im Betrieb und deren Folgen, es müssen Ansprechpartnerinnen in der Personalabteilung und im Betriebsrat zu Verfügung stehen und Betriebsvereinbarungen ausgehandelt werden.

Im Verhältnis der Betroffenheit von Männern und Frauen sind Frauen im weitaus größeren Ausmaß von sexueller Belästigung am Arbeitsplatz betroffen.

In der Untersuchung von Meschkutat, Holzbecher und Richter (1993) gaben 17 % der Männer an, von dieser selbst betroffen zu sein. Im Unterschied zu den Frauen wurden sie jedoch nicht von Vorgesetzten, sondern von gleichrangigen Personen beiderlei Geschlechtes belästigt. Diese Ergebnisse stimmen auch mit internationalen Studien überein, die alle zu dem Ergebnis kommen, dass Männer in viel geringerem Ausmaß von sexueller Belästigung am Arbeitsplatz betroffen sind.

> Surveys have consistently demonstrated that the vast majority of sexual harassment perpetrators are men and that the vast majority of victims are women (Pryor et al. 1987, S. 68; vgl. Gutek 1985; Martindale 1990; U.S.: Merit Systems Protection Board 1988).

Interessant ist in diesem Zusammenhang, was Männer und Frauen als sexuelle Belästigung einstufen. Hierzu die Studie von Meschkutat, die 265 Männer befragte und in Vergleich zu den Resultaten der weiblichen Ergebnisse setzte (1993, S. 30; siehe Seite 51f).

Das gängige Vorurteil, Männer wüssten nicht, was Frauen als Belästigung empfinden, wird durch diese Erhebung auf das Deutlichste widerlegt. Die Einschätzung von dem, was als sexuelle Belästigung beurteilt wird, ist bei Männern und Frauen annähernd gleich. *Männer wissen also, was sie tun, wenn sie Frauen am Arbeitsplatz sexuell belästigen.*

In diesem Zusammenhang ist eine 1991 im Auftrag des Bundesministeriums für Frauen und Jugend durchgeführte Studie von Interesse. „Die Täter sind, wie es so schön heißt, *ganz normale Männer.* (…) Die meisten sind Familienväter, 62 % sind verheiratet und weitere 7 % leben in einer festen Partnerschaft“ (Diergarten 1994, S. 70).

Handlungen, die als sexuelle Belästigungen eingestuft werden:	Männer	Frauen
• scheinbar zufällige Körperberührungen	26 %	31 %
• anzügliche Witze	40 %	39 %
• Hinterherpfeifen, Anstarren, taxierende Blicke	36 %	41 %
• pornografische Bilder am Arbeitsplatz	75 %	71 %
• anzügliche Bemerkungen über Figur und sexuelles Verhalten im Privatleben	79 %	84 %
• unerwünschte Einladungen mit eindeutiger Absicht	84 %	90 %
• Po-Kneifen oder -Klapsen	82 %	93 %
• Telefongespräche, Briefe mit sexuellen Anspielungen	89 %	95 %
• unerwartetes Berühren der Brust/des Genitals	94 %	96 %
• Androhung beruflicher Nachteile bei sexueller Verweigerung	94 %	97 %

• Versprechen beruflicher Vorteile bei sexuellem		
• Entgegenkommen	94 %	98 %
• Aufforderung zu sexuellem Verkehr	94 %	100 %
• aufgedrängte Küsse	94 %	100 %
• Zurschaustellen des Genitals		
Erzwingen sexueller Handlungen	95 %	100 %
• tätliche Bedrohung	98 %	100 %

Abschließend sollen die Folgen von sexueller Belästigung für Frauen besprochen werden. Die Untersuchung ergab, dass lediglich 6 % der Frauen von dem Vorfall unbeeindruckt und unberührt blieben. Sexuelle Belästigung hat für die meisten Betroffenen sowohl am Arbeitsplatz als auch im Privatleben weit reichende Auswirkungen. Die Frauen der Untersuchung berichteten über psychosomatische Beschwerden und allergische Reaktionen infolge des Übergriffes. Schlafstörungen, Alpträume, Gewichtsverlust und Essstörungen traten auf. Viele Frauen verloren den Spaß an der Arbeit, und sie hatten aufgrund von Konzentrationsschwierigkeiten Probleme, die bestehenden Anforderungen zu erfüllen.

> Bei einigen Frauen wird der Druck und der Dauerstreß so groß, daß sie die Situation nicht mehr aushalten; 46 Frauen kündigten ihren Arbeitsplatz. Der labile Gesundheitszustand führte in einigen Fällen zu schlechteren Ausgangsbedingungen bei der Suche nach einer neuen Stelle und reduzierte somit die Chancen für die weitere Berufstätigkeit (Meschkutat/Holzbecher/Richter 1993, S. 29).

Diese Ergebnisse stimmen auch mit denen von Diergarten überein:

> Zwei Drittel der Betroffenen klagen über seelische und körperliche Beschwerden, die ihnen über die Belästigungssituation heraus dauerhaft zu schaffen machen. Sie verlassen häufig den Betrieb auf eigenen Wunsch, weil sie der Situation nicht gewachsen sind (Diergarten 1994, S. 71).

Die Frauen verlassen so oft den Betrieb, ohne die sexuelle Belästigung thematisiert zu haben. Als Beispiel sei hier ein Lebensmittelgroßhandel erwähnt, wo innerhalb kürzester Zeit die Hälfte der weiblichen Belegschaft gekündigt hatte. Die Firma zog daraufhin einen Personalberater hinzu, um die Ursache der Kündigungen aufzudecken. Aufgrund seiner Befragungen wurde ersichtlich, dass der Vertriebsleiter die Frauen sexuell belästigt hatte. Diese Ergebnisse führten zur Ablösung des Mannes. Die weiblichen Kündigungen ebbten sofort ab (vgl. Biallo 1989). Scham und Schuldgefühle bei den Frauen führen dazu, dass sie lieber den Arbeitsplatz verlassen, als sich aktiv zur Wehr zu setzen.

> Und immer noch haben etliche Frauen die patriarchalen Schuldzuweisungen dermaßen verinnerlicht, daß sie sich tatsächlich für das an ihnen begangene Unrecht schuldig fühlen. Ähnlich wie im Vergewaltigungsfall empfinden die von sexueller Belästigung am Arbeitsplatz betroffenen Frauen oft abgrundtiefe Scham (Gerhart 1992, S. 105).

Die Folge ist, dass das Schweigen zur Isolation der betroffenen Frau führt, die eine Solidarisierung mit anderen Frauen verhindert. Gerade hier muss eine sinnvolle Prävention ansetzen, indem sie innerbetriebliche Anlaufstellen bietet, die das Durchbrechen der Isolation ermöglicht.

4 Mobbingursachen

Im vorliegenden Buch wird davon ausgegangen, dass sich Mobbing aufgrund einer *multifaktoriellen Problemlage* konstituiert. Wenngleich die bisherige Mobbingforschung diese Sichtweise noch nicht expliziert hat, so lässt die Analyse verwandter Bereiche eine solche Beurteilung sinnvoll erscheinen. „Wie Forschungsergebnisse verwandter Gebiete belegen, bietet erst die Beachtung der Interaktion situativer und persönlicher Merkmale einen ausreichenden Erklärungsspielraum für das Entstehen von Mobbing" (Niedl 1995, S. 56). Im Folgenden wird auf die drei Bereiche, gesellschaftliche, betriebliche und individuelle Aspekte von Mobbing, eingegangen.

4.1 Gesellschaftliche Ursachen

Als wichtigste gesellschaftliche und wirtschaftliche Begünstigungsfaktoren für Mobbing sind der gesellschaftliche Strukturwandel durch die Industrialisierung, die rezessive Wirtschaftslage und diskriminierende gesellschaftliche Normen und Werte zu benennen.

Mit der Industrialisierung ging ein gesellschaftlicher Strukturwandel einher, der durch die Trennung von Produktion und Reproduktion gekennzeichnet ist. Damit verbunden ist ein immer schneller werdender technischer und organisatorischer Wandel. Dieser Wandel hat auch zu veränderten Beziehungsstrukturen innerhalb der Betriebe geführt.

> Entfremdung von der Arbeit infolge vollkommener Zerstückelung des Arbeitsprozesses, Computerisierung, Verdichtung der Arbeit und Individualisierung des Arbeitsplatzes stellen ein ungeheures Potential an gärenden Konflikten dar, die Einfluß auf die interpersonale Wahrnehmung und den Austausch zwischenmenschlicher Begegnungen haben. Zeitstreß und Hektik durch die Anforderungen der Leistungsgesellschaft in Form schneller, flexibler Entscheidungen, Urteile und Bewertungen lassen wenig Raum für eine Überprüfung dieser Bewertungen im direkten Kontakt und verhindern so den Aufbau echter Beziehungen (Prosch 1995, S. 87).

Darüber hinaus brachte es die industrialisierte Gesellschaft mit sich, dass man dem, wodurch Menschen sich voneinander unterschieden, ihrer Ich-Identität, einen höheren Wert beimisst als dem, was sie miteinander gemein haben, ihrer Wir-Identität (vgl. Elias 1987). Es entwickelte sich ein auf Wettbewerb und Konkurrenz orientiertes Wirtschaftssystem. In Bezug auf das Phänomen Mobbing stellt Neuberger hierzu lakonisch fest:

> In einer Wirtschaftsordnung, die auf Eigennutz und Konkurrenz setzt, kann man Personen, die diese Haltungen leben, nicht plötzlich als pervers oder abartig stigmatisieren: Sie sind vielmehr diejenigen, die die Konstruktionsprinzipien des Systems am konsequentesten verinnerlichen und leben (1994, S. 88).

Wenngleich diese Äußerung auf den gesellschaftlichen Nährboden von Mobbing hindeutet, soll sie die Eigenverantwortung von Mobbinghandlungen nicht mindern oder gar entschuldigen.

Zusätzlich ist an diesem Punkt die immer desolater werdende Arbeitsmarktlage zu erwähnen, die von Pawlowsky als Grund für eine Entwicklung vom Miteinander zum Gegeneinander am Arbeitsplatz aufgezeigt wird. Er beschreibt die Auswirkungen der Angst um den Arbeitsplatz wie folgt: „Der Kollege wird zum Konkurrenten, dem man Wissen vorenthalten muß, dem man wenig Kooperationsbereitschaft, ja sogar Feindseligkeit entgegenbringt" (1988, S. 28). Existenzangst kann so im Zuge einer rezessiven Wirtschaftslage zu Mobbingprozessen führen. Für die Organisation bedeutet dies, dass die Ressourcen und Fähigkeiten der einzelnen Gruppenmitglieder nicht optimal eingesetzt werden.

Einen anderen wichtigen Faktor für die Etablierung von Mobbing stellen Wertkonflikte dar. „Wertkonflikte entstehen dann, wenn in einem Betrieb einzelne Personen widersprüchlichen ästhetischen, ökonomischen, religiösen, sozialen und politischen Werten anhängen" (Prosch 1995, S. 83). Konflikte werden dann begünstigt, wenn ein Individuum oder die Gesellschaft einem bestimmten Wert einen so hohen Rang beimisst, dass er/sie nichts außer diesem Wert gelten lässt und ausschließlich danach strebt, alle anderen Beteiligten – wenn er diesen Wert nicht geteilt sieht – mit allen Mitteln zur Übereinstimmung zu bewegen. Leymann berichtet von einem süddeutschen Klempner, der Mitglied einer Sekte war und seine KollegInnen immer wieder zu bekehren versuchte. „Die Kollegen fühlten sich belästigt, doch anstatt das Problem über kollegiale Gespräche, eventuell unter Einschaltung des Chefs, anzugehen, übertrugen sie den Konflikt auf die private Ebene" (1993, S. 36). Der Konflikt eskalierte in makabren und gewalttätigen Drohungen, worauf sich der Betroffene versetzen ließ.

Aber auch gesellschaftlich diskriminierende Werte und Normen können mobbingauslösende Wirkung haben. Gerade im Hinblick auf gesellschaftliche Diskriminierungen laufen Menschen, die den gesellschaftlichen Normen und Werten nicht entsprechen oder entsprechen wollen, besonders Gefahr, zu Mobbingbetroffenen zu werden. Bewusste oder unbewusst ausagierte gesellschaftliche Diskriminierungen führen so oft zur Stigmatisierung von Menschen aufgrund ihrer Andersartigkeit. Brinkmann führt hierbei nur die bekanntesten Gruppierungen an, die durch ihre Andersartigkeit zu Mobbingbetroffenen werden können. Behinderte mit verschiedenen Handicaps, AusländerInnen, AsylwerberInnen, Frauen in Männerberufen, ältere MitarbeiterInnen, homosexuelle Männer und Frauen und Menschen mit ansteckenden Krankheiten wie Aids müssen hier besondere Erwähnung finden (vgl. Brinkmann 1995, S. 94). Mobbing als Ausgrenzungshandlung im Arbeitsleben richtet sich demnach vorwiegend gegen Personen, die sich in der Position des Schwächeren oder einer Minderheit befinden. So führte zum Beispiel die geglaubte Homosexualität eines Mitarbeiters in einem Düsseldorfer Verlag dazu, dass seine Kollegen ihm „so lange täglich Fotos von nackten Frauen auf den Schreibtisch packten, bis er kündigte" (Der Spiegel 1992, S. 59). In Deutschland, so ergab eine Pilotstudie, wurden die ausländischen MitarbeiterInnen der Müllabfuhr anstatt mit ihrem Namen mit Ali oder Knacke angesprochen,

> sie wurden gekränkt und schikaniert; bei Konflikten fanden sie weder Gehör noch Recht; Sprach- und Verständigungsprobleme wurden gegen sie verwendet; immer wieder waren sie Lückenbüßer und Sündenböcke, wenn etwas schief lief oder der Streß zu groß wurde; ihre nationalen, kulturellen Besonderheiten wurden nicht respektiert, eher waren sie Gegenstand von Mißachtung und Hohn; die Ausländer waren die Letzten und Untersten, auf denen jeder herumtrampeln durfte (Karaciyan-Berndt 1995, S. 35).

4.2 Betriebliche Ursachen

Ein wesentlicher Faktor für die Entstehung von Mobbing besteht dann, wenn sich die betrieblichen Rahmenbedingungen ungünstig für die MitarbeiterInnen gestalten. Einarsen stellt in ihrer Untersuchung einen eindeutigen Zusammenhang zwischen speziellen betrieblichen Faktoren und Mobbing her: „... the work environment measures that were found to be most strongly related to bullying, namely were Leadership, Work-Control, Role Conflict and Social Climate" (Einarsen et al. o. J., S. 8). In jenen Betrieben, in denen Mobbing nicht vorkam, stellte Einarsen eine deutlich höhere Qualität der Arbeitsumwelt fest.

Leymann geht über diese Erkenntnis noch hinaus, wenn er Mobbing als ein reines Strukturproblem postuliert.

> Danach ist die Vielzahl von Konflikten zwischen Mitarbeitern am Arbeitsplatz nicht das Produkt zufällig oder wahllos auftretender Verhaltensweisen einzelner Individuen und damit bestimmten Persönlichkeitsstrukturen zuzuschreiben, sondern vielmehr auf betriebliche Spannungsherde, wie sie sich aus der Betriebsstruktur und der Arbeit selbst ergeben, zurückzuführen (vgl. Leymann 1993; Prosch 1995, S. 61).

Wenngleich die vorliegende Arbeit sich dieser Meinung nicht anschließt, weil sie eine monokausale Ursachenerklärung für das Phänomen Mobbing als zu undifferenziert erachtet, haben arbeitsorganisatorische Strukturierungen einen großen Einfluss auf die Entstehung von Mobbing. Im Folgenden sollen diese genau veranschaulicht werden.

4.2.1 Organisation der Arbeit

4.2.1.1 Ungünstige Umgebungsbedingungen

Arbeitsbedingte Belastungsfaktoren sind Umgebungseinflüsse wie Lärm, Temperatur, Schmutz, Arbeitsstoffe und Unfallgefahr. Auch der Mangel an akustischer und visueller Privatheit stellt eine wesentliche individuelle Belastung dar.

Außerdem wird der eigene Arbeitsbereich in der Regel als Teil der eigenen Identität verstanden und entsprechend personalisiert. Eine rein ergonomische Perspektive der Arbeitsplatzgestaltung ohne umweltpsychologische Kriterien wäre deswegen zu eng (Rohrmann 1988, S. 273).

Die Konsequenzen für die Arbeitsplatzgestaltung sind auf drei Ebenen zu erwähnen. Sie haben Auswirkungen auf die Arbeitsleistung, beeinflussen den gesundheitlichen Zustand und stellen einen wichtigen Faktor für die subjektive Zufriedenheit mit der Arbeitsplatzbeschaffenheit dar.

So fühlen sich laut dem HdA-Streßprojekt von 1.000 befragten Arbeitnehmern der Metallindustrie nahezu 50 % sehr stark bis stark durch Lärm, Temperatur und Schmutz belastet. Der Vergleich zwischen Gruppen mit hohen Umwelteinflüssen und denen mit niedrigen zeigt, daß an Arbeitsplätzen, die sich durch ungünstige Umwelteinflüsse auszeichnen, die Beschäftigten doppelt so häufig konflikthaftes Verhalten aufweisen wie Gruppenmitglieder mit niedrigen Umgebungseinflüssen (Prosch 1995, S. 70).

4.2.1.2 Starre Organisationsstrukturen

Starre Organisationsstrukturen, die sich in einer steilen Hierarchie manifestieren und sich durch starke Kontrolle und Fremdbestimmtheit ausdrücken, sind als wesentliche innerbetriebliche Konfliktdeterminanten anzuführen. Je stärker die MitarbeiterInnen überwacht und kontrolliert werden, desto geringer wird ihr persönlicher Handlungs- und Entscheidungsspielraum. Die persönliche Autonomie wird hierdurch maßgeblich eingeschränkt. Untersuchungen von Dunckel und Zapf (1996) haben gezeigt, dass Selbständigkeit und ein Handlungsspielraum, der das Individuum in die betrieblichen Entscheidungen miteinbezieht, positive Auswirkungen auf das individuelle Wohlbefinden, Gesundheit, Zufriedenheit und das Arbeitsverhalten haben. Die Möglichkeit, Verantwortung übernehmen, mitbestimmen und mitgestalten zu können, wirkt sich nicht nur motivierend auf die MitarbeiterInnen aus, sondern sie bindet darüber hinaus vorhandene Energien an sachbezogene Inhalte.

Durch den Mangel an individuellen Handlungsmöglichkeiten können Unzufriedenheiten, Belastungsfaktoren und Veränderungswünsche nicht direkt in Angriff genommen werden. Das Gefühl, die Arbeitssituation aktiv gestalten zu können, geht verloren. Anspannungen, Belastungsgefühle und aufgestaute Aggressionen verlagern sich auf die sie nicht verursachenden Ebenen des zwischenmenschlichen Bereiches. In einem solchen Arbeitsklima ist Mobbing die Folgeerscheinung einer restriktiven Firmenpolitik.

> Das Ränkespiel grassiert gerne in Organisationen mit veralteten Strukturen, steilen Hierarchiestufen und einer Duckmentalität. In Unternehmen, in denen ausschließlich Verbeugung und Wohlbefinden eine große Rolle spielen (...), fehlt die Fähigkeit zur offenen Konfliktbearbeitung. Konflikte werden mit ganz feinen Mitteln unter der Oberfläche ausgetragen (Wittenzellner 1993, S. 43).

4.2.1.3 Wettbewerbsförderndes Beförderungssystem

Wenn der Betrieb von der Arbeitgeberseite nur als soziales Gebilde mit einer Kostennutzenrechnung gesehen wird und die Wahrnehmung der Fürsorgepflicht gegenüber den ArbeitnehmerInnen nur mehr nach Arbeitsmarkt und wirtschaftlichen Daten ausgerichtet ist, führt dies zwangsläufig zur Verschlechterung des Arbeitsklimas.

> Ein wettbewerbsförderndes, fein abgestimmtes Beförderungssystem, gekoppelt mit entsprechenden Statussymbolen, bewirkt nicht nur außergewöhnliche Arbeitsleistungen, sondern – als Nebenprodukt – auch Neid, Rivalität und übersteigerten Ehrgeiz. Getrieben vom Zwang, andere stets übertrumpfen zu müssen, erachtet der Einzelne Leistungen als Selbstzweck, für den es sich lohnt, jedes Mittel einzusetzen (Wittenzellner 1993, S. 43).

Demgegenüber sollte ein betriebliches System stehen, das sowohl die Kostennutzenrechnung als auch die sozialen Bedürfnisse der MitarbeiterInnen berücksichtigt. Es muss genügend Spielraum für den sozialen Zusammenhalt und die individuellen Aufstiegsmöglichkeiten der MitarbeiterInnen implizieren, sodass ihren Bedürfnissen nach Leistung, Selbstverwirklichung und sozialer Anerkennung Rechnung getragen wird.

4.2.1.4 Mangelnde Transparenz

Um einen reibungslosen Arbeitsablauf zu gewährleisten, bedarf es betrieblicher Strukturierungs- und Gestaltungsmaßnahmen wie etwa

> die Verteilung der betrieblichen Arbeitsaufgaben auf die verschiedenen Stellen, die Regelung der Zusammenarbeit zwischen den einzelnen Stellen und die Fixierung der Aufgaben-, Kompetenz- und Verantwortungsbereiche, die den einzelnen Stellen eingeräumt werden sollen (Prosch 1995, S. 67).

Rollen und Arbeitsaufgaben müssen für alle MitarbeiterInnen transparent sein, um Konflikte nicht entstehen zu lassen. Gerade unklare Stellenbeschreibungen, die die MitarbeiterInnen über ihre Pflichten, Rechte und Verantwortungsbereiche im Unklaren lassen, führen oft zu Rivalitäten innerhalb des Betriebes. Es kommt zu Rollen-, Ziel-, und Verantwortungskonflikten. Dies kann zu Kompetenzüberschreitungen führen, die Macht- und Konkurrenzrivalitäten mit sich bringen. Zudem können sich intransparente Karrierewege in Mobbing entladen. „Sind in einem Unternehmen Aufstiegswege nicht transparent geregelt, Leistungsbewertungen nicht nachvollziehbar, versuchen einzelne Mitarbeiter, sich selbst *Gerechtigkeit* widerfahren zu lassen. Folgen sind Intrigen und Konflikte bis hin zu Mobbing" (Brinkmann 1995, S. 70).

4.2.2 Ursachen in der Sozialstruktur

4.2.2.1 Mangel an ethischen Normen und Werten

Als eine wesentliche Ursache für die Entstehung von Mobbing muss der Mangel an ethischen Normen und Werten angesehen werden, indem universellen Grundwerten wie Freiheit, Gleichheit, Gleichberechtigung, Solidarität, Ehrlichkeit und dem Respekt vor den Menschenrechten anderer im Rahmen der betrieblichen Zusammenarbeit nicht Rechnung getragen wird.

> In einem Betrieb, der bereits in seiner Unternehmensphilosophie ethische Grundwerte verankert hat und auf deren Umsetzung im täglichen Miteinander achtet, wird es kaum Mobbing-Fälle geben. Dagegen wird wesentlich häufiger in Organisationen gemobbt, in denen ethische Richtlinien fehlen und die Menschenwürde des einzelnen nur einen geringen Stellenwert hat (Brommer 1995, S. 49).

Mobbing kann sich dementsprechend nur da etablieren, wo es von den Firmenstrukturen und den MitarbeiterInnen zugelassen oder als nicht schlimm angesehen wird. Leymann verweist in diesem Zusammenhang auf den Sachverhalt, „daß sich moralisches Verhalten weiter entwickelt oder degeneriert im Verhältnis zur Art der Stimulanz, die am Arbeitsplatz vorhanden ist" (1993, S. 176). Wesentlich hierbei ist die Art und Weise, wie Konflikte innerhalb des Betriebes ausgetragen werden. Er verweist auf zwei unterschiedliche Konfliktlösungsstrategien. Die moralische Konfliktlösung ist jene, in der versucht wird, die Probleme auf eine für alle Beteiligten akzeptable Weise zu behandeln und zu lösen. Im Gegensatz dazu steht die strategische Konfliktlösung, in der der Einzelne mit allen Mitteln seine Eigeninteressen durchzusetzen versucht und somit Mobbingverhalten ein integrierter Bestandteil seiner Handlungen ist (vgl. Leymann 1993). Welche Art der Konfliktlösung Menschen wählen, hängt nicht nur von ihrer persönlichen Entwicklung ab, sondern auch von den organisatorischen Rahmenbedingungen, den innerbetrieblichen Machtstrukturen und von der Führungsphilosophie des Unternehmens.

4.2.2.2 Schlechte Kommunikationsstrukturen

> Kommunikation wird als Übermittlung von Nachrichten zwischen einem Sender und einem Empfänger verstanden, wobei der Sender die Nachricht kodiert, d. h. mit einer bestimmten Absicht versieht (was möchte ich zum Ausdruck bringen) und der Empfänger seinerseits die

Nachricht dekodiert (was will der Sender damit sagen). Danach liegt eine reibungslose Kommunikation zum einen am Sender, ob die Nachricht, die er vermitteln möchte, richtig versendet wird, und zum anderen daran, wie der Empfänger die Nachricht interpretiert (Prosch 1995, S. 70).

Mit der Vermittlung einer Nachricht werden mehrere Informationen übermittelt, die richtig interpretiert werden müssen. Jede kommunikative Nachricht hat einen Beziehungsaspekt und einen Sachaspekt. Darüber hinaus beinhaltet sie einen Appell, mit dem der Gesprächspartner zu etwas veranlasst werden soll, und eine Selbstoffenbarung, in der Wünsche, Ängste, Sorgen, Kränkungen, Eitelkeiten und Träume des Senders verborgen sind (vgl. Schulz von Thun 1996).

Kommt es zu einer Divergenz zwischen gemeinter und interpretierter Nachricht, führt dies zu Kommunikationsproblemen, die, nicht rechtzeitig korrigiert, in Mobbing enden können. Vorangetrieben wird dieser Eskalationsprozess, indem die Konfliktparteien ihre jeweilige Reaktion dem Verhalten des Gegenübers anpassen. Die Aggressionen einer Konfliktpartei erzeugen Aggressionen bei ihrem Gegenüber, und diese wirken wiederum verstärkend auf die Folgereaktion der KonfliktkontrahentInnen. Die Spirale der Gewalt kann so vom aggressiven verbalen Übergriff zu tätlichen Übergriffen und im extremen Fall bis hin zum Mord führen.

Als Beispiel für einen fehlgeschlagenen Kommunikationsprozess sei die mangelnde, kommunikativ vermittelte Transparenz über die geleistete Arbeit erwähnt. Anerkennung über die geleistete Arbeit ist ein wesentlicher Bestandteil bei der Förderung der individuellen Leistung. Bleibt sie aus, sinkt die Motivation, und Unzufriedenheiten entstehen, die sich in Form von Mobbing entladen können.

Das Fehlen der Rückmeldungen über die Güte der geleisteten Arbeit bestärkt nochmals die Angst, den bestehenden – aber nicht formulierten – Ansprüchen nicht zu genügen oder nicht so gut zu genügen, wie es die Kollegen tun. Die Wahrnehmung der Situation in Verbindung mit drohendem Arbeitsplatzverlust kann Angst, Druck, ein schlechtes Betriebsklima erzeugen, die Schwächung der seelischen Kraft der Arbeitenden, die von der inneren Kündigung bis hin zu typischen Ausgrenzungsversuchen Kollegen gegenüber führen können (Karaciyan-Berndt 1995, S. 40).

4.2.2.3 Mangelnde Streitkultur

Konflikte sind eine grundlegende Ausdrucksform zwischenmenschlicher Beziehungen. Kommt es innerhalb eines Betriebes zu einer fortlaufenden Konfliktvermeidung, birgt dies die Gefahr eines „Staues von Konfliktstoff" in sich (Oechsler 1979, S. 1). Vartia hat zudem in einer Untersuchung, in der Mobbingbetroffene nach den von ihnen wahrgenommenen Ursachen für ihre Situation befragt wurden, festgestellt, dass die Art der Konfliktregelung am Arbeitsplatz einen wichtigen Faktor für die Entstehung von Mobbing darstellt. „At bullying workplaces, differences of opinion were most often settled by taking advantage of one's position or authority, or by order. At the no-bullying workplaces, differences of opinion were usually settled by talking over the matter and by negotiating" (Vartia 1996, S. 208). Konfliktvermeidung und Konfliktregelungen durch Machtentscheide können zwar kurzfristig sinnvoll sein, jedoch im weiteren Verlauf zu einer um so stärkeren Entladung und Belastung der sozialen Beziehungen führen. Wesentlichster Punkt, um dies zu verhindern, ist, dass das Unternehmen für eine Streitkultur sorgt, die eine offene Einstellung gegenüber Konflikten beinhaltet. Dies verlangt die Existenz von entsprechenden betrieblichen Diskussionsmöglichkeiten, etablierten betrieblichen Schlichtungsstellen, Betriebsvereinbarungen zum Thema Mobbing und sexuelle Belästigung am Arbeitsplatz, speziellen AnsprechpartnerInnen innerhalb des Betriebes und der Möglichkeit, externe BeraterInnen zur Konfliktlösung heranziehen zu können. Darüber hinaus ist die Durchführung von Schulungsmaßnahmen, in denen die TeilnehmerInnen im geschützten Rahmen den konstruktiven Umgang mit Konflikten erlernen können, notwendig. Wenn dies nicht der Fall ist, ist es für den/die einzelne/n MitarbeiterIn schwer, Konflikte konstruktiv zu lösen. Wenn jedoch Konflikte nicht ausgetragen werden, werden keine Erfahrungen von konstruktiven Konfliktlösungen gemacht, die sich Angst mindernd auf das weitere Konfliktverhalten auswirken könnten. Somit wird ein Kreislauf der Konfliktvermeidung gefestigt, indem Konflikte in verdeckter Form ausgetragen werden. Mobbing kann so Ausdruck einer Konfliktverschiebung sein.

4.2.3 Führung der MitarbeiterInnen

4.2.3.1 Führungsverhalten

Nach Leymann ist der betriebliche Führungsstil und das Führungsverhalten im hohen Maße dafür verantwortlich, dass sich aus alltäglichen Konflikten Mobbingprozesse entwickeln. „Die Unfähigkeit, arbeitsbezogene Probleme gemeinsam zu lösen und dabei jede Sichtweise ernst zu nehmen, ist eine wesentliche Einbruchstelle für das Personifizieren von Konflikten und das Entstehen von Mobbing" (Leymann 1993, S. 139). In der Studie von Dunckel und Zapf (1986) zum psychischen Stress am Arbeitsplatz gaben die Autoren das Vorgesetztenverhalten als *Quelle von Stresssituationen* an, die häufiger als andere Faktoren als Stressquelle zu benennen ist. Auch Vartia gelangt bei ihrer Ursachenuntersuchung von Mobbing zu dem Schluss, dass das Vorgesetztenverhalten eine bedeutende Rolle bei der Entstehung von Mobbing spielt.

> Most of them (the functional features of a work unit) are also related to the leadership style and supervisory practices. This means that the supervisor has the power to influence and develop these aspects in the work unit (1996, S. 211; vgl. Markhardt 1997).

Der/die Vorgesetzte nimmt laut Vartia eine wichtige Rolle bei der Gestaltung der *psychologischen Arbeitsumgebung* ein. Die psychologische Arbeitsumgebung erfasste Vartia z. B. mit Fragen, inwiefern Möglichkeiten der Beeinflussung von Angelegenheiten, die einen selbst betreffen, bestehen, wie der Informationsfluss verläuft, welche Autonomie bei der Aufgabenerfüllung und welche Partizipationsmöglichkeiten bei der Vereinbarung von Zielen bestehen und wie mit Zeitdruck umgegangen wird (vgl. Vartia 1996, S. 209). Es verdeutlicht sich hiermit, dass aufgrund der besonderen Stelle des/der Vorgesetzten und der damit verbundenen Entscheidungsbefugnisse und Kontrollmacht das Betriebsklima enorm beeinflusst wird.

Leistungsvermögen und Zufriedenheit innerhalb der Gruppe hängen vom Führungsstil ab. Führung kann als „zielorientierte, soziale Einflußnahme zur Erfüllung gemeinsamer Aufgaben“ verstanden werden (Prosch 1995, S. 72). Lewin, Lippit und White (1939) untersuchten die Auswirkungen des demokratischen, autoritären und Laissez-faire-Führungsstils auf die Leistung und Zufriedenheit innerhalb der Gruppe. Hierbei erzielte der demokratische Führungsstil die höchsten Leistungen der MitarbeiterInnen und den größten Zufriedenheitsgrad unter ihnen (vgl. Forgas 1992). Wenngleich in Bezug auf Mobbing nicht per se angenommen werden kann, dass der demokratische Führungsstil Mobbing immer verhindert, so ist er doch größtmöglicher Garant für ein konstruktives Arbeitsklima. Erwähnt sei jedoch, dass speziell bei bereits bestehenden Konflikten mit hohem Eskalationsgrad Machteingriffe notwendig und sinnvoll sein können, wenn sie lediglich auf die akute Konfliktbeherrschung abzielen.

Durch einen fortwährenden autoritären Führungsstil werden jedoch jene Verhaltensweisen und Einstellungen gefördert, die sich gegen Einzelne oder Minderheiten richten (vgl. Lewin 1948; vgl. Ardelt/Buchner/Gattinger 1993). Durch den *autoritären Führungsstil* haben die MitarbeiterInnen kaum eigenen Handlungsspielraum. Die starre Regelvorgabe und die damit verbundene Aussichtslosigkeit auf Mitbestimmung fördert die Unzufriedenheit innerhalb der Gruppe und demotiviert diese zugleich. Ein Mangel an Transparenz führt darüber hinaus zur Desorientierung und Missstimmung innerhalb der Arbeitsgruppe.

> Vorgesetzte, die sich für überaus wichtig halten, gehen oft mit Informationen willkürlich um. Indem sie ihrer Gruppe oder einzelnen Personen wichtige Informationen nach Lust und Laune weitergeben oder gar vorenthalten, spielen sie ihre Macht aus. Selbst qualifizierte Mitarbeiter können unter solchen Voraussetzungen ihre Arbeit nicht mehr richtig ausführen – für manche ein Grund, Kompetenzen zu überschreiten und sich zu rächen (Wittenzellner 1993, S. 43).

Meinungsverschiedenheiten werden ins Abseits der unterschwelligen Austragung gedrängt. Intrigen und Gerüchte sind die logische Konsequenz. Dazu kommt, dass der/die autoritäre Vorgesetzte oft Konflikte als etwas *Krankhaftes* und *Abnormales* ansieht und versucht, eine offene Austragung zu verhindern.

> Die häufige Unterdrückung von Konflikten führt jedoch dazu, wenn es doch einmal zu einem Konflikt kommt, daß dieser dann einen umso härteren und gewalttätigeren Verlauf nimmt. Da autokratische Führung mehr Elemente des Zwanges enthält, können leichter Unzufriedenheit, Ressentiments, aggressive Gefühle gegen den Gruppenführer, insgesamt eine schlechte Gruppenmoral, auftreten (Prosch 1995, S. 74).

Nicht nur, dass die Unterdrückung von Konflikten zu deren Eskalation führen kann, auch können die konstruktiven und kooperationssteigernden Faktoren eines konstruktiv ausgetragenen Konfliktes in einem solchen Klima nicht nutzbar gemacht werden.

> Organizational-level conflict is frequently defined in opposition to cooperation, reflecting cases in which the negative manifestations of conflict undermine cooperation by destroying trust and closing channels of communication. However, in its positive behavioral manifestations, conflict can provide the benefits of innovation and teamwork and can thereby encourage future cooperative acts and build value for diversity. Thus, conflict and cooperation are only opposed when conflict is defined as destructive, when its constructive aspects are in focus, conflict and cooperation are seen as complementary processes (Hatch 1997, S. 323).

Auch der *Laissez-faire-Führungsstil*, in dem der Führer sämtliche Entscheidungen der Arbeitsgruppe überlässt, auf jede sachliche Anweisung verzichtet und nicht auf Fehlentscheidungen hinweist, wirkt sich auf das Arbeitsklima mobbingfördernd aus. Die große Aufgabenfülle, mangelnde Strukturierung und die Unklarheit der Aufgabenkompetenzen führen zur Überforderung einzelner GruppenteilnehmerInnen. Darüber hinaus wird sich ein Konkurrenzkampf um die Führungsposition entwickeln. Daraus folgt, dass sich die Aufmerksamkeit und Konzentration von den Sachaufgaben auf die Beziehungsebene verlagert.

Eine *demokratische Leitung*, die sowohl aufgabenorientiert als auch personenorientiert ist und die jeweilige Prioritätensetzung auf den Gruppenprozess legt, lässt Mobbingentwicklungen erst gar nicht entstehen. Wichtig ist jedoch, dass das Unternehmen seine Führungsphilosophie und seine Führungsgrundsätze nach *ethischen Normen* ausrichtet und die Führungskräfte dementsprechend sensibilisiert. „Mobbing verbreitet sich vor allem in Organisationen, in denen ethische Normen fehlen und in denen ein Menschenbild bei den Führungskräften vorherrscht, das Mitarbeiter lediglich als einen Produktionsfaktor betrachtet" (Brinkmann 1995, S. 71). Mobbingverhalten kann sich dann ausbreiten, weil diese Entwicklung zum einen zugelassen wird, andererseits Mobbinghandlungen durch das niedrige moralische Niveau der Belegschaft nicht als besonders gravierend und schlimm angesehen werden.

4.2.3.2 Unter- oder Überforderung der MitarbeiterInnen

Mit *Überforderung* ist eine Arbeitssituation für den/die MitarbeiterIn gemeint, die er/sie nicht mehr bewältigen kann und die deshalb zu enormem Stress führt. Zu einer qualitativen Überforderung kommt es, wenn ein Ungleichgewichtszustand zwischen Anforderungen der Umwelt und den persönlichen Leistungsvoraussetzungen besteht. Dieser Ungleichgewichtszustand ist persönlich bedeutsam und wird von der Person als unangenehm erlebt. Eine quantitative Überforderung entsteht durch die Diskrepanz zwischen der Arbeitsaufgabe und dem Zeitrahmen, in dem diese Aufgabe bewältigt werden soll. Sie kann psychische und physische Folgeerscheinungen begründen, wobei vor allem Herz-Kreislauf-Krankheiten zu erwähnen sind (vgl. Lütjen/Frey 1988).

> Zeitstreß behindert darüber hinaus auch Kollegialität, gegenseitige Rücksichtnahme, Hilfsbereitschaft und vor allem den kommunikativen Austausch und damit die Möglichkeit zum Aufbau von echten sozialen Beziehungen. Vorurteile und Mißverständnisse, die daraus resultieren, tragen ihren Teil dazu bei, daß Mobbing entstehen kann (Prosch 1995, S. 69).

Im Gegensatz zur Überlastung erzeugt auch Arbeit, die einen hohen Grad an Monotonie und Inhaltsarmut impliziert, Stress. Leymann bezeichnet Mobbing, das sich aufgrund von *Unterforderung* ergibt als „Langeweile-Mobbing" (1993, S. 134). Zu einer quantitativen Unterforderung kommt es aufgrund von Monotonie und sich ständig wiederholenden Arbeitsschritten. Qualitativ unterfordert sind MitarbeiterInnen, die weitaus höhere Fähigkeiten besitzen, als sie in der Arbeitssituation einbringen können. „Die am Arbeitsplatz Unterforderten schließlich fühlen sich allgemein fremdbestimmter und in Eigeninitiative, Selbstwertgefühl und Stimmung beeinträchtigt" (Lütjen/Frey 1988, S. 410).

Entscheidender Faktor für die Entstehung von psychosomatischen Erscheinungen oder Mobbing ist hierbei das Ausmaß der persönlichen Beeinflussbarkeit der Situation. Je geringer die Selbstbestimmung und je höher die Arbeitsbelastung, desto höher ist die Wahrscheinlichkeit, dass Stressreaktionen entweder in Mobbing oder psychischen Symptomen ihre Auswirkung zeigen. Mobbing stellt in diesem Zusammenhang eine Konfliktverschiebung dar, die sich nach außen in Form von Mobbing oder innen durch psychosomatische Erkrankungen manifestiert. In diesem Zusammenhang sind die Untersuchungen von Dunckel und Zapf zum Problem des psychischen Stresses am Arbeitsplatz von Interesse. Sie haben gezeigt, dass ArbeitnehmerInnen mit den höchsten sozialen Stressoren auch diejenigen waren mit den größeren organisatorischen Problemen und höherem Zeitdruck und höheren Umgebungsbelastungen ausgesetzt waren. „Hinter manchen sozialen Konflikten, Streit, Ärger usw. verbergen sich nicht selten auch Schwierigkeiten in der Arbeitssituation. Streit mit Kolleginnen und Kollegen ist dann nur eine Art *Umleitung* von

Streß“ (Dunckel/Zapf 1986; vgl. Semmer 1984). Walter verweist darüber hinaus auf eine amerikanische Studie, die ergab, dass Einstellungen und Gefühle gegenüber der Arbeit die gesamte psychische und physische Befindlichkeit beeinflussen.

> Vor allem Beschäftigte, die wenig Verantwortung an ihrem Arbeitsplatz und kaum Mitwirkungs- und Entscheidungsmöglichkeiten hatten, litten unter depressiven Verstimmungen, Schlafstörungen, Herz- und Magenbeschwerden. Sie waren auch insgesamt unzufriedener mit ihren Arbeitsbedingungen (Walter 1993, S. 56).

Eine genaue Abklärung der Qualifikationen einer Person und der Anforderungen eines offerierten Arbeitsplatzes ist eine wichtige Aufgabe, um Konfliktpotential so gering wie möglich zu halten. Eine Einstellungspolitik, die eine genaue Beurteilung von Über- und Unterforderungsfaktoren in Bezug auf neue MitarbeiterInnen betreibt, wird Konflikte und eine sich daraus ergebende Mobbingproblematik verhindern helfen.

4.3 Individuelle Ursachen

4.3.1 Mobbing als Folge einer unbewältigten Stresssituation

Ein Stresszustand tritt für das einzelne Individuum dann auf, wenn es zu einem Ungleichgewichtszustand zwischen den Anforderungen der Umwelt und den persönlichen Leistungsvoraussetzungen kommt (vgl. Dunckel/Zapf 1996). Die individuellen Möglichkeiten reichen demnach nicht aus, um den Anforderungen der Umwelt gerecht werden zu können. Das Individuum erlebt diese Situation als persönlich belastend. In diesem Zustand kann es zur Übertragung des individuell erlebten Stresspotentials auf andere MitarbeiterInnen kommen, da stark gestresste Menschen eine Neigung haben, sich aneinander abzureagieren. Dementsprechend stellt eine der gebräuchlichsten Erklärungshypothesen für das Phänomen Mobbing den Zusammenhang zwischen starken Stressreaktionen aufgrund arbeitsorganisatorischer Aufgaben und dem Aufkommen von psychischer und physischer Gewalt in Form von Mobbing her (vgl. Leymann/Niedl 1994). Wichtig ist hierbei, dass viele tägliche Mikrostressoren für die Stressgenese ursächlich sind und selten große negative Stressereignisse auftreten. Wie das einzelne Individuum mit dauerhaften oder punktuell auftretenden Belastungssituationen umgeht, hängt von dem sozialen Umfeld, der beruflichen Erfahrung, der individuellen Stresswahrnehmung, der körperlichen und psychischen Fitness und von den organisatorischen Bedingungen ab, die eine Stressreduktion erlauben. Entscheidend ist die Kumulation von individuell erlebten Stressereignissen, die für die Person zu einem Dauerzustand von kognitiven und emotional erfahrenem Stress führen kann (vgl. Udris/Frese 1988).

> … stress is an additive phenomenon – a fact that tends to be overlooked when stressors are reviewed individually. Stress builds up. Each new and persistent stressor adds to an individual's stress level. (…) If we want to appraise the total amount of stress an individual is under, we have to sum up his or her opportunity stress, constraint stress, and demand stress (Robbins 1991, S. 609).

Walter unterscheidet zwischen Betroffenen und TäterInnen aufgrund der individuellen Ressourcenlage.

> Ohne Zweifel ist es so, daß die *Opfer* unter anderen Bedingungen nicht zu Opfern geworden wären. Erst im Laufe eines Mobbingprozesses nehmen sie die *Opferrolle* an. Sie sind genauso wie die *Täter* an dem Mobbingkonflikt beteiligt. Erst im Laufe der Konflikteskalation werden aufgrund der persönlichen Ressourcen die Rollen *Täter* oder *Opfer* verteilt (1993, S. 37).

Der/die Mobbingbetroffene hat demnach einen Mangel an Ressourcen, der ihn eine lange Konfliktzeit nicht überstehen und meist psychisch oder physisch erkranken lässt. Die TäterInnen sind in diesem Konzept „nur die Umleitung des Mobbingeffektes, d. h. hätten sie weniger Ressourcen zur Verfügung, wären sie zu Opfern geworden. Aufgrund ihrer psychischen Stabilität gelingt es ihnen aber, die gegen sie gerichteten Aggressionen weiterzugeben“ (Walter 1993, S. 37). Stress und dessen Bewältigung stehen im Zentrum dieses Erklärungsansatzes von Betroffenen- und TäterInnenpositionen im Rahmen des Mobbingprozesses.

Der transaktionale Ansatz von Lazarus (1980) hat die Bewältigung von Stress als Copingstrategien bezeichnet. Coping wird als prozesshaftes Geschehen gesehen, indem die Person versucht, die Bedrohlichkeit einer Situation zu meistern, zu tolerieren, zu reduzieren oder zu minimieren. Der Copingprozess bezieht sich auf die Einschätzung und Bewertung der situativen Stressanforderung und auf die zur Verfügung stehenden individuellen Fähigkeiten hierfür. Das Bewältigungsverhalten soll so die Diskrepanz zwischen den Anforderungen aus der Umwelt und den individuellen Ressourcen aufheben. Wesentlich für die Auseinandersetzung mit Mobbing ist die Unterscheidung von primären und sekundären Copingstrategien. Primäre Strategien sind solche, die einen produktiven Lösungsprozess vorantreiben. Das Suchen nach Informationen oder ein aktives, konfliktlösendes Handeln können hier als Beispiel angeführt werden.

Stehen dem Individuum keine primären Copingstrategien zur Verfügung, versucht es, die Situation über sekundäre Bewältigungsstrategien zu lösen. Die Konsumation von Tabletten, Alkohol und Zigaretten, aber auch aggressives, nach außen agiertes Verhalten sind hier die am häufigsten angewendeten Handlungen. Wird der persönlich erlebte Stress nach außen ausagiert, kann es zur Konfliktverschiebung oder Konfliktumleitung in Form von Mobbing kommen. Charakteristisch ist „die Transformation einer Art von Streitpunkt in eine andere

Art von Konfliktquelle, die dabei nicht den ihrer Verursachung entsprechenden Ausdruck findet“ (Prosch 1995, S. 66). Während sich direkte Aggressionshandlungen gegen die frustrationsauslösenden Umstände richten, entstehen Konfliktverschiebungen immer dann, wenn eine direkte Austragung nicht möglich ist, existentiell zu bedrohlich erscheint oder keine Angriffsfläche besteht.

4.3.2 Mobbingauslösendes Verhalten im Individualbereich

Befragt man Gemobbte und am Mobbingprozess Unbeteiligte nach den Ursachen für die Entstehung, so kommt man bei einem Vergleich der Angaben beider Gruppen zu der Erkenntnis, dass Nichtgemobbte vor allem die Persönlichkeit der Betroffenen (persönlicher Stil, Neid) als Ursache anführen, während Gemobbte in erster Linie über einen autoritären Führungsstil berichten (vgl. Skogstad 1990; vgl. Niedl 1994). Diese Untersuchung gibt wenig Auskunft über die wirklichen Begründungen von Mobbing, aber sie liefert interessante Erkenntnisse über die Befragten. Indem die Nichtbetroffenen die Betroffenen für schuldig erklären, können sie sich selbst den Schein der Kontrollierbarkeit solcher Situationen bewahren. Dies hat für sie die Funktion, Angst zu minimieren und den Glauben an die *gerechte Welt* aufrechtzuerhalten. Sie können sich darüber hinaus die Meinung bewahren, dass sie selbst niemals in eine solche Situation geraten werden.

Die Betroffenen wiederum müssen die eigenen Agitationen nicht in Frage stellen, indem sie ausschließlich Umgebungsfaktoren für den Mobbingprozess verantwortlich machen. Von Interesse sind in diesem Zusammenhang die Untersuchungen der psychologischen Determinaten des Genesungsprozesses in Krisensituationen, wie zum Beispiel die der Unfallforschung.

> Durch die nachträgliche Annahme, das Unfallgeschehen sei von Anfang an objektiv nicht beeinflußbar und der Unfall somit unvermeidbar gewesen, scheinen die Patienten die Wahrnehmung eines Kontrollverlustes kognitiv vermieden zu haben. Der Unfall wurde als seltenes Ereignis betrachtet, dessen psychische Verarbeitung durch die Ableugnung eigener Schuld schneller abgeschlossen werden konnte (Lütjen/Frey 1988, S. 420).

Die Ableugnung individueller Anteile am Verlauf des Mobbingprozesses hat somit auch eine psychohygienische Funktion für die Betroffenen.

Dass eine Person völlig unverschuldet in eine Mobbingsituation kommt, ist sicherlich möglich, zumeist jedoch entsteht Mobbing aufgrund eines vielfältigen und diffizilen Interaktionsprozesses, der alle Beteiligten und ihre Umgebungsfaktoren miteinschließt. *Wichtig ist in diesem Zusammenhang, dass zwar der Auslöser bei den Mobbingbetroffenen liegen kann, dies jedoch bei weitem nicht die nachfolgende Tortur mit ihren psychischen und physischen Schädigungen rechtfertigt.* Die Mobbingbetroffenen sind keinesfalls für die Gruppendynamik verantwortlich zu machen, wobei es am Ende dieser Eskalationsdynamik einen Punkt geben kann, an dem es tatsächlich für sie keine Handlungsalternativen mehr gibt. Zu einer Psychohygiene des Umgangs mit Konflikten gehört jedoch in jedem Fall, dass alle Parteien ihren eigenen *Beitrag* zum Konflikt erkennen und zu unterscheiden lernen, welche Konflikte von ihnen selbst zu bewältigen sind und welche auf der zwischenmenschlichen Ebene ausgetragen werden (müssen!) (vgl. Berkel 1995). Im Folgenden soll auf eventuell individuell verschuldete Auslösefaktoren eingegangen werden, die sowohl eine Folge von Belastungssituationen als auch personenimmanent sein können.

4.3.2.1 Neid

Seewald definiert Neid als

> die zehrende Empfindung des Abstandes zwischen dem eigenen Mißerfolg und dem Erfolg des anderen. (...) Jeder Neid hat etwas von unfreiwilliger Bewunderung, von widerwilliger Anerkennung. Neid ist ein Resultat gehemmten Hasses, eine Reaktion auf die Unfähigkeit, den anderen zu verachten, ungebrochen zu bewundern oder einfach zu ignorieren (1988, S. 99f.).

Neid ist eine Empfindung, die einen Teil der Gefühlspalette jedes einzelnen Menschen ausmacht. Zu Mobbing führt Neid jedoch dann, wenn dauerhaft unreflektiert mit eigenen schmerzlichen Mangelerscheinungen umgegangen und diese auf die vermeintlich erfolgreiche Person projiziert wird. Es ist dann die Freude über den Misserfolg des anderen, der die eigene Unzulänglichkeit erträglich erscheinen lässt. Für die/den Mobbende/n hat dies die Funktion einer scheinbaren Selbstbewusstseinsstärkung, da auch der/die andere Ziele, die man selbst nicht erreicht, nicht erreichen kann.

> Denn er mißgönnt allen anderen das, was er selbst nicht zu erreichen scheint. Dabei wartet der Neidische nicht, bis ihm günstige Umstände die Gelegenheit zur Schadenfreude geben, er arbeitet vielmehr aktiv aus seinem Neidgefühl daran mit, dem anderen zu schaden, ohne dabei eigene Nachteile in sein Kalkül zu ziehen (Prosch 1995, S. 81).

Neben der Entstehung von Neidgefühlen aufgrund von Persönlichkeitsdefiziten kann Neid aufgrund konkreter Benachteiligung innerhalb des Betriebes zu Mobbing führen.

Wenn die Person keine Möglichkeit sieht, zu ihrem *Recht* zu kommen, kann Mobbing die Folge von Frustration aufgrund betrieblicher Entscheidungen sein, die als ungerecht empfunden, aber als nicht veränderbar angesehen werden. Es kommt hierbei zu einer Verschiebung der Aggression von der Betriebsleitung auf einzelne von diesen bevorzugten KollegInnen, die mit Neid bedacht werden.

4.3.2.2 Frustrationen

Frustration entsteht immer dann, wenn der Mensch bei der Befriedigung seiner Bedürfnisse eine Behinderung oder Bedrohung erlebt. Im Sinn der Frustrations-Aggressions-Theorie wird die Befriedigung von Bedürfnissen als „dynamischer und lebensnotwendiger Vorgang angesehen, indem jeder Mensch unterschiedliche, aber stets wertgeladene Zielzustände verfolgt" (Prosch 1995, S. 84). Hat das Individuum weder innere noch äußere Ressourcen zur Bewältigung, können sich Frustrationen in Aggressionen kanalisieren. Die Schädigung kann sowohl psychisch, in Form von Abwertung und Erniedrigung, als auch physisch erfolgen (vgl. Scherer 1979, S. 58).

Die Frustrations-Aggressions-Theorie konstatiert drei wesentliche Thesen, die erstens besagen, dass Aggression die Folge einer Frustration ist, zweitens, dass Frustration zu Aggression führen kann, und drittens, dass die Stärke der Aggression vom Grad der erfolgten Frustration abhängt. Dieser Grad wird durch das Ausmaß der Störung individueller Bedürfnisse, die Anzahl der gestörten Verhaltenssequenzen und die Möglichkeit zu befriedigenden Ersatzreaktionen bestimmt (vgl. Dollard 1970). Mobbing entsteht dementsprechend aus dem Mangel der Bedürfnisbefriedigung der TäterInnen. Dies kann durch ihn oder sie selbst verschuldet sein, indem er oder sie zum Beispiel seinen/ihren eigenen beruflichen Ansprüchen nicht gerecht wird oder auch fremdverschuldet, indem zum Beispiel seinen/ihren zentralen Bedürfnissen nach Anerkennung innerbetrieblich nicht Rechnung getragen wird.

Im Sinne der Frustrations-Aggressions-Theorie ist Mobbing eine Reaktion auf Frustrationen, die sich nicht selbst erneuern, sondern nur durch weitere Frustrationen und situative Umweltreize verstärkt werden (vgl. Scherer 1979). Diese Erkenntnis ist von besonderer Bedeutung für die Beurteilung des Phänomens Mobbing, da es den Interaktionsprozess zwischen Betroffenen, TäterInnen und Mitbeteiligten ins Zentrum der Betrachtung stellt. Sie veranschaulicht die Bedeutung der Interventionen aller am Mobbingprozess beteiligten Individuen, die diesen verstärken oder beenden können.

4.3.2.3 Ängste

Ängste in jeglicher Form, rational oder irrational begründet, können Auslöser für Mobbing darstellen. Angst ist ein „mit Beengung, Erregung, Verzweiflung verknüpftes Lebensgefühl, dessen besonderes Kennzeichen die Aufhebung der willensmäßigen und verstandesmäßigen *Steuerung* der Persönlichkeit ist" (Dorsch 1982, S. 34). Angst wird darüber hinaus als ein Gefühl bezeichnet, das aufgrund einer drohenden Gefahr, der sich die Person nicht gewachsen fühlt, entsteht. Menschen neigen dazu, solche Gefühlszustände in Form von Abwehrmechanismen von sich zu weisen.

> Neben der Verdrängung, Rationalisierung und Regression kommen hier auch die Abwehrmechanismen der Projektion oder Verschiebung in Betracht, indem der Ängstliche die eigenen Gefühle und Probleme einer anderen Person zuschreibt (Prosch 1995, S. 82; vgl. Bosetzky/Heinrich 1985).

Mobbing entsteht demnach, wenn die begangenen Fehler immer wieder einem speziellen Kollegen oder einer Kollegin untergeschoben werden. Individuelle Unzulänglichkeiten werden mit Antipathien gegenüber einzelnen MitarbeiterInnen gekoppelt und gegen diese gerichtet, um ihnen persönlich und beruflich zu schaden.

4.3.2.4 Antipathien

Antipathien, die Abneigung oder der Widerwillen gegen einen Kollegen oder eine Kollegin, sind ein häufiger Grund für Mobbing. Gegenseitige Antipathien und Sympathien entwickeln sich in fast allen Lebensbereichen. Sie sind auf die individuelle Lebens- und Erfahrungsgeschichte zurückzuführen und stellen eine Projektion dar.

> Sympathien und Antipathien bestehen zuhauf zwischen Menschen und stellen an sich keine Belastung für die beteiligten Personen dar, solange sie sich am Arbeitsplatz meiden können. Müssen sie jedoch täglich im Arbeitsprozeß miteinander kooperieren, ist schon Zündstoff für die Konflikte gegeben (Prosch 1995, S. 79).

Wir neigen zudem dazu, Menschen, denen wir nicht gut gesinnt sind, in einem negativen Licht zu beurteilen. Während wir den Fehler eines gemochten Mitarbeiters oder einer Mitarbeiterin aufgrund seiner/ihrer zahlreichen positiven Eigenschaften leicht entschuldigen, wirkt sich dieser bei MitarbeiterInnen, die wir nicht leiden können, als Verstärkung für das ohnehin schon negative Bild aus, das wir uns von ihnen gemacht haben.

5 Das System Mobbing und seine Beteiligten

5.1 Von Betroffenen, TäterInnen und MitläuferInnen

Mobbingprozesse haben eine interpersonale Dynamik, sie entwickeln sich nicht als kausale Ursache-Wirkungs-Prozesse. Eine vorschnelle Kategorisierung in *TäterInnen- und Opferrollen* ist für eine konstruktive Auseinandersetzung mit dem Mobbingprozess hinderlich. „Es dürfte wohl der Ausnahmefall sein, daß ein tückischer, sadistischer Täter ein Mobbingopfer kürt und einen Quälplan ausheckt, um es dann systematisch *fertigzumachen*" (Neuberger 1994, S. 85). Auch Walter geht auf die Mobbingdynamik als wechselseitige Rückkoppelung von TäterIn und Opfer ein, wenn er schreibt: „Ohne Zweifel ist es so, daß die *Opfer* unter anderen Bedingungen nicht zu Opfern geworden wären. Erst im Laufe eines Mobbingprozesses nehmen sie die *Opferrolle* an. Sie sind genauso wie die *Täter* an dem Mobbingkonflikt beteiligt" (Walter 1993, S. 37). Für ihn ist das Schlimmste im Mobbingkreislauf nicht die Bösartigkeit der TäterInnen, sondern dass die Alltäglichkeit des üblichen unterschwelligen Konfliktverhaltens plötzlich eine/n Einzelne/n trifft.

In diesem Zusammenhang ist auch die Opferdefinition von Leymann interessant. Ihm geht es hierbei nicht um eine Darstellung dessen, wer recht hat oder nicht.

> Das Opfer ist die Person im Konflikt, die infolge von psychischer Gewalt ihre psychischen Möglichkeiten verliert, schwere Lebenssituationen zu bewältigen, und die herausgeworfen wird oder riskiert, vom Arbeitsmarkt eliminiert zu werden (Leymann/Niedl 1994, S. 62).

Auch für Leymann ist also durchwegs zu Beginn des Mobbingprozesses nicht klar, wer das Opfer und wer der/die TäterIn ist. Dies stellt sich erst im Laufe der Entwicklung dar. Die Definition bezieht sich dementsprechend auf das Endergebnis von einseitigen oder gegenseitigen Übergriffen.

Übereinstimmend mit den allgemeinen inhaltlichen Aussagen von Neuberger, Walter und Leymann sollte jedoch vom Begriff Opfer Abstand genommen und zur *Terminologie der Mobbingbetroffenen* übergegangen werden. Mit Opfer wird zumeist eine Handlungsunfähigkeit assoziiert. Die Betroffenen erleben sich auch im Verlauf der Mobbingdynamik immer handlungsunfähiger und zweifeln letztlich sogar an ihren fachlichen Qualifikationen und sozialen Kompetenzen. Das Selbstvertrauen schwindet mit zunehmendem Verlauf. Gerade deswegen muss eine Mobbingintervention Stütze und Stärkung von Selbstbewusstsein, Handlungs- und Inhaltskompetenzen darstellen. „Lebenserfahrung, in denen Subjekte sich als ihr Leben Gestaltende konstruieren können, in denen sie sich in ihren Identitätsentwürfen als aktive Produzenten ihrer Biographie begreifen können, sind offensichtlich wichtige Bedingungen der Gesunderhaltung" (Keupp 1995, S. 22). Gerade Handlungskompetenzen, Erfahrungen positiver Konfliktlösungen und Selbstbewusstsein sind Bereiche, die bei den Betroffenen vorhanden sind, jedoch mangels individueller Ressourcen für die aktuelle Mobbingsituation nicht genutzt werden können. Diese Überlegung sollte einen begrifflichen Ausdruck finden. Dementsprechend wird in der vorliegenden Arbeit der Begriff Mobbingbetroffene verwendet. Von Mobbingopfern wird ausschließlich dann die Rede sein, wenn es sich um physische und sexuelle Gewalt handelt.

Neben den Betroffenen und den TäterInnen ist die Gruppe der MitläuferInnen zu erwähnen, die sich nicht aktiv äußern und so meinen, am Prozess nicht beteiligt und dafür nicht verantwortlich zu sein. In diesem Kontext sind die Ausführungen von Watzlawick erhellend, der von der Tatsache ausgeht, dass alles Verhalten in einer zwischenpersönlichen Situation Mitteilungscharakter hat. Daraus folgt,

> daß man, wie immer man es auch versuchen mag, nicht nicht kommunizieren kann. Handeln oder Nichthandeln, Worte oder Schweigen haben alle Mitteilungscharakter: Sie beeinflussen andere, und diese anderen können ihrerseits nicht nicht auf diese Kommunikation reagieren und kommunizieren damit selbst. Es muß betont werden, daß Nichtbeachtung oder Schweigen seitens des anderen dem eben Gesagten nicht widerspricht (Watzlawick 1990, S. 51).

Der Arbeitskollege, der bei einer Mobbingattacke gegen seinen im selben Zimmer sitzenden Kollegen anwesend ist und nicht interveniert, unterstützt dadurch die Mobbinghandlung und trägt die Verantwortung hierfür mit. Jede Kommunikation, und man *kann nicht nicht kommunizieren*, bedeutet eine Stellungnahme. Der Sender bringt durch Kommunikation seine Definition der Beziehung zwischen sich und dem Empfänger zum Ausdruck. Mobbing wird in der Regel nur durch MitläuferInnen ermöglicht, die aus Angst, selbst zu Mobbingbetroffenen zu werden, nicht intervenieren. Der Täter oder die Täterin macht weiter, gerade weil er oder sie nicht gehindert wird. Leymann hat für die Gruppe der scheinbar passiven MitläuferInnen, wobei er hier die Vorgesetzten heraushebt, die in einer Mobbingsituation nicht eingreifen, die treffende Formulierung *Möglichmacher* gefunden.

> Man kann also behaupten, daß ein Konflikt zu Mobbing und Psychoterror werden kann, weil er sich eben dazu entwickeln darf. Dieses Sich-nicht-darum-Kümmern könnte sich nach weiteren Forschungen sehr wohl als wichtigster Grund für die Entstehung von Mobbing herausstellen. Die, die zuschauen, dürfen mitschuldig sein, sie sind dann die Möglichmacher (Leymann 1993, S. 61).

Mobbingbetroffene werden demzufolge im Kontext der vorliegenden Arbeit als Symptomträger innerhalb eines Problemsystems angesehen, sie werden zum einem als leidende Personen gesehen, auf die die anderen hinzeigen, um von sich abzulenken. Zum anderen zeigt ihr Leiden ein kollektives Problem an. *Dementsprechend reflektiert sich in dem oder der Mobbingbetroffenen das gesamte System.* Die destruktiven Kommunikations- und Handlungsweisen zwischen Betroffenen und TäterInnen haben eine Funktion für die Erhaltung des gesamten Systems. Eine ausschließliche Fokussierung auf die Betroffenen ist demnach für eine konstruktive Analyse hinderlich. In Hinsicht auf die Betroffenen ist das äußerst wichtig, da sie im Laufe des Mobbingprozesses oft als psychisch krank stigmatisiert werden. Gerade um die Verengung des Blickwinkels zu durchbrechen, ist es von Bedeutung, sich dem gesamten System mit seiner Wirkungsweise zu nähern. Der ausschließliche Blick auf die Betroffenen mit ihren psychischen und physischen Mobbingfolgen würde diese als krank definieren. Unter Miteinbezug der zwischenmenschlichen Beziehungen erscheint die Reaktion der Mobbingbetroffenen als die einzig mögliche auf einen absurden und unhaltbaren zwischenmenschlichen Kontext.

> Psychiatrische Symptome müssen in monadisch isolierter Sicht abnormal erscheinen; im weiteren Kontext der zwischenmenschlichen Beziehungen des Patienten gesehen, erweisen sie sich jedoch als adäquate Verhaltensweisen, die in diesem Kontext sogar die bestmöglichen sein können (Watzlawick 1990, S. 49).

Rotschild kommt zu einem ähnlich humanen Resümee, wenn er schreibt:

> Unsere Alltagsbedingungen enthalten so viel Belastungen, daß jeder Mensch ein *Kämpfer* ist, der nie sicher sein kann, ob sein Kampf gewonnen oder verloren wird. Deshalb wäre es ungerecht, ein *Verlieren* automatisch mit Abnormalität gleichzustellen, ohne genau zu berücksichtigen, welche Bedingungen zur Niederlage geführt haben (1994, S. 23).

Auch Leymann greift den Prozess der Stigmatisierung von einzelnen Personen aufgrund ihrer Andersartigkeit auf, wenn er über die Entstehung von Mythen über Betroffene aus der Sicht der Attributionstheorie reflektiert. „Man bildet sich eine Meinung über einen Menschen dadurch, daß man beobachtet, was er tut. Man kümmert sich dabei jedoch weniger darum, *warum* er es tut." (Leymann 1993, S. 77). Im Fall der Mobbingbetroffenen, die ihrer Umgebung wieder und wieder dieselben Geschichten erzählen und diese damit in Ärgernis versetzen, werden nicht die Arbeitssituation und Bedingungen, denen die Betroffenen ausgesetzt sind, in Betracht gezogen, sondern man urteilt aufgrund ihres jetzigen Zustandes über sie. Nicht die Ursache wird als für die Situation verantwortlich eingeschätzt, sondern die Folge des Mobbingprozesses. Nicht die Ursache wird einer kritischen Überprüfung und notwendigen Veränderung unterzogen, sondern die Mobbingbetroffenen selbst sollen sich verändern.

Demgegenüber definiert Neuberger Mobbing als Reaktion auf zwar durch Personen vermittelte, aber nicht durch sie verursachte Widersprüche. „Mobbing ist so nicht länger ein dyadischer asymmetrischer Prozeß zwischen attackierender und attackierter Person, sondern Oberflächenausdruck sozialer Spannungen, die sich durchaus auch in anderer Weise und an anderen Personen entladen können" (1994, S. 86). Die Betroffenen haben in diesem Sinn eine Ventilfunktion, um Aggressionen und Ärger zu entladen, die sich innerhalb des Betriebes aufgestaut haben. Durch ihre Position kann das defizitäre betriebliche System weiterbestehen. Dies trifft für die Mehrzahl der Fälle zu, gerade da, wo das Arbeitssystem durch extrem hierarchische Strukturen gekennzeichnet ist, die zum einen keinen Freiraum für aufgestaute Aggressionen zulassen, zum anderen nicht als Übungsfeld für konstruktive Konfliktlösungen dienen können und destruktives Konfliktverhalten wie Mobbing fördern. Eine Mobbinganalyse muss dementsprechend immer die latente psychische und soziale Dynamik der Arbeitsgruppe im Fokus haben. Im Sinne einer systemischen Intervention bedeutet das

> ein Umdenken in der Hinsicht, daß es bei Mobbing nicht um die Frage nach Opfern und Tätern, sondern lediglich um jene nach dem Symptomträger geht. Man kann nicht sagen, daß, je mehr jemand gemobbt wird, um so kränker, empfindlicher ist er oder um so böser sind seine Angreifer. Vielmehr muß man prüfen, wie aggressiv, feindlich oder krankmachend die Interaktionen und Strukturen bzw. die gesamte Organisation (...) ist. Entsprechend sind Interventionen, egal, ob begleitend, prophylaktisch oder im Sinne der Rehabilitation, auch im System zu setzen und nicht nur am Einzelnen (vgl. Ardelt/Buchner/Gattinger 1993; Sohm 1995, S. 98).

5.2 Gruppendynamische Aspekte von Mobbing

Um die Bedeutung von gruppendynamischen Aspekten darzustellen, sei hier ein altgedientes und äußerst anschauliches Beispiel geschildert. Asch (1952) hat in seiner psychologischen Untersuchung zum Einfluss von Gruppen auf Einzelindividuen ein äußerst einfaches und erfolgreiches Setting gestaltet. Er arbeitete mit einer Gruppe von acht Studenten, die im Halbkreis um den Versuchsleiter herumsaßen. Dieser bat um die Beurteilung der Längenverhältnisse von mehreren parallelen Linien, die auf einer Tafel vor ihnen gut sichtbar aufgezeichnet waren. Einige der aufgezeichneten Linien waren, deutlich für das Auge sichtbar, unterschiedlich groß. Sieben der Studenten waren jedoch im Voraus instruiert worden, einstimmig die falsche Antwort über die Längenverhältnisse zu geben. Ausschließlich ein Student, die eigentliche Versuchsperson, war nicht informiert und saß so, dass er immer als Vorletzter sein Votum abzugeben hatte.

Asch fand heraus, dass unter diesen Umständen ausschließlich 25 % der Studenten ihrer eigenen Wahrnehmung trauten, während sich 75 % mit mehr oder weniger Gewissensbissen der Mehrheitsmeinung anpassten und falsch votierten. Obwohl also die Linien unterschiedlich lang waren und dies für das Auge deutlich sichtbar war, entschieden sich 75 % der Studenten aufgrund des Gruppendrucks dafür, dass die Linien gleich lang waren.

Dieses Experiment veranschaulicht die systemische Sichtweise mit ihrem Grundsatz, dass das System Gruppe mehr ist als die Summe ihrer einzelnen Mitglieder. Das heißt, dass sich Gruppenentscheidungen nicht aus der bloßen Summation der in ihr versammelten Persönlichkeiten ergeben. Die Gruppe selbst weist bestimmte Eigenschaften und Fähigkeiten auf, sie ist durch ein bestimmtes Klima, eine bestimmte Kultur und einer sich daraus ergebenden *Gruppendynamik* geprägt. Gruppendynamische Prozesse haben dementsprechend eine spezielle Eigendynamik.

Bei der Analyse von Gruppenentwicklungen liefern die Erkenntnisse Paul Watzlawicks einen wesentlichen Beitrag. Auch er misst der gegenseitigen Beeinflussung innerhalb von Gruppen eine enorme Bedeutung bei. In seinen Ausführungen zur menschlichen Kommunikation spricht er von *Rückkoppelungsprozessen.*

> Damit soll gesagt sein, daß die meisten der vorhandenen Studien sich mit der Wirkung befassen, die Person A auf Person B ausübt, ohne aber in Betracht zu ziehen, daß, was immer B tut, auf A zurückwirkt und dessen nächsten Zug beeinflußt und daß beide dabei weitgehend von dem Kontext, in dem ihre Wechselbeziehung abläuft, beeinflußt sind und ihn ihrerseits beeinflussen (Watzlawick 1990, S. 37).

Auch in der Analyse des Mobbingprozesses muss auf Rückkoppelungsprozesse besonders eingegangen werden. In Bezug auf die Mobbingproblematik führen diese Rückkoppelungsprozesse zu einem Teufelskreis. Die Gruppe weist einem oder mehreren KollegInnen eine Außenseiterposition zu. Diese entwickeln ein Abwehrverhalten, das sich in unterschiedlicher Form ausdrücken kann. Immerwährende Rechtfertigungs- und Erklärungsbedürfnisse, aggressives und gereiztes Verhalten oder aber auch psychische und physische Erkrankungen seien hier beispielhaft erwähnt. Die Gruppe wiederum begründet und verstärkt die Ausgrenzung mit eben diesem Abwehrverhalten der KollegInnen. Dies führt bei den Betroffenen zu einer Verschlimmerung der Abwehrmechanismen, worauf sich der Kreislauf schließt, da die Gruppe sich durch das Verhalten der Betroffenen in ihren Ausgrenzungsbestrebungen bestätigt sieht. Verstärkend wirkt bei dieser Dynamik, dass es bei Konflikteskalationen zu Kontaktabbrüchen zwischen den KontrahentInnen kommt, indem diese den direkten Kontakt untereinander meiden.

> Der Kontaktabbruch zwischen den Anhangern unterschiedlicher (...) Meinungen führt dazu, daß auf beiden Seiten übersteigerte Befürchtungen entstehen, die sich durch das daraus folgende Verhalten beider Seiten gegenseitig aufschaukeln. Jede Seite nimmt das paranoide Verhalten der anderen Seite zum Anlaß dafür, sich ihrerseits bedroht zu fühlen und in Abwehr-

> oder Angriffsstellung zu gehen. Die ersten Anfänge solcher Befürchtungen über die Bösartigkeit und Übermächtigkeit der *anderen* beruhen oft nicht auf realen Beobachtungen von deren Verhalten, sondern auf Phantasien über die unbekannten *anderen* (Bauriedl 1995, S. 26ff.).

Hierbei spielt der Prozess der Entwertung eine wichtige Rolle, denn nur durch ihn kann der Kontaktabbruch legitimiert werden. Doch auch hier wirkt sich die Rückkoppelung verstärkt aus, da diejenigen, die entwertet werden, wiederum entwerten, um sich wieder *gut* fühlen zu können. Dementsprechend wird Mobbing in der vorliegenden Arbeit als dynamischer Prozess verstanden, der durch eine Reaktionseskalation aufgrund von Rückkoppelungsprozessen vorangetrieben wird.

Die sich in Gruppen durch Rückkoppelungsprozesse entwickelnde Eigendynamik kann sich in positiver wie in negativer Form auswirken. In Bezug auf den Mobbingprozess muss eine deutlich negative Entwicklung konstatiert werden. Als häufiges Beispiel sei hier das Durchbrechen von Gruppennormen durch Einzelne genannt. Gerade diejenigen Personen, die das bestehende System der Gruppennormen in Frage stellen, laufen Gefahr, Mobbingbetroffene zu werden. Solche *Gruppennormen* können sich in unterschiedlichster Weise verdeutlichen. Das kann bedeuten, dass alle sozialen Aktivitäten mitgemacht werden müssen, dass ein bestimmtes Leistungsniveau nicht über- oder unterschritten werden darf, dass Neuerungen nicht zu schnell eingeführt werden dürfen oder dass die Person allgemein nicht dem gesellschaftlichen Normkodex entspricht. Dieser Mechanismus tritt besonders häufig auf, wenn Gruppen keine einheitsstiftenden Aufgaben, Erfolge und Symbole haben. Durch die Ausgrenzung der von der Gruppennorm abweichenden Person wird die Gruppenidentität kurzfristig wiederhergestellt. „Unterschwellig vorhandene Emotionen in der Arbeitsgruppe hinsichtlich Angst vor Mißerfolg, Unfähigkeit oder Arbeitsplatzverlust werden auf die Rolle projiziert und negative Gefühle auf den Rolleninhaber abgeladen“ (Brinkmann 1995, S. 108). Der oder die Mobbingbetroffene hat somit eine für die Gruppe stabilisierende Funktion. Bei seinem oder ihrem endgültigen Ausschluss vom Arbeitsprozess wird er oder sie zumeist durch einen anderen *Sündenbock* ersetzt. Diese Tatsache verweist wohl am deutlichsten darauf, dass es sich um gruppendynamische Mechanismen handelt. „In der abweichenden Person wird *die ganze Schärfe des Gesetzes* demonstriert, was durchaus auch eine generalpräventive Wirkung für alle anderen Mitglieder haben soll, die sich versucht sehen, ebenfalls abzuweichen“ (Neuberger 1995, S. 86).

Die Isolation von Einzelindividuen und deren Meinungen, die durch den Gruppenprozess verstärkte Tendenz zur Meinungsgleichheit innerhalb der Restgruppe und die Stagnation des Informationsaustausches führen zu destruktiven Gruppenwirkungen, die zum Ausschluss eines Gruppenmitgliedes führen können. Das Experiment von Asch verweist hierbei auf einen wichtigen Aspekt, der bei der Analyse von Mobbingprozessen zu berücksichtigen ist. Die Isolation von Einzelnen und die damit verbundene Übereinkunft Gleichgesinnter müssen als eine der größten Eskalationsvariablen im Prozess Mobbing angesehen werden, da hierdurch Personen aufgrund des Gruppendrucks Einstellungen gegen die Betroffenen einnehmen, die sie als Einzelindividuen unter Umständen nicht oder in geringerer Stärke vertreten würden. Dieses Phänomen wird in der gruppenpsychologischen Forschung als *De-Individualisierung* bezeichnet. Es beschreibt die Tatsache, dass es in Gruppen häufig zum Verlust individueller, persönlicher Meinung, Einstellungen und Werthaltungen kommen kann.

> In Gruppen sind enthemmte, irrationale und destruktive Verhaltensweisen möglich, die normalerweise von den meisten Menschen – auch von den Gruppenmitgliedern selbst, wenn man sie einzeln befragt – negativ bewertet und abgelehnt werden würden (Hesse/Schrader 1995, S. 128).

Diese Erkenntnis bietet auch Anhaltspunkte zu einer konstruktiven Mobbingintervention, da ein entscheidender Faktor die Tatsache ist, dass sich nicht alle Gruppenmitglieder wirklich mit der getroffenen Gruppenmeinung wohl fühlen. Daher liegt ein erster Schritt in der *Re-Individualisierung der Gruppenmitglieder*, indem Einzelgespräche geführt werden, in denen einzelnen Gruppenmitgliedern deren verdrängte Ängste und Abneigungen gegen ihr Mobbingverhalten bewusst gemacht wird und gleichzeitig konstruktive Handlungsalternativen erarbeitet werden.

> All the members of a group strive towards a common psychological denominator which is at the core of group dynamics. Because of the relative simplicity of the collective mind, the behavior of a group is predictable, and can thus be directed by a therapist who can combine a knowledge of this predictability with a certain amount of initiative and will. The most decisive and predictable factor in a mobbing group is that its members as individuals are themselves scared of their common denominator: they are caught up with the idea of tormenting a victim. From this we can clearly derive the first important step for treatment: to re-individualize the group members through separate talks where their inherent fears and reservations towards their own mobbing behaviour are made conscious and an immediate escape from the noxious habit of mobbing is offered (Pikas 1989, S. 93).

Watzlawick, der den destruktiven gruppendynamischen Verlauf als „Spiel ohne Ende" bezeichnet, verweist darüber hinaus auf einen wichtigen Aspekt bei der Konfliktintervention: „Um das Spiel zu beenden, wäre es notwendig, aus dem Spiel herauszutreten und über es zu sprechen" (1990, S. 216ff.). Hierfür sieht er es als notwendig an, dass das *System eine Erweiterung* erfährt. Ein Außenstehender oder eine Außenstehende könnte in diesem Sinn das beitragen, was das System nicht mehr allein hervorzubringen vermag, eine Änderung des Systems mit seinen destruktiven Regeln. Durch Beratung und Betreuung zum richtigen Zeitpunkt kann man die Relativierung und Veränderung festgefahrener

Rollen erreichen und die Verfestigung krankmachender Normen und Gewohnheiten vermeiden. Diese Aufgabe kann sowohl von SupervisorInnen als auch von externen MobbingberaterInnen übernommen werden. Es ist jedoch an diesem Punkt wichtig zu erwähnen, dass Vorgesetzte, reflektierte MitarbeiterInnen und KollegInnen in Frühstadien der Mobbingproblematik die Aufgabe hätten, diese Verantwortung zu übernehmen, um eine solche destruktive Entwicklung von vornherein zu verhindern.

5.3 Der Mobbingprozess: ein destruktiver Kreislauf für die Betroffenen

Ein besonderes Augenmerk muss im Mobbingprozess der *sozialen Stigmatisierung* der Betroffenen geschenkt werden. Durch die Stigmatisierung geraten die Betroffenen in einen negativen Kreislauf. Eine bekannte Mobbingstrategie ist es zum Beispiel, das Ansehen der Betroffenen zu schädigen, indem man diese als psychisch krank tituliert und sie zwingt, sich einer psychiatrischen Untersuchung zu unterziehen. Es werden Persönlichkeitsstörungen attestiert, die für den entstandenen Konflikt und dessen Verlauf verantwortlich gemacht werden. Gerade dies ist einer der problematischsten Aspekte der Mobbingdynamik, da die Abwehr- und Verteidigungsstrategien der Betroffenen als Indiz für dessen Untragbarkeit angesehen werden. Genau auf diesen Aspekt verweist auch Heinz Leymann, wenn er konstatiert, dass Mobbing auf Dauer die Konsequenz hat, die Copingreserven des Opfers auszulaugen.

> Das Opfer gleitet in eine Pariasituation hinein. Sein weiterer sozialer Überlebenskampf wird falsch gedeutet und ihm zur Last gelegt. Mehr noch: Dieser verzweifelte Überlebenskampf und das dabei gezeigte Verhalten überzeugt die Umwelt davon, daß die Person an irgendwelchen Charakterfehlern leidet (Leymann 1995, S. 46).

Dieser dynamische Aspekt des Mobbingverlaufes erklärt auch die massiven Schädigungen, die Mobbingbetroffene aufweisen, wenn sie über einen längeren Zeitraum einer Mobbingsituation ausgesetzt sind (siehe hierzu 7.1). Zusätzlich verschärft wird diese Situation für die Betroffenen durch ihre *gedankliche Weiterbeschäftigung* mit den demütigenden und verletzenden Vorgängen. Emotionen wie Wut, Enttäuschung oder Entsetzen über das Verhalten von Vorgesetzten und KollegInnen haben Stress verstärkende Effekte. Diese machen ein Abschalten unmöglich und halten die Stressreaktion auf einem hohem Niveau. „Im Prozeß des Mobbing erhält die betroffene Person keine Gelegenheit mehr, sich zu regenerieren, also in die Erholungsphase einzutreten, da sie permanent neuen Streßreizen ausgesetzt ist" (Brinkmann 1995, S. 22).

Der Prozess der Eskalation wird zudem durch die Etablierung von gegenseitigen *Stereotypien* der Streitparteien verschärft. Gerade für die Mobbingbetroffenen bedeutet dies eine besondere Verschärfung des Konfliktes, da diese im Gegensatz zu ihren KontrahentInnen den Rückhalt von Gleichgesinnten bereits verloren haben. Stereotypien entstehen deshalb, weil die unterschiedlichen Streitparteien außer den Mobbinghandlungen keinen Kontakt zueinander haben und sozusagen auf eigene Interpretationen und Absicherungsgedanken zurückgreifen. So entsteht ein globalisierendes, pauschalisierendes Bild von der Gegenpartei, das nicht mehr von anderen Erfahrungen korrigiert werden kann, sondern fixiert ist. In der Kommunikation stehen gerade diese Stereotypien zwischen den Konfliktparteien.

> Wann immer sie miteinander kommunizieren, stehen diese fixen Bilder eigentlich zwischen ihnen. Sie decken auf die Dauer füreinander die wahren Wesenszüge zu. Jede Partei sieht von der Gegenseite nur noch, was mit ihren Vorstellungen von der anderen Partei übereinstimmt. Diese Vorstellungen werden jedoch durch neue Erfahrungen nicht mehr korrigiert. (...) Die stereotypen Bilder prägen die Beziehung zwischen den Parteien (Glasl 1995, S. 240f.).

Diese manifestierten Stereotypien drängen die Betroffenen dann in die vorgeschriebenen Rollen. Dies führt zu einem *Self-fulfilling-prophecy-Effekt.*

> Das Wesen der *self-fulfilling-prophecy* ist, daß sie ursprünglich eine falsche Definition der Situation gibt, die ein neues Verhalten hervorruft, welches am Ende die zunächst falsche Vorstellung richtig werden läßt. Danach schafft also eine bestimmte Voraussage gerade jene Bedingungen, die für die Erfüllung dieser Voraussage notwendig ist (Prosch 1995, S. 51).

Bei den Betroffenen wird ein Verhalten provoziert, mit dem sich das ihnen zugeschriebene stereotype Bild ungewollt bestätigt. Als Beispiel sei hier die Rechthaberei erwähnt, die Mobbingbetroffenen, die sich kritisch äußern, häufig attestiert wird. Gerade im Rahmen eines Mobbingprozesses können sich dann auch *querulatorische* Züge aufgrund der enormen Stressbelastungen durch Vorwürfe ausbilden. „Die Parteien erleben, daß sie von der Gegenseite in bestimmte Rollen *gefangen* und festgehalten werden, so daß sie sich nicht mehr authentisch verhalten können. Die Gegenpartei schreibt ihnen mehr oder weniger vor, wie sie sich zu verhalten haben" (Glasl 1995, S. 241). Für Mobbing ist hierbei folgendes Szenario typisch: Die Mobbingbetroffenen, die bereits unter psychischen und physischen Folgen des Psychoterrors leiden, bekunden dies. Die Gegnerschaft hingegen begründet den entstandenen Konflikt aus den psychischen *Persönlichkeitsstörungen* der Betroffenen. Sie meinen, dass es nie zu einem Konflikt gekommen wäre, wären die Betroffenen nicht von vornherein psychisch geschädigt gewesen. Rüttinger (1977) verweist in diesem Zusammenhang darauf, dass die Neigung, Persönlichkeitsfaktoren für die Entstehung von Konflikten verantwortlich zu machen, „von dem Zwang zu gründlicher Konfliktanalyse und eventuellen Veränderungsmaßnahmen" entbindet und das eigene Gewissen entlastet (S. 90). Auch Heinz Leymann und Klaus Niedl nehmen diesen Tatbestand auf, wenn sie schreiben:

> Es ist offenkundig, daß in bestimmten Stadien von Mobbing- oder Ausstoßungsprozessen soziale und psychologische Mythen um das Opfer herum gebildet werden. Diese rechtfertigen zu einem späteren Zeitpunkt die endgültige Eliminierung (1994, S. 64).

Hierbei vergessen die Beteiligten, dass es zumeist eine lange Zeit der produktiven Zusammenarbeit gegeben hat. „Menschen, mit denen man schon seit langer Zeit, seit Jahren, Konflikte hat, sieht man in der Erinnerung eher im trüben Licht dieser ewigen Konflikte als im hellen Schein der Zeit davor, als man sich noch vertrug" (Leymann 1993, S. 75).

Bei den Betroffenen kann die Festschreibung auf spezifische Rollen, gekoppelt mit dem Gefühl, keine Handlungsalternativen zu haben, zu einer *generalisierenden Hilflosigkeitserwartung* führen. Gruppenpsychologische Untersuchungen verweisen in diesem Zusammenhang darauf, dass AußenseiterInnen keine Chance haben, sich gegen objektiv ungerechte Behauptungen und Beschuldigungen durchzusetzen, wenn der Eskalationsprozess weit fortgeschritten ist und die Person keine Verstärkung von mindestens einer anderen Person erhält (vgl. Asch 1952; Ardelt/Buchner/Gattinger 1993). Diese Erkenntnisse verdeutlichen die Notwendigkeit von Solidarität, Unterstützung und allen anderen möglichen Hilfsangeboten für die Betroffenen. Stehen ihnen diese nicht zur Verfügung, tritt der psychische Zustand der Hilflosigkeit ein.

Das Gefühl, mit seinen Handlungen nichts bewirken zu können, führt zu motivationalen Störungen, die sich in Form von Passivität, aber auch aggressiven Schüben der Mobbingbetroffenen ausdrücken können. Längerfristig kann es bei den Betroffenen aufgrund der enormen Traumatisierung und der damit verbundenen gedanklichen und verhaltensorientierten Einengung zu einer Generalisierung der negativen Erlebnisse auf andere Lebensbereiche kommen. Eine negative Grundhaltung bestimmt dann das Denken, Fühlen und Handeln der Betroffenen. Es kommt zu kognitiven Störungen, sodass die Betroffenen auch in Situationen, in denen sie Handlungskapazitäten hätten, nicht aktiv werden. Emotionale Störungen entwickeln sich, indem die primäre Erscheinungsform der generalisierenden Hilflosigkeit, die Furcht, zur Depression führt.

Erschwerend wirkt sich für die Betroffenen darüber hinaus die menschliche Tendenz aus, Geschehnisse in einfachen *Schuld-/Unschuldzuschreibungen* zu kategorisieren. Dies hilft zwar, individuelle Sicherheit bei zunehmenden komplexen Situationen zu erreichen, führt jedoch auch dazu, dass Verantwortlichkeiten ausschließlich denjenigen zugeschrieben werden, die ohnehin die Leidtragenden der Konflikteskalation sind, indem ihnen der Ausschluss aus dem Arbeitsprozess droht. Verstärkt wird dies durch die menschliche Neigung, eine innere Verursachung selbst dann anzunehmen, wenn unübersehbare Umweltfaktoren den Prozess beeinflusst haben. Es scheint so, als sei ein Mensch als Verursacher eines Ereignisses die *einfachste und befriedigendste mögliche Erklärung.*

Die Opfer für schuldig zu erklären, ist der Versuch, unsere eigene Buchführung in Ordnung zu bringen und uns ein ums andere Mal den Glauben an eine gerechte Welt zu bestätigen. Aber gleichzeitig bewahren wir uns auch den Glauben an die Kontrollierbarkeit von Ereignissen. Machen wir Menschen für ihr Mißgeschick verantwortlich, implizieren wir, daß sie es in gewissem Umfang hätten kontrollieren können. Und daraus wiederum folgt, daß wir selbst ähnlichen Schwierigkeiten aus dem Weg gehen können – wir müssen es nur anders machen als die anderen (Forgas 1992, S. 89).

6 Der Mobbingverlauf: die fehlgeschlagene Konfliktbewältigung als Etablierung von Mobbing

6.1 Vom Konflikt zur Konfliktfähigkeit: eine begriffliche Abklärung

6.1.1 Konflikt

Konflikt: allgemein der Gegensatz zwischen verschiedenen Verhaltensweisen bzw. Interessen und u. U. die daraus entstehenden, in unterschiedlicher Form und Stärke auftretenden Auseinandersetzungen mit diesen selbst bzw. diesen repräsentierenden Personen, Gesellschaften, Staaten u. a." (Meyers kleines Lexikon 1986, S. 186).

Sozialer Konflikt ist eine Interaktion zwischen Aktoren (Individuen, Gruppen, Organisationen usw.), wobei wenigstens ein Aktor Unvereinbarkeiten im Denken/Vorstellen/Wahrnehmen und/oder Fühlen und/oder Wollen mit dem anderen Aktor (anderen Aktoren) in der Art erlebt, daß im Realisieren eine Beeinträchtigung durch einen anderen Aktor (die anderen Aktoren) erfolge (Glasl 1997).

Ein Konflikt ist eine Interessenskollision unter Einigungszwang (Krainz 2002).

In der Psychologie dient der Begriff Konflikt einerseits zur Beschreibung der Interaktion zwischen zwei oder mehreren Personen (interpersonaler Konflikt), andererseits zur Darstellung eines inneren Zustandes (intrapersonaler Konflikt). Handelt es sich um einen intrapersonalen Konflikt, wird darüber hinaus zwischen „emotionalen oder motivationalen (Bedürfnis-, Gefühlskonflikte) und kognitiven Konflikten (Orientierungskonflikte, kognitive Widersprüche oder Dissonanzen, ungelöste Denkprobleme usw.) unterschieden" (Nolting 1987, S. 552). Wichtig ist, dass die beiden Konfliktbereiche eng miteinander in Verbindung stehen. So gibt es zum Beispiel viele Konflikte, die zunächst als intrapersonal erscheinen, sich jedoch als gesellschaftlich vermittelt herausstellen.

Anhand des Phänomens Mobbing zeigt sich, wie individuelle und gesellschaftliche Konflikte miteinander verbunden sind. So haben gesellschaftliche und betriebliche Rahmenbedingungen einen bedeutenden Einfluss auf das Betriebsklima. Dieses wirkt sich wiederum auf jeden/jede einzelne/n MitarbeiterIn aus. So begünstigt ein schlechtes betriebliches Klima Mobbing. Dies wirkt sich dann psychisch und physisch auf die Betroffenen aus. Wesentlich bei der Konfliktanalyse ist demnach der Blickwinkel der Betrachtung. Hat man den Fokus ausschließlich auf die Betroffenen, so werden diese als behandlungsbedürftig bezeichnet werden. Wenn jedoch der Blickwinkel auf das gesamte System mit seinen wechselseitigen Beziehungen erweitert wird, werden die Interventionen auf mehreren Ebenen angesetzt.

Für eine Analyse ist darüber hinaus die Bewusstseinspräsenz von Konflikten bedeutungsvoll. Mertens führt hierzu an, dass es sinnvoll ist, von einem Kontinuum der Bewusstseinspräsenz auszugehen. „Diese reicht vom Pol *unbewußter Konflikt* über kaum bemerkbare, am *Rande* des Bewußtseins ablaufende Konflikte, bis hin zu dem mit voller Bewußtseinshelligkeit – etwa als Entscheidungsdilemma – erlebten Konflikt“ (Mertens 1974, S. 12).

Zudem soll noch angemerkt werden, dass Konflikte auf drei Ebenen ausgetragen werden: der Sachebene, der Beziehungsebene und der emotionalen Ebene. Gerade die unterschiedlichen Ebenenwechsel stellen bei der Konfliktanalyse eine besondere Herausforderung dar.

> Auf der Sachebene wird scheinbar nur um Sachfragen und -themen gerungen, es geht um Ziele, die gerechte Verteilung einer Sache X, Wirtschaftlichkeit, um Entscheidungen. Auf der Beziehungsebene aber wirken sachunabhängige, emotionale und irrationale Faktoren entscheidend mit und bestimmen die angeblich rein sachliche Auseinandersetzung. Antipathie, Neid, Rivalität, Mißgunst und Abhängigkeit beeinflussen die Diskussionspartner oder Kontrahenten (Hesse/Schrader 1995, S. 49).

6.1.2 Konfliktfähigkeit

> Konfliktfähigkeit in dem hier zu verstehenden Sinn soll ein Problembewußtsein genannt werden, dem eine vordergründige Konfliktlösung als nicht mehr ausreichend erscheint, obgleich diese vordergründige Art von Konfliktbewältigung einen ersten wichtigen Schritt darstellt. Vielmehr sollte man sich bei einer progressiven Konfliktverarbeitung darüber Gedanken machen, ob nicht der jeweils privat erscheinende Konflikt dadurch adäquater gelöst werden kann, daß man ihn als gesellschaftlich vermittelt begreifen lernt (Mertens 1974, S. 18).

Als Voraussetzung für eine solche Konfliktfähigkeitsdefinition gilt das Verständnis, dass Menschen immer in speziellen gesellschaftlichen Verhältnissen leben und von diesen geprägt sind. Ein Konfliktmanagement, welches sich nur auf innerpsychische Bewältigung bezieht, würde eine effiziente Ursachenanalyse außer Acht lassen und kann daher nur als erster Schritt betrachtet werden. Es gilt, die soziologischen wie die psychologischen Aspekte in ihren Zusammenhängen sowie in den Konturen ihrer jeweiligen Relevanz zu beurteilen.

Dies impliziert auch, gesellschaftliche Widersprüche als solche zu erkennen und sie nicht auf eine zu einfache Formel bringen zu wollen, „die alles irgendwie stimmig machen, die uns die Belastungen und Orientierungskrisen ersparen können, die mit Widersprüchen notwendigerweise verbunden sind“ (Keupp 1987, S. 21). Keupp schreibt in diesem Zusammenhang von der Ambiguitätstoleranz: „Widersprüche aushalten heißt, sich nicht vorschnell auf eine Seite ziehen zu lassen, sie geduldig zu erkunden, und das, was durch sie in Bewegung kommt, auch wirklich erkennen zu können“ (1987, S. 21). In diesem Sinn kann die Ambiguitätstoleranz als unabdingbar für effizientes Handeln und das eventuelle Finden von neuen Umgangsformen angesehen werden.

Das konsequente Miteinbeziehen soziologischer wie psychologischer Elemente kann allerdings zu einem großen Leidensdruck führen, da es zu keiner umgehenden Bewältigung der eigentlichen Ursache kommen kann.

> Dieser Leidensdruck würde aber seinen Ursprung nicht der blinden Umsetzung eines Konfliktes in mannigfache Symptome verdanken (wie neurotischer Leidensdruck), sondern der Empörung über ungerechte und Leiden schaffende Zustände (Mertens 1974, S. 19).

6.1.3 Konflikt als Chance

Konflikte haben in sich immer zwei potentielle Entwicklungsmöglichkeiten. Wird der Konflikt nicht gelöst oder transformiert, so kann dies zu großen Lebenskrisen und Leid führen. Wird der Konflikt jedoch gelöst, so bedeutet dies zumeist die Entdeckung neuer Fähigkeiten und ungeahnter Ressourcen. Im Folgenden seien nur einige mögliche Resultate einer offenen, frühzeitigen und konstruktiven Konfliktaustragung erwähnt.

Konflikte…

- zeigen Probleme auf und helfen, Problembewusstsein zu entwickeln
- zeigen Grenzen auf und helfen, Grenzverletzungen zu klären
- sind Wurzeln für Veränderungen
- führen zu Selbsterkenntnis
- verhindern Stagnation
- bewirken Konfliktbereitschaft, da sie den nötigen Druck hierfür erzeugen
- führen zur Reflexion und einer differenzierten Sicht der Probleme
- zeigen kreative Potentiale und vielseitige Lösungsmöglichkeiten auf
- vertiefen das Wissen und die Zuversicht auf weitere erfolgreiche Problemlösungen
- schaffen Erleichterung und Entlastung
- offene Konfliktaustragung verhindert zumeist Konflikteskalation und Mobbing
- gelöste Konflikte festigen den Gruppenzusammenhalt
- stärken das Selbstbewusstsein und die Selbstachtung usw.

6.2 Konfliktverlauf

Konflikte sind dynamische Prozesse, die in unterschiedlichen Phasen theoretisch veranschaulicht werden können (Berkel 1985, S. 659).

1. Phase – der latente Konflikt: Latent bestehende Spannungen werden zumeist durch ein auslösendes Ereignis beendet. Bemerkbar macht sich ein latenter Konflikt zumeist durch Störungen wie große Heftigkeit in der Argumentation, kein Engagement in der Bearbeitung, Tuscheln mit anderen TeilnehmerInnen, wiederholtes Verlassen des Raumes oder auch das Abwerten der Beiträge anderer Gruppenmitglieder.

2. **Phase – der manifeste Konflikt**: Aufgrund eines Auslösers wird der latente Konflikt manifest. Auslöser können sowohl innere als auch äußere Bedingungen sein (Ängste, Hoffnungen, Zeitdruck, Rollenvorschriften usw.).

3. **Phase – Handlungsebene**: Die Bewusstwerdung des Konfliktes aktiviert die Beteiligten zum Handeln. Typische Konfliktstile sind hierbei *durchsetzen, nachgeben, vermeiden, Kompromisse schließen, kooperativ und problemzentriert lösen.*

4. **Phase – Interaktion**: Aufgrund des Verhaltens einer Partei kommt es zur Interaktion mit der anderen Partei. Hierbei spielen die kommunikativen Fähigkeiten der Beteiligten eine wesentliche Rolle.

5. **Phase – Regelung**: Der Konflikt ist beendet, wenn es zu irgendeiner Form von Regelung gekommen ist. „Wenn eine Partei die Konfliktregelung als ungerecht empfindet, ist die Wahrscheinlichkeit hoch, daß der Konflikt über kurz oder lang wieder aufbricht oder aber, sollte er unterdrückt werden, sich destruktiv auswirkt“ (Berkel 1985, S. 660).

In diesem Zusammenhang wird Mobbing als Prozess verstanden, der einem nicht gelösten Konflikt nachfolgt. Mobbing bringt dementsprechend den chronifizierten Endzustand einer fehlgeleiteten Konflikthandlung zum Ausdruck.

6.3 Konfliktinhalte

Für die Entstehung von Konflikten können die unterschiedlichsten Ursachen genannt werden. Im Folgenden soll eine grobe Kategorisierung der Entstehungsursachen veranschaulicht werden.

Beziehungskonflikte: Aufgrund von Lebenserfahrungen und Persönlichkeitsstrukturen kommt es zu unterschiedlichen Eigenheiten und Wertvorstellungen, die zu Beziehungskonflikten führen können.

Rollenkonflikte: Rollenunterschiede im Sinne von unterschiedlichen Positionierungen stellen häufige Ursachen von Konflikten dar. Ein besonderes Konfliktpotential sind hierbei häufig wechselnde Rollen und der Neueinstieg von Personen in den Arbeitsprozess.

Geschlechtskonflikte: Aufgrund der noch immer vorherrschenden patriarchalen Gesellschaftsverhältnisse besteht eine Diskriminierung des weiblichen Geschlechts. Die sexuelle Belästigung am Arbeitsplatz stellt hierbei nur eines von vielen Konfliktpotentialen dar.

Verteilungskonflikte: Die unterschiedliche Verteilung von Ressourcen kann zu Ungerechtigkeitsgefühlen seitens der Betroffenen führen. Die Diskussion um die Gehaltsverteilung in Bezug auf die geleistete Arbeit stellt hierbei einen klassischen Konflikt im Bereich der Arbeit dar. Darüber hinaus entspinnen sich Verteilungskonflikte auch über Anerkennung, Aufmerksamkeit, Wertschätzung oder Macht und Kompetenz.

Zielkonflikte: Unterschiedliche Absichten und Ziele können bei geringer Kooperations- und Kompromissbereitschaft zu massiven Konflikten führen. Eine Zusammenarbeit kann jedoch von vornherein unmöglich gemacht werden, wenn die Ziele zu divergent sind.

Beurteilungs- und Wahrnehmungskonflikte: Eine zu starre Haltung in Bezug auf die Erreichung eines Zieles kann zu massiven Konflikten innerhalb des Arbeitsprozesses führen. In diesen Bereich fallen jedoch auch unterschiedliche ethische Beurteilungen von Handlungsinterventionen, die Konflikte eskalieren lassen können.

6.4 Heiße und kalte Konflikte

Im Konfliktmanagement wird von heißen und kalten Konflikten gesprochen. Je nachdem, welche Erscheinungsform der Konflikt hat, braucht es von Seiten des/der BeraterIn unterschiedliche Interventionsentscheidungen. Grundsätzlich müssen heiße Konflikte „abgekühlt“ werden, indem (Kommunikations-) Regeln etabliert werden, kalte Konflikte „angewärmt“, indem Emotionen neu artikuliert und Prozedere-Verkrustungen abgebaut werden.

Bei einem **heißen Konflikt** wird die direkte Auseinandersetzung mit der Gegenpartei gesucht und dabei Regeln und Richtlinien missachtet. Der Konflikt wird zumeist impulsiv, emotional, affekthaft und selbstbewusst ausgetragen. Bei den Parteien besteht ein Bewusstsein über den Konflikt und eine Atmosphäre der Überaktivität und Überempfindlichkeit.

Bei **kalten Konflikten** versuchen die Parteien, einander aus dem Wege zu gehen. Es bestehen internalisierte Konflikte, die in den Parteien destruktiv weiterwirken, veranschaulicht durch eine Atmosphäre des gegenseitigen Ausweichens und Vermeidens. Die Kommunikation wird auf ein formelles Mindestmaß reduziert. Unpersönliche Regeln und Prozeduren werden etabliert, um jeglichen Kontakt zu vermeiden. In der Regel wird der kalte Konflikt strategisch und überlegt ausgetragen.

Zumeist besteht eine starke Desillusionierung, verbunden mit einem stark verminderten Selbstwert aufgrund vermehrter glückloser Versuche, den Konflikt zu bewältigen, was bis zu einer völligen Konfliktverleugnung führen kann.

6.5 Formgebundene und formlose Konflikte

Konflikte können formgebunden, formlos oder in einer Mischform im Unternehmen auftreten. Eine Analyse dieser Kategorie ist wichtig, da bei destruktiven Eskalationsentwicklungen wie z. B. bei Mobbing eine Überführung des Konfliktes vom formlosen zum formgebundenen Konflikt notwendig ist.

Formgebundener Konflikt: Bei diesem Konflikttypus bedienen sich die Konfliktparteien der vorhanden Institutionen, Prozeduren und Kampfmittel. Sie versuchen, ihre Ziele unter Anwendung dieser geregelten Formen zu erreichen, z. B. durch Gerichte, Schiedskommissionen usw.

Formlose Konflikte: Bei diesem Konflikttypus bedienen sich die Parteien keiner vorgegebenen Konfliktaustragungsinstanzen.

6.6 Konflikte im mikro-, meso- und makrosozialen Rahmen

Konflikte können eine unterschiedliche Größenordnung annehmen. Je weiter sich ein Konflikt verbreitet, desto weniger haben die Beteiligten direkten Kontakt oder kennen einander. Dementsprechend haben Interventionen einen unterschiedlichen Charakter, je nachdem, ob sie im mikro-, meso- oder makrosozialen Rahmen angesiedelt sind.

Konflikte im mikrosozialen Rahmen: Konflikte, die zwischen zwei oder mehreren Einzelpersonen oder in kleinen Gruppen stattfinden. Hier kennt jeder jeden und es kann zu direkten, sogenannten Face-to-face-Interaktionen kommen. Das Gefüge der Beziehungen ist im Großen und Ganzen für jeden überschaubar. Interventionen können nach einer Orientierungsphase direkt an den Personen/Gruppen orientiert bleiben.

Konflikte im mesosozialen Rahmen: Soziale Gebilde der mittleren Größenordnung wie Schulen, Verwaltungen, Fabriken usw. bauen sich aus mikrosozialen Einheiten auf. Innerhalb dieser Einheiten gestalten sich die sozialen Beziehungen nach den Funktionsbedingungen der Kleingruppe, zwischen diesen Einheiten der Organisationen sind oft keine direkten Beziehungen mehr möglich. Die Kommunikation erfolgt über Mittelspersonen, die als Exponenten einer Abteilung oder eines Teams auftreten. Zu der Komplexität der Beziehungen in der Kleingruppe tritt nunmehr auch die der weniger persönlichen Zwischengruppenbeziehung.

Bei Interventionen müssen Bedingungen im mesosozialen Rahmen geschaffen werden, die es erlauben, an den mikrosozialen Konflikten innerhalb des Gesamtbildes fruchtbar zu arbeiten. Interventionen setzen bedeutet: Arbeit an den Beziehungen in und zwischen Gruppen und Gewährleistung des Informationsflusses.

Konflikte im makrosozialen Rahmen: Der Konflikt spielt sich auf mehreren gesellschaftlichen Ebenen ab und seine ProtagonistInnen sind dementsprechend unterschiedlichen Spannungen ausgesetzt.

Es besteht ein extrem hoher Komplexitätsgrad, wobei mehrere Ebenen ineinander verschachtelt sind und die Analyse maßgeblich erschweren. Der Kommunikations- und Informationsfluss gestaltet sich durch die Medien der öffentlichen Meinung anders als im mesosozialen Bereich.

Da Konflikte hier zumeist in sehr starkem Ausmaß mit außerpersönlichen Kräften zu tun haben, die nur zum Teil von den Hauptakteuren beeinflussbar sind, wird sich die Intervention sehr stark auf unpersönliche Fakten richten.

6.7 Phasenmodell der Konflikteskalation

Das Phasenmodell der Eskalation von Glasl (1992) unterscheidet zwischen drei Hauptphasen mit jeweils drei Unterstufen. Angemerkt sei hierbei, dass das Schema der Konflikteskalation eine theoretische Systematisierung von Konfliktverläufen darstellt. Es können dementsprechend in der Realität Konfliktstufen übersprungen werden, oder die Kontrahenten können sich auf unterschiedlichen Konfliktebenen befinden.

Die *erste Hauptphase* wird als *Phase der Verstimmung* bezeichnet. Sie ist durch drei Unterstufen gekennzeichnet: Verhärtung, Polarisierung und Taten statt Worte. Erste Meinungsverschiedenheiten und das Aufkeimen eines Konfliktes sind erkennbar. Die Konfliktparteien versuchen jedoch in diesem Konfliktabschnitt, eine konstruktive Konfliktlösung auf inhaltlicher Ebene herbeizuführen. Die Möglichkeit, dass alle Parteien aus dem entstandenen Konflikt als *GewinnerInnen* hervorgehen, ist groß, deshalb wird dieser Konfliktabschnitt auch als „win-win-Phase" bezeichnet.

Die *zweite Hauptphase* wird als *Phase des Schlagabtausches* beschrieben und ist durch drei Unterstufen gekennzeichnet: Sorge um Image und Koalition, Gesichtsverlust und Drohstrategien. Bestimmt ist dieser Konfliktabschnitt vor allem durch den Ebenenwechsel von der Sach- auf die Beziehungsebene. Die inhaltlichen Konflikte werden immer mehr über die Beziehungsebene ausgetragen. Ziel ist nicht länger eine gemeinsame Konfliktlösung, sondern vielmehr die Durchsetzung der eigenen Position. Meist geht nur noch eine Konfliktpartei unbeschadet aus der Auseinandersetzung hervor, deshalb gilt dieser Konfliktabschnitt als die „win-lose-Phase".

Die *dritte Hauptphase* wird als *Phase der Vernichtung* tituliert. Sie ist durch drei Unterstufen beschrieben: Begrenzte Vernichtungsschläge, Zersplitterung und „gemeinsam in den Abgrund". Diese Phase ist durch die totale Verhärtung und Kompromisslosigkeit der Parteien gekennzeichnet. Es geht zumeist nicht mehr um die Konfliktbewältigung selbst oder den individuellen Sieg, sondern um die gezielte Vernichtung des Gegners. Dementsprechend wird dieser Konfliktabschnitt als „lose-lose-Phase" bezeichnet, da alle Parteien geschädigt aus dem Konflikt hervorgehen.

Der *Übergang von einer Hauptphase zur nächsten ist einer Schwelle gleichzusetzen.* Bei kriegerischen Auseinandersetzungen beispielsweise ist an das Überqueren eines Flusses zu denken, der eine natürliche Trennung und Hemmschwelle darstellt. Schwellen stellen den Weg von einem Regressionsniveau zu einem niedrigeren Regressionsniveau dar. Je weiter sich der Konflikt in höhere Eskalationsstufen entwickelt, desto weniger Handlungsalternativen stehen zur Verfügung. Die Konfliktparteien lassen sich beim Überschreiten von Regressionsschwellen von Denkgewohnheiten, Gefühlen, Stimmungen sowie Motiven und Zielen leiten, die nicht dem Grad ihrer Reife entsprechen. Es ändern sich die Perzeption, die Einstellungen und Ansichten, die Verhaltensweisen und das ganze Selbstkonzept der Konfliktparteien. Der Weg der Eskalation führt mit einer zwingenden Kraft in Regionen, die große, unkontrollierte Energien aufrufen, die sich jedoch auf die Dauer der menschlichen Steuerung und Beherrschung entziehen. Durch den gleichsam entstandenen *Geschwindigkeits- und Bewegungsrausch* schwindet die Fähigkeit der Steuerung (vgl. Glasl 1992).

Wichtig ist in diesem Zusammenhang zu erwähnen, dass Glasl sein 9-Stufen-Eskalationsmodell an das Eskalationsmodell von Kahn (1965) anlehnt. Dieser hat ein 44-stufiges Modell zur Beschreibung internationaler Krisen vorgelegt. Dementsprechend kommt es bei Glasls Eskalationsmodell gerade in der dritten Hauptphase zu sehr aggressiv formulierten Aussagen, die jedoch für den Arbeitskontext differenziert gesehen werden können. Wenn also im Kontext der neunten Esakalationsstufe z. B. von dem Wort „Untergang" oder „gemeinsam in den Abgrund" gesprochen wird, so kann dies im Zusammenhang des Arbeitslebens in Form einer Kündigung, Entlassung oder einem beidseitigen Verlust des Arbeitsplatzes verstanden werden.

Im Rahmen dieses Eskalationsmodells kann *Mobbing ab der fünften Eskalationsstufe* eingeordnet werden. Bedeutend ist in diesem Zusammenhang die Differenzierung zwischen Konflikten und Mobbing. Mobbing ist demnach nicht der Konflikt selbst, sondern dessen Eskalation. Der entscheidende Sprung vom Konflikt zum Mobbing liegt in der Personifizierung des Konfliktes. Der Konflikt besteht nicht mehr nur um die Sachinhalte, sondern die persönliche Integrität wird angegriffen. Im Zentrum steht die Person des Gegners und dessen Ausgrenzung. Auch Neuberger (1994, S. 97) streicht hervor, dass bei der Eskalation von Konflikten

> das sogenannte Sachliche (...) nur noch Vorwand oder Erinnerungsspur ist. Blinde Wut, Verbissenheit ineinander, Rücksichtslosigkeit gegenüber den anderen, der Sache und schließlich auch sich selbst markieren die typische Unerreichbarkeit und Unerbittlichkeit in späteren Phasen.

Das Erreichen der letzten Stufe dürfte bei Mobbing allerdings eher selten sein, da es aufgrund der spezifischen Mobbingdynamik häufig schon vorher zum Ausschluss der Betroffenen aus dem Arbeitsleben kommt.

Das Phasenmodell der Konflikteskalation im Überblick
(Glasl 1992, S. 218)

Erste Hauptphase: Verstimmung

1. **Verhärtung**: Es bilden sich unterschiedliche Meinungen und Einstellungen heraus.
2. **Polarisierung**: Die egoistischen Standpunkte und die Reizbarkeit nehmen zu. Bei Gruppenkonflikten wird die Zugehörigkeit zur eigenen Partei stärker und die Loyalität zur anderen Partei schwächer.
3. **Taten statt Worte**: Es beginnen provozierende Aktionen, die die eigenen Ziele fördern und die des Gegners blockieren sollen.

Zweite Hauptphase: Schlagabtausch

4. **Sorge um Image und Koalition**: Die Sorge um die eigene Reputation und die Suche nach Unterstützung bei Außenstehenden tritt in den Vordergrund.
5. **Gesichtsverlust**: Es kommt zum Gesichtsverlust der Gegenpartei, indem sich die Kontrahenten jegliche soziale Identität und Integrität absprechen. Vertrauen ist nicht mehr gegeben und es werden Schläge unter die Gürtellinie ausgeteilt.
6. **Drohstrategien**: Gewaltdenken, angekündigte Gewalthandlungen und Drohungen, die die Macht des Gegners zu minimieren suchen, bestimmen den Konflikt. Die gegenseitigen Drohstrategien bewirken eine extreme Beschleunigung des Konfliktes. Intrigen und schlimmste Gerüchte werden unter den Kontrahenten in Umlauf gebracht.

Dritte Hauptphase: Vernichtung

7. **Begrenzte Vernichtungsschläge**: Die Gegner werden bewusst provoziert und gereizt. Es beginnen systematische Zerstörungsschläge, die die Möglichkeiten der Gegner, sich zur Wehr zu setzen, einschränken und ihre Macht zu vermindern trachten.
8. **Zersplitterung**: Neben der Zerstörung der materiellen Macht der Gegner wird gezielt eine innere Spaltung der Gegenpartei angestrebt. Die Angriffe

eskalieren in Vernichtungsschläge, und das Bedürfnis nach Zerstörung der Kontrahenten, bei gleichzeitigem Selbstschutz, bestimmt die Konflikteskalation.

9. **„Gemeinsam in den Abgrund"**: Die Situation ist durch die totale Konfrontation der Kontrahenten bestimmt, auch wenn dies die Selbstvernichtung bedeutet.

6.7.1 Konfliktinterventionen im Überblick

Im Folgenden sollen dem Eskalationsmodell von Glasl (1992) mögliche Interventionsformen für die jeweilige Konfliktstufe gegenübergestellt werden. Die vorgeschlagenen Interventionen sind als Möglichkeiten zu verstehen, die den realen Bedingungen entsprechen müssen.

Die Palette der möglichen Interventionsrichtungen geht u. a. von der Selbsthilfe über das Hinzuziehen der Hilfe des sozialen Umfeldes bis zur Inanspruchnahme von professionellen Konfliktregelungsmethoden wie *Moderation, Mobbingberatung, Supervision, Mediation, Schiedsverfahren und Machteingriffen* (Erläuterungen hierzu finden sich in Kapitel 9). Im extremsten Fall kann es auch zur Freisetzung von MobberInnen kommen, wenn alle erdenklichen Interventionen und Konfliktlösungsbemühungen fehlgeschlagen sind und hierdurch kein Ende des Mobbingprozesses eingeleitet werden konnte. Wichtig ist, dass die Interventionsmethoden dem jeweiligen Eskalationsgrad und den Rahmenbedingungen des Mobbingprozesses entsprechen. Je früher eine Konfliktintervention erfolgt, desto größer sind die Chancen auf eine konstruktive Konfliktlösung.

Interventionsmodell bei Konflikten am Arbeitsplatz
(vgl. Glasl 1992)

Interventionsmöglichkeiten

Erste Hauptphase: Verstimmung

1. Verhärtung	Selbsthilfe Hilfe im sozialen Umfeld professionelle Drittpartei:	 Moderation
2. Polarisierung	Selbsthilfe Hilfe im sozialen Umfeld professionelle Drittpartei:	 Moderation
3. Taten statt Worte	Selbsthilfe Hilfe im sozialen Umfeld professionelle Drittpartei: Supervision	 Moderation

Zweite Hauptphase: Schlagabtausch

4. Sorge um Image und Koalition	Hilfe im sozialen Umfeld professionelle Drittpartei:	 Supervision
5. Gesichtsverlust	professionelle Drittpartei: Mediation Mobbingberatung	Supervision
6. Drohstrategien	professionelle Drittpartei: Mediation Mobbingberatung Schiedsverfahren	Supervision

Dritte Hauptphase: Vernichtung

7. Begrenzte Vernichtungsschläge	professionelle Drittpartei: Schiedsverfahren Machteingriff	Mediation Mobbingberatung
8. Zersplitterung	professionelle Drittpartei: Machteingriff	Schiedsverfahren
9. „Gemeinsam in den Abgrund“	professionelle Drittpartei:	Machteingriff

6.8 Grundmuster der Konfliklösung

Schwarz (2001) unterscheidet sechs Grundmuster der Konfliktlösung. Für die konkrete persönliche Konfliktbearbeitung ist es dienlich darüber zu reflektieren, welche Konfliktlösungsstile man bevorzugt einsetzt und welche im persönlichen Repertoire nicht oder nur wenig vorkommen, um diese bewusst ins Leben zu integrieren und eigene Handlungsspielräume zu erweitern.

Welcher Konfliktlösestil letztendlich in einer spezifischen Konfliktsituation effizient ist, wird durch die Rahmenbedingungen bestimmt.

Flucht: Ein der beiden Konfliktparteien entzieht sich der Situation.

Vernichtung oder Kampf: Die stärkere Konfliktpartei setzt sich gegen den Willen der Gegenpartei durch.

Unterwerfung oder Unterordnung: Die schwächere Konfliktpartei gibt nach und unterwirft sich.

Delegation: Die Konfliktlösung wird delegiert. Dies kann in Form von StreitvermittlerInnen auf freiwilliger Basis erfolgen oder aber auch in erzwungener Form über eine gerichtliche Auseinandersetzung geschehen.

Kompromiss: Die Konfliktparteien beschließen eine Teileinigung, die jedoch für beide auch bedeutet, Teile ihres ursprünglichen Ansinnens aufzugeben.

Konsens: In einer Verhandlung wird eine Lösung gefunden, die beide Interessen gleichermaßen befriedigt.

6.9 Die Rolle der Drittpartei/VermittlerInnenrollen

Eine besondere Bedeutung bei den Mobbinginterventionen kommt dem *Einbeziehen von professionellen Drittparteien* zu. Dies kann durch innerbetriebliche MitarbeiterInnen oder institutionalisierte Beschwerde- und Hilfseinrichtungen wie zum Beispiel BetriebsrätInnen und PersonalvertreterInnen, aber auch durch professionelle Hilfe von außen erfolgen.

Durch das Einbeziehen Dritter in den Konflikt kann es zu einer grundlegenden Veränderung der Konfliktdynamik kommen, da Konflikte weniger gern eingegangen und vorangetrieben werden, wenn ihr Ausgang nicht einschätzbar ist. Hilfreich ist darüber hinaus eine neutrale Haltung der hinzugezogenen VermittlerInnen. Das Wort „neutral" bedeutet ursprünglich „keines von beiden" (Duden 1989, S. 485). Neutral ist eine Person dann, wenn sie sich in der Position des außen stehenden Dritten, jenseits der Trennlinie des Entweder-Oder, befindet. Hierfür ist es notwendig, die unterschiedlichen Meinungen und Anschauungen jedes/jeder einzelnen KontrahentIn zu kennen und zu verstehen. Sich auch darum zu bemühen, die Beweggründe der MobberInnen zu verstehen, heißt jedoch nicht, ihr Verhalten zu billigen oder mit ihnen übereinzustimmen. Wichtig ist, dass auch den MobberInnen ein Recht auf Veränderung ihres bisherigen Verhaltens zugebilligt wird. Die Position der professionellen Drittpartei liegt u. a. im Erhalten der Kommunikation der Konfliktparteien. Indem die neutrale Drittpartei alle Sichtweisen kennt und zu verdeutlichen sucht, wird sie zum Anwalt der Ambivalenz. Sie eröffnet dem System als Ganzes und deren einzelnen Mitgliedern die Entwicklungsmöglichkeit, das Entweder-oder-Muster zu überwinden und die ambivalenten, gegenläufigen Tendenzen und Strebungen miteinander zu versöhnen oder neue Möglichkeiten zu erarbeiten.

Ein außenstehender Beobachter hat die Chance, die Pro- und Contrapositionen in ihrer Beziehung zueinander zu sehen. Wann immer Ambivalenzen übersprungen zu werden drohen, nimmt er vorübergehend Partei für die Seite, die zu kurz zu kommen droht (Simon/Weber 1990, S. 260).

Dies bedeutet in Bezug auf Mobbing, dass diejenigen Positionen besonders verdeutlicht und expliziert werden, die aufgrund der Dynamik zu unterliegen drohen, um neue Möglichkeiten der Zusammenarbeit zu finden, die für alle denk- und realisierbar erscheinen. Im Folgenden sollen die Handlungsmöglichkeiten einer Drittpartei veranschaulicht werden (vgl. Berkel 1995).

Beitrag und Handlungsmöglichkeiten einer dritten Partei
(vgl. Berkel 1995)

Beitrag der dritten Partei	**Vorgehen**
Diagnose der Situation	• herausfinden, welche Streitpunkte die Parteien gegeneinander vorbringen und welche Konfliktgeschichte sie schon hinter sich haben • feststellen, welchen Eskalationsgrad der Konflikt bisher erreicht hat • feststellen, ob es sich um einen „heißen“ oder „kalten“ Konflikt handelt
Rahmenbedingungen für die Aussprache festlegen	• dafür Sorge tragen, dass Machtunterschiede nicht durchschlagen (z. B. durch Unterstützung der schwächeren Seite) • gewährleisten, dass jede Seite die Streitpunkte aus ihrer Sicht mit den dadurch ausgelösten Empfindungen vorbringen kann • die Parteien dahin führen, sich in die andere Seite hineinzuversetzen • dazu beitragen, dass trotz emotionaler Spannungen die Parteien kreative Lösungsmöglichkeiten entwickeln und deren Vor- und Nachteile abwägen

Regelungen verbindlich machen	• eine konkrete Lösung verbindlich vereinbaren • sich gegenseitig verpflichten, bestimmte Verhaltensweisen wie bisher beizubehalten, häufiger als bisher zu zeigen oder gänzlich zu unterlassen
Aus dem Konflikt lernen	• die vereinbarte Regelung mit den persönlichen und organisatorischen Gegebenheiten abstimmen • Folgerungen festlegen, die im Falle des Befolgens oder Nichtbefolgens eintreten

6.9.1 Grobstruktur eines Vermittlungsgespräches

Thomann und Schulz von Thun (1997) setzen sich mit Klärungsvermittlungen durch Drittparteien auseinander. In ihren Ausführungen stellen sie ein siebenstufiges Modell dar, durch das KlärungshelferInnen den Gesprächsverlauf steuern und moderieren können. Da es als Orientierungshilfe für die Konfliktvermittlung hilfreich ist, soll es im Folgenden veranschaulicht werden.

Grobstruktur eines Gesprächsverlaufes

Phase	**Funktion**	**Aufgaben der KlärungshelferIn**
Phase 1	Kontakt- und Situationsklärung	• Klärung der Rahmenbedingungen • Darstellung der Vorstellungen, Erwartungen und Befürchtungen der KlientInnen und Abklärung von deren Realisierbarkeit • dafür sorgen, dass alles ausgesprochen und geklärt wird, was als Gesprächsvoraussetzung wichtig ist • keine unmittelbare Klärungsarbeit, sondern eine Differenzierung und Erhellung der Situation erarbeiten
Phase 2	Thema herausfinden	• dafür sorgen, dass jede/r sein/ihr Anliegen für die Sitzung artikulieren kann • eine Einigung über das aktuell zu besprechende Thema finden • den roten Faden in Bezug auf das gewählte Thema herstellen und halten

Phase	Funktion	Aufgaben der KlärungshelferIn
Phase 3	Die Sichtweisen jedes/r Einzelnen	• jeder/jede Anwesende soll seine/ihre subjektive Sichtweise so lange artikulieren können, bis er/sie das Gefühl hat, verstanden worden zu sein • Interaktionen zwischen den KlientInnen vorläufig noch unterbinden, um langsam zu einem gegenseitigen Zuhören und Verstehen hinführen zu können
Phase 4	Gestalteter Dialog und Auseinandersetzung	• darauf achten, dass sich die KlientInnen gegenseitig mitteilen und zuhören • Unterbrechen, wenn die Verständigung nicht gelingt und Verbesserung der Kommunikation einleiten
Phase 5	Vertiefung, Prägnanz der Gefühle sachliche Problemlösung	• Ermöglichung gefühlsverdeutlichender Prozesse durch erfahrbare Darstellungen der aktuellen Situation fördern • konkrete Veränderungswünsche erarbeiten • sachliche Problemlösungen einleiten
Phase 6	Verstandesmäßiges Nachvollziehen und Einordnen, Vereinbarungen, Hausaufgaben	• KlientInnen darin unterstützen, ihr egozentrisches Erleben mit dem Blick auf das Ganze zu ergänzen, sodass alle Betroffenen eine gemeinsame Theorie über ihre Schwierigkeiten entwickeln können • Lösungen der sachlichen Aspekte des Problems erarbeiten
Phase 7	Die Situation abschließen	• dafür sorgen, dass die KlientInnen nicht unnötigen und negativen Ballast nach Hause tragen, sondern diesen im Rahmen der Klärung aussprechen können • abschließende Kontaktaufnahme mit jedem/r Einzelnen • Klärung des weiteren formellen Verlaufes der Beratungsbeziehung

6.9.2 Die Konfliktanalyse und hilfreiche Fragestellungen für die Praxis

Bei der Konfliktanalyse empfiehlt es sich, auf vier Bereiche einzugehen: *Fragen zur Konfliktsituation und Konfliktgeschichte*, zum *Konfliktsystem*, zur *psychischen Stabilität der KlientInnen* und zu möglichen *Konfliktlösungen*. Im Folgenden seien die vier Bereiche erläutert und anhand von exemplarischen Fragebeispielen veranschaulicht. Für die Praxis der Konflikt- und Mobbingberatung hat sich gezeigt, dass neben allgemeinen Frageformulierungen zum Verständnis des Konfliktes systemische Fragetechniken besonders geeignet sind, da sie Perspektivenerweiterungen in unterschiedlichster Form herzustellen vermögen. Die angeführten Fragen und Fragenkomplexe sind beispielhaft gedacht und dienen lediglich der Orientierung. Sie erheben keinen Anspruch auf Vollständigkeit und müssen an die individuellen Gegebenheiten der Beratungssituation angepasst werden.

Im *Fragenkomplex zur Konfliktsituation und Konfliktgeschichte* geht es um die Erläuterungen zur aktuellen Konfliktsituation mit den jeweiligen Verhaltensweisen und Konfliktgeschichten. Globale Konfliktbeschreibungen sollten differenziert werden, um den Konflikt eingrenzbar und handhabbar zu machen (siehe Seite 98).

In einem weiteren *Fragenkomplex sollte das Konfliktsystem* zum Thema gemacht werden. Im Zentrum stehen hier Fragen nach den Beteiligten, deren Beweggründen und dem Kräftespiel der Konfliktparteien. Der unterschiedlichen Involviertheit der Konfliktparteien soll Beachtung geschenkt werden, um Re-Individualisierungsmaßnahmen einleiten zu können (siehe 5.2). Potentielle Unterstützungsquellen sowohl innerhalb als auch außerhalb des jeweiligen Konfliktbereiches müssen darüber hinaus im Auge behalten werden. Wichtig ist zudem, dass die Zusammenhänge zwischen eigenem und fremdem Verhalten hergestellt werden, sodass der Konfliktkreislauf ersichtlich wird (siehe S. 98).

Wesentlich bei der Konfliktanalyse ist darüber hinaus die *Einschätzung der psychischen Stabilität der Betroffenen*. Im Sinne der fünf Säulen der Identität nach Petzold ist es sinnvoll, die fünf Bereiche Leiblichkeit und Körperwohlbefinden, Arbeit und Leistung, Beziehungen und soziales Netz, materielle Situation und Werte und Normen zu erfragen, um zu einer Einschätzung der psychischen Stabilität zu gelangen. Hierdurch kann erarbeitet werden, wo es zu Störungen und Brüchen gekommen ist und wo Unterstützung notwendig ist, aber auch, wo es stabile Lebensbereiche gibt, die Halt bieten können (vgl. Rahn 1993; siehe Seite 99).

Der letzte Fragenkomplex gilt der *Handlungs- und Lösungsorientierung im Konflikt*. Im Zentrum dieses Fragenkomplexes stehen Fragen nach schon gesetzten Interventionen und deren Auswirkungen. Interessant ist darüber hinaus, ob die Person bereits einen derartigen oder ähnlichen Konflikt erlebt hat und wie sie diesen bewältigen konnte. Dies verweist auf individuelle Ressourcen, die für die aktuelle Situation nutzbar gemacht werden können. Durch sie soll die Person befähigt werden, den anstehenden Konflikt gesund zu bewältigen. Wichtig ist es darüber hinaus, neue Perspektiven der Konfliktlösung zu eröffnen, indem z. B. Zielvorstellungen so konkret wie möglich besprochen werden. Hierdurch können erwünschte von nicht erwünschten Effekten getrennt und bei der Konflikthandhabung realistisch durchgespielt werden, um danach konkrete Handlungsschritte zu setzen (siehe Seite 99).

Fragebeispiele zur Konfliktsituation und Konfliktgeschichte
- Bei wem, wo und wann besteht der Konflikt und bei wem, wo und wann besteht er nicht?
- Aus welchen Verhaltensweisen/Handlungen besteht der Konflikt?
- Wann und in welchem Zusammenhang ist der Konflikt zum ersten Mal aufgetreten?
- Welche Vermutungen haben Sie, warum der Konflikt besteht?
- Wer teilt Ihre Vermutungen, wer ist anderer Meinung?
- Wann war das letzte Mal, dass der Konflikt nicht bestand?

Fragebeispiele zum Problemsystem
- Wer ist in den Konflikt involviert?
- Welche Konflikthandlungen bestehen?
- Wer reagiert am meisten auf den Konflikt, wer weniger und wer gar nicht?
- Wie reagieren Sie auf die Reaktionen Ihrer KontrahentInnen (Nachfragen, bis sich der Konfliktkreislauf zeigt)?
- Sollte sich der Konflikt nicht lösen lassen, wer wird sich am ehesten damit abfinden? Wem würde es besonders schwer fallen und wem würde es egal sein?
- Woran würde Ihre Umgebung merken, ohne dass Sie es ihnen sagen, dass sich der Konflikt gelöst hat?
- Welche Veränderungen werden sich durch die Konfliktlösung ergeben?
- Wer ist außer Ihnen am meisten an einer Problemlösung interessiert?
- Wo könnten Sie Solidarität erhalten und welche Form der Solidarität?
- Wer wäre ein Ansprechpartner, um eine Schlichtungsposition zu übernehmen?

Fragebeispiele zur psychischen Stabilität der Betroffenen

- Wie geht es Ihnen körperlich? (Beeinträchtigungen, Medikamente, Abhängigkeiten in Form von Süchten, psychosomatische Zusammenhänge, Regenerationmöglichkeiten usw.)
- Welche aktuelle berufliche Situation haben Sie? (Perspektiven, Verhältnis zwischen Arbeit und Freizeit, Anerkennung/Konkurrenz/Konflikte, Schikanen usw.)
- Welche sozialen Beziehungen haben Sie, und sind diese für Sie befriedigend? (Veränderungen, verlässliche Freundschaften, Unterstützung und Halt, belastete Personen im sozialen Netz usw.)
- Wie sieht Ihre finanzielle Situation aus? (Absicherungen, finanzielle Belastungen, Wohnsituation usw.)
- Welchen Werten und Normen (sozial, politisch, religiös) fühlen Sie sich verbunden, und wie weit werden diese geachtet?
- Wie weit entsprechen diese Werte Ihrem derzeitigen sozialen Umfeld? (Diskriminierungen, festgefahrener/flexibler Umgang mit Werten usw.)

Fragebeispiele zu handlungs- und lösungsorientierten Fragen

- Welche Interventionen haben Sie bereits gesetzt, und wie haben sich diese ausgewirkt?
- Haben Sie ähnliche Konflikte bereits erlebt, und wie haben Sie es geschafft, diese zu bewältigen?
- Wie ist es Ihnen bisher gelungen, mit dem Konflikt fertig zu werden?
- Was könnten Sie dazu beitragen, dass sich der Konflikt verschlimmert?
- Welche positiven und negativen Veränderungen würde eine Konfliktlösung mit sich bringen?
- Was soll bei einer Veränderung der Situation so bleiben, wie es jetzt ist?
- Wenn der Konflikt nicht auftritt, was machen Sie und andere dann anders?
- Woran würden Sie erkennen, ohne dass Sie es wissen, dass der Konflikt gelöst ist?
- Was würden Sie anders machen, wenn der Konflikt gelöst sein würde?
- Wem außer Ihnen würde eine Konfliktlösung als Erstes auffallen, wem als Zweites und wem würde sie nicht auffallen?
- Woran wird Ihre Umgebung die Konfliktlösung erkennen, ohne dass Sie ihr diese mitteilen?
- Welche Ihrer Stärken, glauben Sie, könnten am ehesten zur Konfliktlösung beitragen?

- Welche Ressourcen haben Sie, die Ihnen bei einer Konfliktlösung helfen könnten?
- Welchen kleinen, aber bedeutsamen Schritt würden Sie als wertvoll oder ausschlaggebend in Richtung Lösung sehen?
- Wollen sich alle Konfliktparteien an einer Konfliktregelung beteiligen?
- Wie könnte eine Konfliktlösung aussehen, die für alle Konfliktparteien tragbar wäre?
- Welche Interventionsschritte sind notwendig, um eine Lösung des Konfliktes zu erzielen?
- Wer muss zu einer Lösung hinzugezogen werden?
- Wie sieht die konkrete Vorgangsweise zur Lösung des Konfliktes aus, bzw. welche Maßnahmen müssen eingeleitet werden?
- Wer fühlt sich für die Durchführung der Maßnahmen verantwortlich?

6.10 Mobbingverlaufsmodell

Leymann (1995) hat eines der etabliertesten Verlaufsmodelle von Mobbing entwickelt, das im Folgenden veranschaulicht werden soll. Während Glasl sich auf die Psychodynamik der Konflikteskalation bezieht, nimmt Leymann vorwiegend die Auswirkungen, die solche psychischen Konflikteskalationen bei den Betroffenen hervorrufen können, in den Fokus seines Mobbingmodells. Aufgrund von 100 Mobbingfällen – Menschen, die aus der Arbeitswelt hinausgeekelt worden sind und nicht ins Berufsleben zurückkehren konnten – hat er versucht, ein Verlaufsschema der Mobbingentwicklung zu erstellen. Es sei jedoch angemerkt, dass Leymann aufgrund seines arbeitswissenschaftlichen Forschungsschwerpunktes die schlimmstmöglichen Verläufe untersuchte. Bei richtiger Intervention kann der Verlauf von Mobbing an jeder Stufe beendet bzw. unterbunden werden (siehe 8). In Leymanns Verlaufsmodell tritt Mobbing nicht unmittelbar ein, sondern entwickelt sich im Prozessverlauf des Geschehens. Von den vier Phasen, die das Modell beinhaltet, wird die zweite Phase als die Mobbingphase bezeichnet. „Man kann die Entwicklung von ersten Angriffen bis hin zu schweren seelischen Schäden in verschiedene Phasen einteilen, von denen Mobbing nur eine darstellt, wenn auch eine entscheidende“ (Leymann 1993, S. 57).

Es kann jedoch auch zu einem Phasenverlauf kommen, in dem nach einem Konflikt die Mobbingphase übersprungen wird und es sofort zu personellen Maßnahmen kommt. In diesem Fall wird allerdings von einem Konflikt und nicht von Mobbing gesprochen, da ein langzeitiger Verlauf nicht gegeben ist.

Als ein wesentlicher Faktor für die Entstehung von Mobbing sind die organisatorischen Rahmenbedingungen zu erwähnen. Belastungssituationen können hierbei durch Umstrukturierung in der Organisation, problematische Arbeitsgestaltung und Arbeitsorganisation, unklare Kompetenzverteilung und autoritären Führungsstil entstehen. Wie das einzelne Individuum mit solchen eventuell dauerhaften oder punktuell auftretenden Belastungssituationen umgeht, hängt von der persönlichen Stresstoleranz und Stressbewältigung, der körperlichen und psychischen Verfassung und von den organisatorischen Bedingungen ab, die eine Stressreduktion erlauben.

Die Stressreaktionen im Unternehmen stehen in engem Zusammenhang mit mehreren Faktoren: zum einen mit der generellen Einstellung zu Konflikten und der sich daraus ergebenden Konfliktlösungskompetenz, zum anderen mit der Unternehmenspolitik, der Innovationsbereitschaft und der Qualität des Führungspersonals.

Bei Nichtbewältigung der Stresssituation kommt es zu einem Arbeits- und Organisationsklima, in welchem eine permanente Neigung zu starken Konflikten vorhanden ist. Resultat dieser Konflikte kann eine Etablierung von physischer und psychischer Gewalt in Form von Mobbing innerhalb eines Betriebes sein.

Das negative Arbeitsklima sowie die Etablierung von Mobbingverhalten kann zu einem Ansteigen der Personalfluktation, zu einer geringen Arbeitsmotivation, zur inneren Kündigung und letztendlich zum Personalabgang führen.

Resultat einer solchen Entwicklung sind psychische und physische Probleme bei den Beschäftigten, die zwangsläufig längerfristig zu einem Ansteigen der Krankheitsfälle und Krankenstandstage führen.

Für den Betrieb bedeutet dies eine Verschlechterung der Produktivität bzw. der Dienstleistungen und einen erhöhten Kostenaufwand, der sich durch geringere Leistungsmotivation, niedrigere Produktivität, mangelndes Kostenbewusstsein bezüglich des Materials und der Maschinen, schlechte Qualität der Produkte, geringere Lern- und Veränderungsbereitschaft, Versetzungen, Krankenstände, Kündigungen und die Notwendigkeit erneuter Einschulungen ergibt.

Die Mobbingentwicklung kann zum sozialen Abstieg der Betroffenen führen, so dass sie aus der Arbeitswelt ausgestoßen werden und keinerlei Chance haben, ohne zusätzliche physische und psychische Hilfestellung in diese wieder zurückzufinden.

> Psychische Gewalt, die im sozialen Abstieg resultiert (und Selbstmord zur Folge haben kann), passiert nicht zufällig. Es gibt eine Struktur, die man leicht erkennen kann, wenn man sich darum bemüht, hinzusehen. (Leymann 1993, S. 55).

Im Folgenden soll das Mobbingverlaufsmodell mit seinen wichtigsten Einflussfaktoren grafisch dargestellt werden (Leymann 1995, S. 46).

Mobbingverlaufsmodell

1. **Konflikte, einzelne Unstimmigkeiten und Gemeinheiten**
   Eine gefahrenträchtige Situation stellt sich ein.

↓

2. **Übergang zu Mobbing und Psychoterror**
   Es geschieht eine psychische Traumatisierung, die die Möglichkeit der Stigmatisierung in sich trägt

↓

3. **Rechtsbrüche durch Über- und Fehlgriffe der Personalverwaltung**
   Bei seinem Versuch, sich wieder einzugliedern, widerfährt dem Opfer Rechtsverdrehung, Rechtsentzug, Unverständnis, Abweisung, Schuldzusprechung u. Ä. – das Opfer wird stigmatisiert.

↓

4. **Stigmatisierende Diagnosen**
   ÄrztInnen, PsychiaterInnen, PsychologInnen etc. wählen aus unzureichendem Wissen solche Diagnosen, die weiterhin stigmatisierend und schuldzuweisend wirken.

↓

5. **Ausschluss aus der Arbeitswelt**
   Das Opfer gleitet in eine Pariasituation hinein. Sein weiterer sozialer Überlebenskampf wird falsch gedeutet und ihm zur Last gelegt.
   Mehr noch: Dieser verzweifelte Überlebenskampf und das dabei gezeigte Verhalten überzeugt die Umwelt davon, dass die Person an irgendwelchen Charakterfehlern leidet.

↓ ↓ ↓

Abschieben und Kaltstellen — Frührente — Langfristige Krankschreibung

↓ ↓

Versetzung — Abfindung

↓

Einlieferung in eine Nervenheilanstalt

6.11 Hilfe zur Selbstklärung bei Konflikten

6.11.1 Leitfaden I

Die bloße Tatsache eines Problems oder eines Konfliktes birgt bereits einige wichtige Anhaltspunkte, um konstruktive Lösungen zu entwickeln. Wenn ein Konflikt oder ein Problem, gleich welcher Art, besteht, wissen wir, dass es einen Protagonisten/eine Protagonistin gibt, die den Konflikt wahrnimmt, dass es Hindernisse gibt, die bislang verhindert haben, eine konstruktive Lösung zu finden, und dass eben genau jene Hindernisse zu Ressourcen werden, so sie erfolgreich überwunden werden. Auch wissen wir, dass zumindest eine Richtung oder ein Ziel angestrebt wird, da wir ja sonst kein Problem oder keinen Konflikt hätten. Abschließend gehört zu einem Konflikt oder einem Problem auch noch eine künftige Aufgabe oder anders ausgedrückt: Was werden Sie mit der freien Energie und Zeit, die Sie jetzt dem Konflikt oder Problem widmen, anderes tun? (vgl. Sparrer/Varga von Kibed 2000)

Im Folgenden sind einige hilfreiche Fragen zu den angeführten Bereichen aufgelistet, die zur Selbstklärung bei aktuellen Konflikten und Problemen hilfreich sein sollen.

Kein Problem oder Konflikt ohne AnliegenbringerIn, denn dann hätte niemand ein Problem

- Wer hat das Problem?
- Ist es Ihr eigenes Anliegen?
- Spielen fremde Aufträge eine Rolle?
- Geht es um Loyalitäten, und wenn ja, zu wem?
- Ist es Ihr Problem als Einzelperson, oder als VertreterIn einer Gruppe, Firma oder Person?

Kein Problem oder Konflikt ohne eine Richtung oder ein Ziel

- Wohin soll es gehen?
- Was soll anders werden?
- Was soll statt des Problems da sein?
- Woran würde ich merken, dass das Problem/der Konflikt verschwunden ist?
- Wie würden andere merken, dass ich mein Ziel erreicht habe?

Kein Problem oder Konflikt ohne Hindernisse

- Womit müsste ich fertig werden, wenn das Problem/der Konflikt verschwunden wäre?
- Womit müsste ich fertig werden, wenn das Problem/der Konflikt schon gelöst wäre?
- Wofür ist das Problem/der Konflikt in meiner jetzigen Situation nützlich?

- Welche Vorteile habe ich im Moment davon, dass das Problem/ der Konflikt noch nicht gelöst ist?

Etwas als Problem oder Konflikt in Erwägung zu ziehen heißt zu akzeptieren, dass noch nicht alle Ressourcen ausgeschöpft sind.

- Welche meiner Fähigkeiten könnte mir behilflich sein, um an das Ziel zu gelangen?
- Welche Form der Zusammenarbeit habe ich bisher unzureichend genutzt?
- Was könnte ich weglassen und dadurch mehr Freiraum gewinnen?

Kein Problem ohne künftige Aufgabe

- Was kommt nach der Lösung des Problems/des Konfliktes?
- Womit müsste ich fertig werden, wenn ich schon Erfolg gehabt hätte?
- In welchem weiteren Rahmen von Zielen und Aufgaben ist dieses Anliegen für mich nützlich?

6.11.2 Leitfaden II

Im Folgenden finden Sie ein weiteres Modell, um im Konfliktfall eine Konfliktanalyse und Selbstklärungsprozesse zu ermöglichen.

- Was ist der Konfliktinhalt? Worum geht es noch?
- Wer ist in den Konflikt involviert?
- Wie hat sich der Konflikt entwickelt?
- Gab es Zeiten, in denen der Konflikt nicht bestanden hat? Was haben Sie und andere in diesen Zeiten anders gemacht?
- Was wird auf der Inhaltsebene gesagt? Was wird auf der Beziehungsebene gemeint?
- Wer vertritt welche Positionen? Welche Interessen und Bedürfnisse stehen hinter diesen Positionen?
- Welche strukturellen Rahmenbedingungen bestehen? Wie wirken sich diese auf den Konflikt aus?
- Wie würde eine außen stehende Person, ihr/e bester/beste FreundIn, ihr/ihre KontrahentIn den Konflikt beschreiben?
- Wer oder was war bislang hilfreich in Bezug auf eine Deeskalation?
- Wer trägt dazu bei, dass es so bleibt, wie es ist?
- Was könnten Sie und andere dazu beitragen, um den Konflikt zu verschärfen?
- Was ist die positive Absicht der Beteiligten (für sich, für andere, für die Organisation)?
- Welche Funktion könnte der Konflikt haben?

- Wer profitiert in welcher Form, wenn der Konflikt ungelöst bleibt?
- Welche Stärken und Qualitäten zeigen sich im Konflikt?
- Woran würden Sie und andere merken, ohne dass Sie es wüssten, dass der Konflikt gelöst ist?
- Wenn der Konflikt gelöst ist, womit müssten Sie und andere sich dann beschäftigen?
- Was wäre ein kleiner, aber bedeutender Schritt in Richtung Lösung des Konfliktes für Sie?

6.11.3 Tipps für Betroffene im Umgang mit schwierigen Kommunikationssituationen

- **„Ein echtes Gespräch bedeutet, sein eigenes Haus zu verlassen und an die Tür des Anderen zu klopfen.“** (Albert Camus)
- **Formulieren Sie Ich-Botschaften statt Du-Botschaften.**
  Dadurch fühlt sich Ihr/Ihre GesprächspartnerIn nicht angegriffen und ist offener für eine Lösung.
- **Bleiben Sie respektvoll gegenüber Ihrem/Ihrer GesprächspartnerIn, auch wenn Sie inhaltlich eine völlig gegensätzliche Position einnehmen.**
  Machen Sie in Ihren Äußerungen immer deutlich, dass diese nicht auf die Person Ihres Gegenübers abzielen sondern auf spezifische Argumente.
- **Streben Sie Win-win-Situationen an.**
  Win-win-Situationen sind solche, in denen alle Beteiligten gewinnen, es also am Ende keine GewinnerInnen und VerliererInnen gibt.
- **Ersetzen Sie Ihre Vorstellungen, Vermutungen und Mutmaßungen** über die Intentionen Ihres Gesprächspartners durch Fragen danach.
- **Wiederholen Sie die Argumente der Gegenpartei** und warten Sie ab, ob von dieser eine Bestätigung kommt, bevor Sie Ihre Position gegenüberstellen.
- **Bevor Sie Kritik üben, sollten Sie Ihrem Gegenüber vermitteln, was Sie an ihm/ihr schätzen.**
  So kann sich Ihr Gegenüber leichter mit Ihren Aussagen auseinander setzen und Sie fokussieren Ihren Blick nicht nur auf Verbesserungswürdiges, sondern auch auf das, was so bleiben soll, wie es ist.
- **Üben Sie Kritik nicht in Gegenwart von unbeteiligten Dritten aus.**
  Das setzt Ihren/Ihre KommunikationspartnerIn unnötig herab und verhindert eine konstruktive Auseinandersetzung mit dieser/diesem.
- **Der Ton macht die Musik.** Reflektieren Sie selbst, wie Sie in angespannten Gesprächssituationen kommunizieren und verändern Sie gegebenenfalls Ihre Artikulationsform.

- **Erbitten Sie Vorschläge zur Verbesserung von kritisierten Punkten.** Treffen Sie Vereinbarungen und machen Sie sich einen Termin aus, an dem Sie diese überprüfen.
- **„Alle Fehler, die wir machen, sind leichter zu verzeihen als die Anstrengungen, die wir unternehmen, um sie zu verbergen."** (François de Rochefoucault)

6.11.4 Tipps für Betroffene im Umgang mit Konflikten

- **Atmen Sie tief durch.** Bleiben Sie ruhig und sachlich, trotz einer angespannten Situation.
- **Schreiten Sie bei einem Konflikt rechtzeitig ein.** Suchen Sie ein klärendes Gespräch. Bleiben Sie am aktuellen Thema. Wärmen Sie nicht längst vergangene Konfliktthemen wieder auf. Konzentrieren Sie sich auf die Beschreibung von konkreten Verhaltensweisen und vermeiden Sie es, die Person zu kritisieren. Bleiben Sie respektvoll und kompromissbereit.
- **Vereinbaren Sie Regeln für eine gemeinsame Konfliktaustragung und nehmen Sie sich genug Zeit dafür.**
- **Bestehen Sie auf Fakten oder Beispielen, wenn Sie angegriffen werden.** Allgemeinen Angriffen sollten Sie mit konkreten Fragen begegnen. Fragen helfen Klarheit zu schaffen und geben Ihnen Zeit, sich mit den Angriffen auseinander zu setzen. Machen Sie deutlich, wenn Sie etwas verletzt.
- Diskutieren Sie zukunfts- und lösungsorientiert, indem Sie darüber reden, was sein soll und *nicht* was war.
- **Lassen Sie die Kommunikation nicht längerfristig abbrechen.** Dies führt oft zu einer verstärkten Eskalierung. Ein kurze Pause ist allerdings bei einem hitzigen Gespräch eine hilfreiche Intervention.
- **Versuchen Sie, die Bedürfnisse und Interessen hinter den Argumenten Ihres Konfliktpartners zu hören.** Oft lassen sich die Argumente nicht miteinander vereinbaren, aber die Interessen und Bedürfnisse.
- **Verdeutlichen Sie gemeinsame Ziele.** Konflikte führen dazu, dass der Arbeitsinhalt, der Sinn des gemeinsamen Tuns aus dem Blickfeld gerät. Über die Verdeutlichung gemeinsamer Ziele und Interessen lassen sich bestehende Konflikte leichter lösen.
- **Überspringen Sie keine Hierarchieebenen.** Suchen Sie zuerst eine Auseinandersetzung mit Ihrem/Ihrer KontrahentIn. Erst wenn Sie keine Chance mehr sehen, mit ihm/ihr zu einer konstruktiven Lösung zu gelangen, ist es sinnvoll, sich an den nächsten Vorgesetzten zu wenden.

- **Vermeiden Sie Kurzschlussreaktionen.** Durch das Setzen unbedachter Schritte wie zum Beispiel Schreien, Handgreiflichkeiten oder die Unterzeichnung einer voreiligen Kündigung schaden Sie sich nur selbst. Gehen Sie auf Distanz zum Geschehen, indem sie den Raum kurz verlassen und an etwas für Sie wirklich Wichtiges denken, etwas anderes tun oder eine Nacht darüber schlafen.
- **Tun Sie etwas anderes.** Wenn Sie das nächste Mal mit der Konfliktsituation konfrontiert sind, verändern Sie ihr Verhalten bewusst und tun sie etwas, das sie bislang noch nicht gemacht haben.
- **Nehmen Sie Hilfe in Anspruch.** Wenden Sie sich an Freunde, Ihre Familie, den Betriebsrat, die Arbeiterkammer oder Beratungsstellen. Holen Sie die Einschätzung und Hilfe von außen stehenden Personen ein, denn manchmal ist man so nahe am Geschehen, dass man den Wald vor lauter Bäumen nicht mehr sieht. Unbefangene Personen können leichter Lösungen entdecken, denn es ist das Wesen des Konfliktes, dass man diese selbst nicht mehr wahrnimmt.
- **„Wer A sagt, muß nicht B sagen. Er kann auch erkennen, daß A falsch gewesen ist.“** (Bert Brecht)

6.12 Vom ersten Konflikt über die Eskalation bis zum Ausschluss aus dem Arbeitsleben: das Fallbeispiel Lena

Im Folgenden soll zur Veranschaulichung des Mobbingprozesses, der zumeist mit einem alltäglichen Konflikt beginnt, eskaliert und im vollkommenen Ausschluss der Betroffenen endet, ein Fallbeispiel geschildert werden. Leymann hat es in einem seiner ersten Bücher zum Thema Mobbing veröffentlicht, wohl aus dem Grund, weil es in seiner Struktur exemplarisch für viele Mobbingverläufe ist.

Lena aus Schweden hatte sich zur Schweißerin umschulen lassen, und sie war stolz und freute sich, dass sie gleich nach der Ausbildung eine Anstellung gefunden hatte. Zu Anfang ging alles recht gut. Sie erregte zwar Aufsehen, aber damit hatte sie gerechnet, da sie die erste Frau in diesem Betrieb als Schweißerin war. Nach einem Monat ihrer neuen Tätigkeit kam der Werkmeister mit einem Anliegen zu ihr.

> Ich machte gerade eine Schweißarbeit, als er ankam und sagte, daß zwei Mädchen in der Küche krank geworden seien. Ich sollte für sie einspringen. Ich wagte nicht, nein zu sagen, weil ich neu war, und alle glotzten sowieso immer zu mir rüber. Aber was wäre passiert, wenn er einen Mann gefragt hätte? Jetzt saß ich in der Patsche. In der folgenden Zeit kam er mehrmals an (Leymann 1993, S. 19).

Nach mehrmaligen Interventionen des Werkmeisters, sie für die Küchenarbeit einzuteilen, entschloss sie sich, dies bis auf weiteres abzulehnen.

> Alle Augen waren auf mich gerichtet. Jetzt kamen die Kollegen auf die Idee: Da ist ja eine Emanze im Betrieb. Na, dann mal ran an die Wurst! Sie fingen an zu lästern, und die Jüngeren kniffen mich in den Hintern, wenn ich vorbeiging. Es war schrecklich. Plötzlich fühlte man, da ist dein Arbeitsplatz, aber du gehörst nicht dazu, du bist der Spielball der anderen. Der Werkmeister haßte mich. Immer kritisierte er. Nichts war mehr gut genug. Morgens hatte ich Angst, zur Arbeit zu gehen. Ich hatte oft Weinkrämpfe und Magenschmerzen (Leymann 1993, S. 19).

Die Belästigungen wurden im Laufe der Zeit immer schlimmer, und in einer Mittagspause wurde Lena darüber so wütend, dass sie sich diese Behandlung verbat. Daraufhin wurde die Situation für sie noch unerträglicher. Die Fronten verhärteten sich, und die Angriffe der Kollegen bekamen einen feindlichen Unterton. An diesem Punkt sei erwähnt, dass dies wohl eine Ausnahme darstellt, da Untersuchungen über sexuelle Übergriffe am Arbeitsplatz eindeutig darauf verweisen, dass aktive Gegenwehr die beste Verteidigungsstrategie darstellt (vgl. Meschkutat 1993).

Eine gerechte Lohneinstufung von Lena blieb aus, das verdeutlichte sich auch daran, dass männliche Kollegen mit gleicher Erfahrung und gleichen Kenntnissen wie sie höher eingestuft wurden.

> Es war deprimierend. Ein Journalist von der Gewerkschaft interessierte sich für meinen Fall und schrieb einen Artikel. Zwei Tage später bekam ich einen anonymen Drohbrief mit beleidigenden Behauptungen. Ich beschwerte mich beim Meister, aber der lachte nur (Leymann 1993, S. 19).

Magenbeschwerden, leichte Depressionen und Schlaflosigkeit stellten sich ein. Sie ging daraufhin zum Arzt und wurde für Wochen krankgeschrieben. Die Stresssymptome ließen daraufhin stark nach, worauf Lena wieder zur Arbeit ging. Die Mobbingattacken setzten sich fort, Lena wurde immer wieder krank, und ihre Fehlzeiten häuften sich. Lena fehlte zu oft im Betrieb und störte dadurch den Produktionsablauf. Sie sollte daraufhin in das Lager strafversetzt werden. Lena wollte jedoch nicht versetzt werden und blieb an ihrem Arbeitsplatz.

> Die Arbeit wurde ihr zur Qual. Schon wenn der Wecker rasselte, bekam sie Angstzustände. Alle möglichen psychosomatischen Symptome stellten sich ein. Lena wurde schließlich auf lange Zeit krankgeschrieben. Heute steht Lena vor der Tatsache, daß sie mit 39 Jahren in die Frührente gehen muß. Sie ist zu keiner Arbeit mehr fähig, sie ist depressiv und hat vermutlich eine Medikamentensucht von den vielen Psychopharmaka, die sie seit langer Zeit geschluckt hat (Leymann 1993, S. 58).

7 Mobbingfolgen

Diejenigen Individuen, die über einen längeren Zeitraum Mobbingattacken ausgesetzt sind, leiden unter extremem psychischen Druck. Symptome wie Nervosität, Kopfschmerzen, Apathie oder auch Konzentrationsschwierigkeiten stellen nur den Anfang eines Krankheitsverlaufes dar. Hinzu kommt, dass bei längerem Verlauf extreme psychische Beschwerden auftreten. Mobbingerlebnisse haben bei lang anhaltender Dauer eine dermaßen schockartige Wirkung, dass sie von den normalen psychischen Kräften nicht mehr bewältigt werden können. Die Folge ist die Ausbildung schwerwiegender psychischer und physischer Folgeerscheinungen. Aber auch für den Betrieb hat Mobbing maßgebliche Auswirkungen. Beide Bereiche sollen im Folgenden ausführlich dargestellt werden.

7.1 Individuelle Folgen

7.1.1 Psychische und physische Beschwerden

In der Mehrzahl der Forschungen zum Thema wird das Phänomen Mobbing als krankmachender Stressor mit schwerwiegenden psychischen und physischen Folgen beschrieben (vgl. Leymann 1995, Zuschlag 1994, Prosch 1995, Niedl 1996). Psychische und physische Beschwerden treten sehr häufig schon im frühen Stadium eines Mobbingprozesses auf. Schon nach wenigen Tagen, in denen die Betroffenen unterschiedlichen Handlungen ausgesetzt sind, kommt es zu frühen Stresssymptomen wie Magen- und Darmbeschwerden, Kopfschmerzen, Rückenschmerzen bis hin zu Schlafstörungen und leichter Niedergeschlagenheit (vgl. Leymann 1993).

Niedl (1996) hat in einem österreichischen Krankenhaus das Phänomen Mobbing quantitativ untersucht. Insgesamt wurden von ihm 1.264 Fragebögen ausgeteilt. Aufgrund einer Rücklaufquote von 30,7 % kamen 388 Fragebögen letztendlich zur Auswertung, die mittels des *Leymann Inventory of Psychological Terrorization* (LIPT) erhoben wurden. Deutlich zeigte sich, dass sowohl bei Männern als auch bei Frauen im Vergleich mit Nichtgemobbten desselben Geschlechtes die gemobbten Personen mehr psychosomatische Beschwerden aufwiesen. „Hochsignifikante Unterschiede ergaben sich bei den Symptomen *Aufregung, empfindlicher Magen, Schwindelgefühle, Herzschmerzen und Konzentrationsstörungen*“ (Niedl 1996, S. 129). „Bei beiden Geschlechtern kann darüber hinaus in Bezug auf die *Depressivität* und das individuelle *Angstempfinden* eine signifikant stärkere Betroffenheit festgestellt werden, wenn Beschäftigte Mobbing erlebten“ (Niedl 1996, S. 130). Im Vergleich zu ihren männlichen Kollegen weisen gemobbte weibliche Beschäftige eine deutlich höhere *Depressivität* auf (vgl. Niedl 1996). Ein signifikanter geschlechtsspezifischer Unterschied ergab sich zudem für die Bereiche Angst und Psychosomatik. Als Psychosomatik wird hiebei jener Konfliktumgang bezeichnet, in dem physiologische Reaktionen mit dem Auftreten von Konflikten verbunden sind. Anhand der Untersuchung zeigte sich, dass Frauen signifikant mehr Angst und psychosomatische Reaktionen als gemobbte Männer erlebten.

Beide Geschlechter leiden signifikant mehr unter *Gereiztheit und verminderter Belastbarkeit* als ihre nichtbelasteten KollegInnen (vgl. Niedl 1996, S. 132). Niedl kommt aufgrund seiner Untersuchungsergebnisse zu dem Schluss, „daß gemobbte Personen (...) eine deutlich höhere Beeinträchtigung ihres psychischen Wohlbefindens erleben als nichtgemobbte Beschäftigte" (1996, S. 132).

Der starke Zusammenhang zwischen Mobbingerlebnissen und der Beeinträchtigung des psychischen und physischen Wohlbefindens wird auch durch eine norwegische Untersuchung von Einarsen/Raknes (1991) bestätigt, in der 21,6 % von 2.095 Befragten sich durch Mobbing in ihrem persönlichen Wohlbefinden maßgeblich beeinträchtigt fühlten. In Bezug auf die depressiven Zustände von Mobbingbetroffenen zeigt sich ein linearer Zusammenhang zwischen der Mobbinghäufigkeit und dem Grad der Depression. Bedeutend ist darüber hinaus der signifikante Zusammenhang zwischen dem Auftreten von Depressionen und der erhaltenen sozialen Unterstützung. Je mehr soziale Unterstützung die Betroffenen durch ihr soziales Umfeld erhielten, desto geringer war der Grad der Ausprägung der berichteten Depression (vgl. Einarsen/ Raknes 1991; Niedl 1996, S. 60).

Auch Waniorek und Waniorek (1994) analysierten den Zusammenhang zwischen gemobbten Personen und ihrer psychophysiologischen Befindlichkeit. Sie verweisen auf den deutlichen Signalcharakter für Mobbing, wenn es bei den Betroffenen zu einer deutlichen Verbesserung des psychischen und physischen Wohlbefindens am Wochenende oder im Urlaub kommt, sich jedoch kurz vor Arbeitsantritt die allgemeine psychophysiologische Befindlichkeit wieder maßgeblich verschlechtert.

Mobbing wirkt sich eindeutig negativ auf die psychische und physische Befindlichkeit aus. Hierbei ist es von besonderer Relevanz, wie lange die Betroffenen unter Stress in Form von Mobbing stehen. Anhand einer landesweiten schwedischen Untersuchung über Mobbing wurden die Betroffenen nach ihren Stresssymptomen befragt. Die 39 vorgelegten Krankheitssymptome, die u. a. Gedächtnisstörungen, Alpträume, Schweißausbrüche, Rücken-, Muskel- und Magenschmerzen bis zu Einschlafstörungen, Schwindel und Antriebslosigkeit beinhalteten, wurden in einer Faktorenanalyse ausgewertet. (Leymann 1993,

S. 111) Es zeigte sich, „daß die Angst der Betroffenen während der langen Exponierungszeit immer weiter um sich greift und sich vertieft“ (1993a, S. 112). Leymann schließt daraus, dass aus den vereinzelten, eher unspezifischen Stresssymptomen nach etwa einem halben Jahr anhaltenden Mobbings ein manifestes psychisches Problem wird (vgl. 1993a).

Diese Erkenntnisse stimmen auch mit der bislang betriebenen Stressforschung überein, die sich mit den psychischen und physischen Reaktionen auf Stresssituationen beschäftigt.

> Streß wird dabei verstanden als die unspezifische Reaktion des Organismus gegenüber irgendwelchen Anforderungen, wobei diese Reaktion über das vegetative Nerven- und Hormonsystem erfolgt und in einen dreiphasigen Vorgang zu unterteilen ist (Prosch 1996, S. 102).

In einer ersten Alarmphase kommt es zu einer Aktivierung des sympathischen Nervensystems, was zu einer Erhöhung des Adrenalinspiegels im Blut führt. Es kommt zu einer erhöhten Herzfrequenz, blasser Haut, gesteigerter Schweißreaktion, Mundtrockenheit, Pupillenerweiterung und Zittern. Der Körper ist in dieser Phase in einem Zustand der höchsten Alarm- und Kampfbereitschaft, die in der zweiten Phase des Widerstandes in einen Dauerzustand übergeht. Dies führt zu einer Schwächung des Immunsystems und verringert die Infektionsabwehr des Körpers, der anfälliger für Erkrankungen wird. Es treten vermehrte physische Störungen wie Herzbeschwerden, Verdauungsunregelmäßigkeiten, Kopf- und Rückenschmerzen, Muskelverspannungen oder Atembeschwerden auf. Darüber hinaus kommt es zu psychischen Beschwerden in Form von Unlustgefühlen, Ermüdungserscheinungen, Niedergeschlagenheit oder Reizbarkeit. In der dritten Phase der Erschöpfung sinkt der Widerstand. Der Körper kann dem anhaltenden Stress nicht mehr standhalten, und es kommt zu physischen Krankheiten. Als häufigste Erscheinungsformen sind hierbei Magen- und Darmgeschwüre, Bluthochdruck, Arteriosklerose oder Herzinfarkt zu erwähnen (vgl. Prosch 1996; Schwarzer 1981).

Wie sich anhand der Erkenntnisse der Stressforschung zeigt, führt eine längerfristige Stressbelastung zu schwerwiegenden psychophysiologischen Folgeerscheinungen. Nach einem Jahr Mobbing leidet eine Vielzahl der Betroffenen einer schwedischen Untersuchung „an einer posttraumatischen Streßbelastung, die sich nach weiteren Jahren zu einer generellen Angstbelastung, mit dem Risiko zur chronischen Entwicklung, erweitern kann“ (Leymann 1993, S. 7). Die *posttraumatische Stressbelastung* tritt infolge eines psychisch traumatisierenden Ereignisses auf. Ein psychisches Trauma entsteht, wenn ein Erlebnis eine so große schockartige Wirkung hat, dass es von den normalen, alltäglich wirkenden psychischen Kräften nicht mehr gemeistert werden kann.

Zudem muss eine gedankliche Inanspruchnahme mentaler Kräfte bestehen in der Form, dass immer wieder und zwanghaft das Ereignis durchgespielt wird. Die Betroffenen leiden bei der posttraumatischen Stressbelastung darüber hinaus unter Einschränkungen in ihrem Leben, weil sie sich bemühen, Situationen zu vermeiden, die diese Erinnerungen wieder hochkommen lassen, oder weil sie durch diese Erlebnisse in ihrer Empfindungsfähigkeit behindert bzw. abgestumpft worden sind. Als weiterer wichtiger Hinweis gilt, dass die Betroffenen nervöser und weniger belastbar geworden sind. Dieses differenzierte Problemgebilde mit seinen unterschiedlichen Ausformungen muss mindestens einen Monat andauern, um als posttraumatische Störung diagnostiziert zu werden (vgl. DSM-IV 1996; Klicpera 1996).

Infolge der schwerwiegenden Belastungen tritt eine Mehrzahl von mentalen und psychosomatischen Stresssymptomen auf. Längerfristig kann es aufgrund der enormen Traumatisierung und der damit verbundenen gedanklichen und verhaltensorientierten Einengung zu einer Generalisierung der negativen Erlebnisse auf andere Lebensbereiche kommen. Eine negative Grundhaltung bestimmt dann das Denken, Fühlen und Handeln der Betroffenen. Neben der generalisierten Angststörung sind depressive Störungen und der Missbrauch von Drogen die häufigsten Symptome. Es kann im schlimmsten Fall zum Selbstmord der Betroffenen führen, die keinen anderen Ausweg als diesen mehr sehen. Mobbing kann dementsprechend zu

> einer speziellen Ätiologie führen, an deren Anfang vereinzelte frühe Symptome auftreten, die sich bei einer sozialen Verdichtung traumatischer Erlebnisse zu einer posttraumatischen Belastungsstörung erweitern, um sich bei fortwährender Eskalation der sozialen Zustände zu einer generellen Angststörung auszubreiten, die immer weitere Lebensbereiche angreift (Leymann 1993, S. 7f.).

Mit den angeführten psychischen und physischen Problemen begeben sich viele Mobbingbetroffene in ärztliche Behandlung. Problematisch stellt sich hierbei die Tatsache dar, dass viele ÄrztInnen nicht auf die ursächliche Stressproblematik eingehen. Die Folgeerscheinungen werden medikamentös behandelt, ohne ursachenspezifische, psychotherapeutische Maßnahmen zur sachgerechten Bewältigung der Mobbingattacken durchzuführen. Längerfristig sind diese Maßnahmen nicht von Erfolg gekrönt. Dementsprechend lässt sich auch die große Anzahl von FrührentnerInnen erklären, die aufgrund von seelischen Problemen eine Rente in Anspruch nehmen müssen. Im Jahr 1990 waren es 13,8 % in Deutschland (vgl. Schwertfeger 1992).

Psychische und physische Mobbingfolgen im Überblick

Psychische Folgeerscheinungen	Physische Folgeerscheinungen
Konzentration, Gedächtnisprobleme	Kopfschmerzen
Selbstzweifel, Selbstunsicherheit, sinkendes Selbstbewusstsein	Magenschmerzen
ständige Müdigkeit	Übelkeit, Erbrechen
Orientierungslosigkeit	Appetitlosigkeit
Schlafstörungen	Zittern
Alpträume	Verdauungsprobleme (Durchfall)
Sprachlosigkeit	Rückenschmerzen
Gefühle der Verzweiflung	Herz-/Kreislaufprobleme
Hypersensibilität (Empfindlichkeit)	Atemnot
gereizte, aggressive Stimmung	Schwindelgefühle
Kreisgedanken (das Denken kreist ständig um die am Arbeitsplatz erlittenen Demütigungen und Schikanen)	Schweißausbrüche
Obsession (Verzweiflungsaktivitäten, es wird allen unentwegt das eigene Leid erzählt, und man erzeugt dadurch Unwillen)	Ein- und Durchschlafstörungen
paranoide Züge (Verfolgungswahn)	Suchterkrankung
querulatorische Stimmungen (übersteigerter Gerechtigkeitssinn)	Muskelschmerzen
Depression	
Selbstmordgedanken	

7.1.2 Auswirkungen auf das Privatleben

Mobbing ist ein Prozess, der bei längerer Dauer und zunehmender Eskalation die gesamte Person in Anspruch nimmt. Die Gedanken drehen sich fast ausschließlich um den Mobbingprozess und lassen keinen Raum für andere Menschen und deren Belange. Da Mobbingentwicklungen zudem meist von lang anhaltender Dauer sind, stellen sie für den Familienzusammenhalt eine große Belastung dar.

Ein Belastungsfaktor ist die depressive Grundstimmung der Betroffenen, die zu Antriebslosigkeit führt. Diese machen ihnen die Teilnahme an Familienunternehmungen und Freizeitaktivitäten unmöglich. Dazu kommt, dass die großen Stressbelastungen bei den Betroffenen zu Überempfindlichkeit und erhöhter Reizbarkeit führen. Darüber hinaus kann sich die Existenzangst aufgrund des drohenden Verlustes des Arbeitsplatzes und der psychischen Instabilität der Betroffenen auch auf die Familie übertragen. Zusätzliche Aufwendungen für erforderliche Arztbesuche führen zur Verminderung des Haushaltsgeldes und können finanzielle Engpässe bewirken. Auch aus der Arbeitslosenforschung kennen wir die massiven Folgen, die die Bedrohung des Arbeitsplatzverlustes für die Familie der Betroffenen hat.

> Konfliktträchtige Auswirkungen für die Angehörigen Arbeitsloser ergeben sich durch eine Verschlechterung der finanziellen Bedingungen, ein verändertes Verhalten der direkt Betroffenen, größere Nähe, die mit mehr Kontrolle verbunden sein kann, Veränderung von Alltagsroutine sowie familiärer Rollen und Machtverteilungen (Kieselbach 1988, S. 48).

Die Bewältigung dieser massiven Veränderungen hängt von der vorangegangenen Qualität der Beziehung und den verbliebenen Bewältigungsressourcen ab.

> In sehr vielen Fällen kommt es zu Trennungen in der Familie, da die Beziehung der Belastung nicht standhält. Damit verbunden ist dann oft ein sozialer Abstieg. Vielen Mobbingopfern gelingt es nicht, sich wieder zu fangen und einen Neuanfang zu starten (Waniorek/Waniorek 1994, S. 151).

7.1.3 Selbstmord

Der soziale Abstieg aus dem Arbeitsleben hat große psychische Belastungen zur Folge, die mit einer Vielzahl psychosomatischer Beschwerden einhergehen und an dessen Ende, als letzte Konsequenz einer ausweglos erscheinenden Situation der Selbstmord stehen kann. „Das Mobbing-Opfer ist verzweifelt, isoliert und fühlt sich unverstanden. In dieser Situation kann es aus Verzweiflung oder, weil es sich nach Ruhe sehnt, versuchen, sich das Leben zu nehmen" (Sohm 1995, S. 65). Leymann untersuchte die Thematik, indem er Priester über die Gründe von Menschen befragte, die Selbstmord begangen hatten. Die Untersuchung ergab, dass 10–20 % der gesamten schwedischen Selbstmordrate auf Mobbing am Arbeitsplatz zurückzuführen ist (vgl. 1993a).

Darüber hinaus stellte Leymann aufgrund seiner Behandlungen von Mobbingbetroffenen, die einen Selbstmordversuch unternommen und diesen überlebt oder abgebrochen hatten, fest, dass der

> Suizidentschluß öfter in einem Schockzustand oder einem kognitiven Dämmerzustand auf Grund des Schocks gefaßt wurde. Nicht selten waren es dann Zufälligkeiten, die retteten: Das Telefon läutete, ehe die Tabletten geschluckt werden konnten, jemand schritt ein vor

dem tödlichen Sprung ins Wasser oder ähnliches. Aber auch weitgehender Selbsthaß oder Rachephantasien oder zu starke seelische Schmerzen konnten zum Suizidentschluß führen (1995, S. 113).

7.2 Betriebliche Folgen

7.2.1 Auswirkungen auf das Betriebsklima

Ebenso, wie ein schlechtes Betriebsklima Mobbing maßgeblich fördert, verschlechtert sich das Betriebsklima im Zuge von Mobbinghandlungen enorm. Im Rahmen einer Studie des Instituts für angewandte Sozialwissenschaft (Infas) wurde eine umfassende Befragung im Auftrag des Bundesverbandes der Betriebskrankenkassen zum Thema Betriebsklima durchgeführt. Vom Dezember 1991 bis Ende Januar 1992 wurden 2.211 deutsche ArbeitnehmerInnen und Berufstätige befragt. Erschütterndes Resultat dieser Befragung war:

> Jeder sechste Arbeitnehmer in Deutschland – über 6,2 Millionen Menschen – leidet unter körperlichen Beschwerden infolge eines schlechten Betriebsklimas. Die Behandlung so entstandener Krankheitssymptome verursacht jährlich Kosten in Milliardenhöhe (Hesse/Schrader 1995, S. 28).

Als die drei wesentlichen Ursachen für ein schlechtes Betriebsklima werden von den westdeutschen Befragten Intrigen (87 %), Anschwärzen bei dem oder der ChefIn (59 %) und KollegInnenneid (52 %) genannt. Ein erschreckendes Ergebnis ergab die Frage *Gibt es auch ArbeitskollegInnen, die Sie regelrecht hassen, die Sie am liebsten feuern würden, wenn es in Ihrer Macht stünde?* 13 % der Westdeutschen und 20 % der Ostdeutschen beantworteten diese Frage mit ja.

Ein gutes Betriebsklima ist für die westdeutschen Befragten gekennzeichnet durch Teamgeist (67 %), selbständiges Arbeiten (65 %), Anerkennung durch den oder die ChefIn (56 %), Kooperation der KollegInnen (52 %), gerechte Aufteilung der Arbeit (52 %), Weitergabe von Informationen durch den/die ChefIn (46 %) und Beteiligung an Entscheidungen (45 %).

Eine Untersuchung der Internationalen Arbeitsorganisation in Genf weist darauf hin, dass 80 bis 90 % aller Arbeitsunfälle durch persönliche Schwierigkeiten am Arbeitsplatz verursacht werden, die auf permanente Unzufriedenheit mit dem Betriebsklima zurückzuführen sind (Nuber 1988). Ein schlechtes Betriebsklima kann demzufolge durch unterschiedliche Faktoren bedingt sein, die in ihrer unterschiedlichen Zusammensetzung zu Störungen innerhalb des Betriebes führen können (siehe Tabelle auf Seite 116).

> Aus einem erfreulich kooperativen Miteinander kann dadurch schnell ein feindlich-aggressives Gegeneinander von Beschäftigten (Einzelpersonen oder Gruppen) werden, und das bislang gute Betriebsklima kann dann unversehens *zum Teufel* sein (Zuschlag 1994, S. 99).

Faktoren, die ein schlechtes Betriebsklima begünstigen
(vgl. Nuber 1988; Leymann 1995; Zuschlag 1994; Prosch 1995)

- unangemessene Bezahlung
- unangemessene oder mangelnde Materialien zur Umsetzung der Arbeitsinhalte
- mangelnde Anerkennung
- Behinderungen bei der Umsetzung der Arbeitsinhalte
- keine angemessenen Karrieremöglichkeiten
- kein kooperatives Team
- gesundheitlich schädigende Tätigkeiten
- mangelnde Sicherheit des Arbeitsplatzes
- mangelnde soziale Absicherung
- Über- oder Unterforderung

7.2.2 Auswirkungen auf das Betriebsergebnis

> Das erste Drittel meiner Arbeitszeit verwende ich für die korrekte Erledigung der mir übertragenen Aufgaben. Das zweite Drittel benötige ich, um die hinter meinem Rücken gegen mich in Gang gesetzten Intrigen abzuwehren. Und das dritte Drittel erfordert aus reinem Selbstschutz meine ganze Aufmerksamkeit beim Einfädeln eigener Intrigen (Zuschlag 1994, S. 99).

Wenn die beiden Komponenten *Einfädeln von eigenen Intrigen* und das *Abwehren von Intrigen anderer* innerhalb eines Betriebes Raum greifen, so ziehen sie die Energie von der zu leistenden Arbeit ab und verursachen enorme finanzielle Einbußen. Darüber hinaus bilden die Folgeerscheinungen von Mobbing wie zum Beispiel Krankenstände, innere Kündigung, Kündigung und die daraus resultierende Fluktuation einen weiteren hohen Kostenfaktor. Aber im Betrieb werden enorme Kosten verursacht. Hierbei seien nur die Verminderung der Konzentration auf den Arbeitsprozess, die durch mangelnde Informationsvermittlung verminderte Produktionsleistung, die mangelhafte Wartung von Geräten und die im Extremfall durch Beschädigung und Sabotage von Materialien entstandenen Sachschäden erwähnt.

Zudem wirkt sich Mobbing auf nicht beteiligte Personen aus, die durch ein verschlechtertes Betriebsklima von der Arbeit abgelenkt und demotiviert werden. Es kann im Extremfall dazu kommen, dass nicht mehr der KundInnenauftrag das zentrale Anliegen ist, sondern die Austragung des internen Konfliktes alle Aufmerksamkeit beansprucht, indem sich die Weltsicht der MitarbeiterInnen und des Vorgesetzten auf den bestehenden Konflikt verengt.

Kosten aufgrund von Mobbing entstehen durch Fehlzeiten, Arbeitsunfälle, Krankenstände, niedrige Arbeitsmotivation bis hin zur inneren Kündigung,

Minderleistungen der ArbeitnehmerInnen, Produktionsfehler, Fluktuation, Neueinstellungen, Umschulungen, Frühpensionierungen, Arbeitszeiten von Vorgesetzten, Personalabteilungen sowie BetriebsärztIn und BetriebspsychologIn, die sich mit dem Problem beschäftigen müssen. In einem Jahr kann ein/eine gemobbte/r ArbeitnehmerIn seinen/ihren ArbeitgeberIn zwischen 17.500,– und 50.000,– Euro kosten (Arbeitsdokument des Europäischen Parlaments 2001, S. 14.).

Auch Leymann berichtet von enormen personalwirtschaftlichen Kosten. Für Lena, die Schweißerin, um das Fallbeispiel hier noch einmal aufzunehmen und abzuschließen, betrugen die Kosten des Krankenstandes 25.435,– Euro pro Jahr (siehe hierzu 7.2.4). Sie war insgesamt sechs Jahre krankgeschrieben und erhielt somit 152.613,– Euro Krankengeld, ehe sie mit 39 Jahren aufgrund ihrer psychischen und physischen Folgeerscheinungen in Frühpension gehen musste. Zu diesen Kosten kamen noch die Aufwendungen für stationäre und ambulante Behandlungen. Leymann errechnete allein für den Fall Lena Gesamtkosten in der Höhe von 712.194,– Euro. Hätte Lena im Betrieb bleiben können, dann wäre sie erst mit 61 Jahren in Pension gegangen, und die schwedische Gesellschaft hätte sich 21 Pensionsjahre erspart (vgl. Leymann 1993).

7.2.3 Innere Kündigung

Unter dem Begriff „innere Kündigung“ oder Dienst nach Vorschrift versteht man die bewusste Verweigerung von Einsatzbereitschaft und Eigeninitiative. Die MitarbeiterInnen distanzieren sich innerlich von ihrer Arbeit und minimieren ihr Tun. Die betrieblichen Folgen einer inneren Kündigung können sich in unterschiedlicher Weise bemerkbar machen. Nach Zuschlag (1994, S. 134f.) gibt es verschiedene Hinweise auf eine innere Kündigung:

Hinweise für innere Kündigung

- Ganz pünktliches Erscheinen am und Verlassen des Arbeitsplatzes
- Nur vertragsgemäß vereinbarte Arbeiten werden übernommen und so genau bearbeitet, dass keine Beanstandungen zu erwarten sind. Zur Absicherung wird außerdem alles umfassend dokumentiert und kommentiert.
- Das Arbeitstempo wird nach den eigenen Bedürfnissen und nicht nach den Sachzwängen bestimmt.
- Alle Arbeitspausen und sonstigen Möglichkeiten zur Arbeitsfreistellung werden großzügig ausgenutzt.
- Alle Vorgänge werden durch Rückfragen gründlich abgeklärt, damit es keine nachträglichen Beanstandungen geben kann.

- Die sachliche Berechtigung aller Aufträge wird hinterfragt, um nicht Arbeiten zu erledigen, die nicht eindeutig in den eigenen Arbeitsbereich fallen.
- Wichtige Informationen werden nicht weitergegeben, um den Informationsvorsprung zu behalten.

Nach einer Auflistung von Nuber sind die hervorstechenden Merkmale von Personen, die innerlich gekündigt haben, dass sie kaum Probleme machen, meist die Mehrheitsmeinung vertreten und zudem typische JasagerInnen sind, die auch Eingriffe in ihren Delegations- und Kompetenzbereich stillschweigend tolerieren. Jegliches Interesse an einer eigenen Karriere ist bei diesen Personen zu vermissen, der Dienst nach Vorschrift steht im Vordergrund (vgl. Nuber 1988). Für den Einzelnen bedeutet der Rückzug in die innere Kündigung zumeist Sinnverlust, Passivität, Trägheit, Motivationslosigkeit, Frustration, Resignation, und dies kann zu schwerwiegenden Depressionen führen. Auch auf der physischen Seite machen sich gravierende Schäden breit. Schlafstörungen, Herz- und Magenbeschwerden sind die häufigsten Erscheinungsformen im Zusammenhang mit der inneren Kündigung.

7.2.4 Fehlzeiten/Krankenstände

Zu weiteren massiven finanziellen Einbußen kommt es aufgrund von Fehlzeiten und Krankenständen. Zum einen führt Mobbing zu enormer physischer Schädigung, die längere Fehlzeiten bedingt. Zum anderen sind Menschen, die innerhalb eines schlechten betrieblichen Klimas arbeiten, häufiger geneigt, zu Hause zu bleiben, als solche, die sich in ihrem Betrieb wohl fühlen.

> Diese Menschen motivieren sich wechselseitig. Sie bleiben nur dann zu Hause, wenn sie sich so krank fühlen, daß es tatsächlich nicht mehr geht. Wer aber als Mobbing-Opfer täglich voller Angst zur Arbeit geht, weil er noch nicht weiß, was heute wieder auf ihn zukommen wird, aber schon das Schlimmste befürchtet, der wird leichter geneigt sein, lieber zu Hause zu bleiben und sich krank zu melden (Zuschlag 1994, S. 100).

Der Automobilkonzern Volvo stellte in seinem Betrieb in Schweden Berechnungen an über die Qualitätsminderung und Produktionsabbrüche durch Fehlzeiten und Personalumsatz. Die Kosten der Qualitätsminderung in der Produktion, die ausschließlich durch Fehlzeiten und Personalumsatz entstanden waren, beliefen sich auf 8,5 Millionen Schwedische Kronen, die der Produktionsabbrüche auf 16 Millionen Schwedische Kronen. Die hierdurch notwendig gewordene Mehrarbeit, die von den VorarbeiterInnen und MeisterInnen gemacht werden musste, belief sich auf 4 Millionen Schwedische Kronen. Der Gesamtausfall, der sich für die Firma aufgrund psychosozialer Probleme ergab, liegt somit bei 28,5 Millionen Schwedische Kronen, umgerechnet 56 Millionen Schilling (vgl. Leymann 1993).

Kellner (1974) führt den Zusammenhang zwischen schlechtem betrieblichem Klima und auftretenden Fehlzeiten an. Seine Annäherung an die Thematik erfolgt u. a. durch die Frage, ob es im Betrieb einen Kollegen oder eine Kollegin gäbe, mit der oder dem man nicht so gut auskommen würde. Bei Nichtanwesenheit einer missliebigen Person lagen die Fehlzeiten bei 13,8 Tagen, gab es eine/n MitarbeiterIn, mit dem/der man nicht gut auskam, oder gar mehrere, betrugen die Fehlzeiten 16,9 Tage. Wurde die Kameradschaft in der Arbeitsgruppe als schlecht bezeichnet, lagen die Fehlzeiten sogar bei 35,1 Tagen.

Bei häufigen Krankenständen und Fehlzeiten empfiehlt es sich für das Unternehmen, den Gründen des häufigen Fernbleibens genau nachzugehen. MitarbeiterInnengespräche haben sich hierbei als wertvoll erwiesen. Gerade an gehäuft auftretenden Fehlzeiten kann Mobbing für die Unternehmensführung sichtbar und in der Folge veränderbar gemacht werden. Dies gilt auch für häufig auftretende Kündigungen.

7.2.5 Kündigung

Nach durchschnittlich zwei bis fünf Jahren kündigen mehr als 60 % der Betroffenen (Galley/Schonberger 1992, S. 12). Der Neueinstieg gestaltet sich für die Betroffenen jedoch oftmals schwer durch die schlechten Arbeitszeugnisse und die psychischen und physischen Beeinträchtigungen, die lang anhaltende Mobbingprozesse bewirken. Ist eine Person in die Phase des sozialen Ausstiegs hineingeschlittert,

> dann hat sie kaum noch Aussicht auf eine neue Arbeitsstelle. Denn die Vorgeschichte läßt sich bei einer Bewerbung schwer verheimlichen. Und auch bei einem Vorstellungsgespräch kann man nicht verbergen, wie sehr man psychisch und körperlich angegriffen ist (Leymann 1993, S. 68).

Trotz der ungünstigen Bedingungen für einen Neueinstieg in das Berufsleben ist jedoch zu erwähnen, dass eine Kündigung seitens der Betroffenen sinnvoll und wichtig sein kann, wenn der Mobbingprozess nicht beendet, die psychische und physische Konstitution maßgeblich geschwächt ist und keinerlei Unterstützung innerhalb des Betriebes gefunden werden kann.

Aus betrieblicher Sicht sind sogenannte Exit-Interviews mit ausscheidenden MitarbeiterInnen ausgezeichnet geeignet, Mobbingprozesse im Unternehmen aufzuspüren und zu beenden. Dies ist notwendig, da bei Kündigungen nicht nur enorme Kosten infolge der Abfindungen entstehen, sondern es bedarf auch finanzieller Leistungen für das Finden und Einarbeiten neuer MitarbeiterInnen.

7.2.6 Fluktuation und Neueinstellungen

„Fluktuation bedeutet Ausscheiden und Neueinstellen von Mitarbeitern infolge von Pensionierung, Krankheit, Arbeitsunfähigkeit oder sonstiger Umstände" (Sohm 1995, S. 85). Dies ist ein ganz normaler und notwendiger Prozess, um jungen ArbeitnehmerInnen einen Platz in der Arbeitswelt zu gewährleisten. Im Falle von Mobbing kommt es jedoch zu einer unnatürlichen Häufung von Kündigungen. Dies ist mit hohen finanziellen Auswirkungen für den Betrieb verbunden, die von den Inseratkosten über Aus- und Weiterbildungskosten bis zu Neueinschulungen führen.

> Über lange Zeit wurde der eigentlich hoch qualifizierte Fred in seiner Firma gehalten, obwohl er keine entsprechende Leistung brachte. Die Kündigung schließlich wurde fast mit Erleichterung aufgenommen. Doch eine neue Stellenausschreibung, zeitaufwendige Bewerbungsgespräche und die erneute Einarbeitungszeit eines neuen Mitarbeiters verursachten hohe Kosten (Walter 1993, S. 21).

Darüber hinaus werden Arbeitsenergien abgezogen, weil das MitarbeiterInnenteam sich neu koordinieren und einarbeiten muss. Auch die emotionelle Belastung durch zu häufigen MitarbeiterInnenwechsel führt zum Absinken der Leistung. Wichtig ist auch in diesem Zusammenhang eine gute Personalpolitik des Unternehmens. Dies bedeutet zum einen, dass die schon erwähnten Exit-Interviews durchgeführt werden. Zum anderen sollte eine sinnvolle Personalpolitik die Auswahl von neuen Mitgliedern ausführlich und ernsthaft durchführen. Als Beispiel sei hier eine genaue Überprüfung der Fähigkeiten des/der potentiellen neuen Kollegen/In zu erwähnen, da sowohl Über- als auch Unterforderung zu psychischem Stress führen können.

8 Mobbingintervention

Unter Interventionsmethoden werden verschiedene Methoden, Prozesse und Aktivitäten verstanden, die sowohl durch eigene Initiative der Betriebsmitglieder oder der unmittelbaren Mobbingbetroffenen, als auch von Seiten der Betriebsleitung ergriffen werden können.

Im betrieblichen Rahmen können unterschiedliche Warnsignale einer Intervention bedürfen. Anzeichen für Mobbing können innere Kündigung, gehäufte Krankenstände und Arztbesuche, auffällige Personalfluktuation, zunehmende MitarbeiterInnenbeschwerden bei Vorgesetzten, eine Zunahme von KundInnenbeschwerden, Geschäftsrückgang, eine geringe Beteiligung am betrieblichen Vorschlagswesen und sozialen Aktivitäten des Unternehmens, Isolierung von einzelnen MitarbeiterInnen, Intrigen und ein sich allgemein verschlechterndes Betriebsklima sein.

In der innerbetrieblichen Realität ist es oft angebracht, mehrere Methoden zu verbinden, um zu einer effizienten, für alle Beteiligten produktiven Lösung von innerbetrieblichen Problemen zu gelangen. *Wichtig ist hierbei, dass alle im vorliegenden Buch angeführten Interventions- und Präventionsmöglichkeiten einer praxisgerechten Gestaltung und Umsetzung bedürfen.* Sie müssen auf die konkreten, situativen Kontextbedingungen des Unternehmens und den Eskalationsgrad des Konfliktes abgestimmt werden (siehe 6.7.1). Sie haben für die unterschiedlichen Konfliktkonstellationen und Eskalationsstufen unterschiedlichen Wert. Art und Intensität eines Konfliktes sowie der jeweilige Bereitschaftsgrad der Beteiligten, sich mit der Problematik auseinander zu setzen, bestimmen letztendlich, welche Interventionsmethode am erfolgversprechendsten ist. Deshalb wird im Folgenden darauf verzichtet, Interventionsvarianten und Präventionsmöglichkeiten in irgendeiner Form nach dem Rang zu reihen.

8.1 Individuelle Interventionen

8.1.1 Individuelle Interventionen aus betroffener Sicht

8.1.1.1 Gesundheitsfördernde Bewältigungsmechanismen

Die Verhaltensweisen zur Bewältigung von Stress werden als Copingstrategien bezeichnet (vgl. Lazarus 1980). Coping wird als prozesshaftes Geschehen angesehen, in dem die Person versucht, die Bedrohlichkeit einer Situation zu meistern, zu tolerieren, zu reduzieren oder zu vermeiden. Der Copingprozess bezieht sich auf die Einschätzung und Bewertung der situativen Stressanforderung und auf die zur Verfügung stehenden individuellen Fähigkeiten, diese zu bewältigen. Das Bewältigungsverhalten soll die Diskrepanz zwischen den Anforderungen aus der Umwelt und den individuellen Ressourcen aufheben.

Die jeweilige Art der Bewältigung von Mobbing beeinflusst die Häufigkeit, Intensität und das Muster der physischen und psychischen Folgeerscheinungen.

> *Problemorientierte Bewältigung* kann den Stressor beseitigen, der sonst zu physiologischer Erregung führen würde. Gefühlsorientierte Bewältigung kann einerseits dazu dienen, Streßemotionen und dazugehörige physiologische Erregungsmuster zu kontrollieren (z. B. durch Verleugnung), andererseits wird der Streß dadurch langfristig intensiviert, da der Auslöser dadurch nicht beseitigt wird (Lütjen/Frey 1988, S. 415).

Besteht jedoch eine akute Stresssituation, wie dies bei einer fortgeschrittenen Eskalationsentwicklung von Mobbbing für die Betroffenen der Fall sein kann, so können Abwehrmechanismen kurzfristig durchaus eine Schutzfunktion haben. Wichtig ist hierbei jedoch, dass auf die in unserer Gesellschaft üblichen Bewältigungsmechanismen wie zum Beispiel Rauchen, übermäßiges Essen oder Alkohol- und Medikamentenmissbrauch, die gesundheitsschädigende Wirkungen haben, verzichtet wird. Diese verschaffen zwar kurzfristige subjektive Linderung, längerfristig minimieren sie jedoch den ohnehin schon angegriffenen psychischen und physischen Gesundheitszustand und können unter Umständen zur Sucht führen. Im Gegensatz dazu sollten betroffene Personen verstärkt auf ihre psychische und physische Gesundheit achten und für Entspannung und Erholung sorgen. Der Rückgriff auf schnell wirkende Entspannungstechniken wie zum Beispiel Autogenes Training, Biofeedback-Training oder Progressive Muskelentspannung ist hier sinnvoll.

8.1.1.2 Eigenkompetenzen stärken

Mobbinghandlungen zielen auf eine Verminderung des Selbstbewusstseins der Betroffenen ab. Eine norwegischen Untersuchung ergab, dass Mobbingbetroffene einen signifikant geringeren Grad an *Selbstachtung* und einen hohen Grad an *sozialer Angst* aufwiesen (Einarsen/Raknes 1991; vgl. Niedl 1995). Aufgrund dieser Forschungsergebnisse ist es von besonderer Bedeutung für die Betroffenen, dem entgegenzuwirken. Jegliche Intervention, die das Selbstbewusstsein steigert, ist hier wichtig. Dies kann vom freundschaftlichen Gespräch über das Hinzuziehen von fachlichen und psychologischen ExpertInnen bis hin zu Selbstbewusstseinstraining und Stressmanagementseminaren reichen.

8.1.1.3 Hilfsangebote in Anspruch nehmen

Mobbing kann nur deshalb so schwerwiegende Folgen für die psychische und physische Konstitution der Betroffenen haben, weil sie mit zunehmendem Verlauf in die absolute Isolation geraten. Dies kann soweit gehen, dass selbst im außerbetrieblichen Umfeld soziale Kontakte minimiert oder gar beendet werden. Dieser Prozess wird nicht nur von den sie umgebenden Personen eingeleitet, auch Betroffene selbst tragen oft viel zu ihrer Isolierung bei. Gekränkter Stolz und verletzte Eitelkeit führen häufig dazu, dass nicht mehr unter den verschiedenen Menschen differenziert wird und alle als mutmaßliche FeindInnen angesehen werden. Wichtig ist demnach die Differenzierung und die Suche nach denjenigen, die Unterstützung und Solidarität geben können und wollen.

> Es ist der Verstoßene, der den Weg zurückgehen muß. Vielen Opfern dünkt gerade dieses als der Gipfel der Ungerechtigkeit. Nicht nur, daß man von der Umwelt in diese Lage gebracht worden ist, nun muß man sich außerdem damit abplagen, wieder ins Leben zurückkommen. Doch genauso ist es. Auch der beste Therapeut oder Seelsorger kann einem diesen Weg nicht abnehmen. Man muß ihn selbst gehen. Und es ist ein schwerer Weg, der gegangen werden muß. Im Innersten weiß jedes Opfer etwas darüber. Man steht an einer Wegscheide, sieht auf den steinigen Weg zurück ins Leben und fragt sich nach dem Sinn des Lebens. Man sieht auf alles das, was einem zerschlagen wurde, und bezweifelt jeden Lebenssinn (Leymann 1993, S. 172).

Es ist wichtig, ein klärendes Gespräch mit den KollegInnen und Vorgesetzten zu suchen. Kränkungen sollten offen thematisiert werden. Zudem sollten die Betroffenen, so schwer ihnen das verständlicherweise fällt, darauf achten, die Kritik sachlich und möglichst ohne Aggression zu formulieren. Kann der Mobbingprozess hierdurch nicht beendet werden, ist es ratsam, den Betriebsrat und die Personalvertretung oder den/die BetriebspsychologIn und andere Vertrauenspersonen einzuschalten. Gibt es innerhalb des Betriebes keine entsprechenden Hilfsangebote, so sollten außerhalb Hilfsangebote gesucht und angenommen werden. Dies kann von Supervision über Coaching bis hin zur Teilnahme an einer Selbsthilfegruppe oder der Inanspruchnahme einer Mobbingberatung reichen.

Gerade Selbsthilfegruppen von Mobbingbetroffenen haben hierbei eine bedeutende Funktion im Aufbau von neuem Selbstbewusstsein, da die Erfahrung, kein Einzelschicksal zu haben, zur Befreiung von Schuldgefühlen führt.

> Es ist immer eine große Erleichterung, Menschen zu treffen, die Gleichartiges erlebt haben, und sich mit seinem Leid im Leiden der anderen wiederzuentdecken. Trost liegt nicht in den leeren Worten, daß es schon wieder gut werden wird, sondern in einem Handschlag, der das Gefühl vermittelt, irgendwie in diesem Kreis zu Hause zu sein (Leymann 1993, S. 169).

Darüber hinaus kann durch die Selbsthilfegruppe ein neuer Freundeskreis entstehen, der einen ersten Ausweg aus der Isolation bietet. Anregungen zu neuen Aktivitäten können gefunden und Eigenmaßnahmen gestärkt werden. Die Selbsthilfegruppe kann den Betroffenen die Kraft geben, an die psychische und physische Gesundheit zu denken, indem unterlassen wird, was weiterhin schwächt, und unterstützt wird, was stärkt. Um gerade eine solche Entwicklung zu fördern und den Start zu erleichtern, erscheint das Modell einer angeleiteten Selbsthilfegruppe sinnvoll, die von einer geschulten Fachkraft für eine gewisse Anzahl von Stunden begleitet wird. Erst in einer zweiten Phase organisieren sich die Gruppen selbst, können jedoch bei Bedarf die Fachkraft zur Unterstützung hinzuziehen.

8.1.1.4 Juristische Interventionen

Der Begriff Mobbing kann als vergleichsweise „junger" Begriff bezeichnet werden. Psychologisch beschrieben wurde das Phänomen von Leymann erstmals Anfang der 80er Jahre. Sein erstes Auftauchen in der Rechtsprechung geht auf das Jahr 1997 zurück. Das deutsche Bundesarbeitsgericht (15.1.1997, 7 ABR 14/96) lehnte sich dabei an gängige Mobbingdefinitionen in der Literatur an, wonach unter Mobbing das systematische Anfeinden, Schikanieren oder Diskriminieren von ArbeitnehmerInnen untereinander oder durch Vorgesetzte zu verstehen sei; es werde begünstigt durch Stresssituationen am Arbeitsplatz, deren Ursachen unter anderem in einer Über- oder Unterforderung einzelner ArbeitnehmerInnen oder -gruppen, in der Arbeitsorganisation oder im Verhalten von Vorgesetzten liegen können. In einer Entscheidung des österreichischen Obersten Gerichtshofes (18.9.1997, 8 ObA 285/97p) findet sich als negative Abgrenzung der Hinweis, dass bloße Sticheleien bzw. gelegentliche Kritik an einer/m MitarbeiterIn weit von dem auch als „Terror am Arbeitsplatz" bezeichneten Mobbing entfernt seien. Mobbing sei ein vielfach gebrauchtes neues Wort für ein schon früher bekanntes arbeitsrechtliches Phänomen, das im Zusammenhang mit dem Austrittsgrund wegen drohender Gesundheitsgefährdung schon wiederholt angesprochen worden sei (Smutny/Hopf 2003b, S. 110). In der einschlägigen juristischen Literatur und Rechtsprechung findet man geeignete Fälle insbesondere unter den Schlagworten „gestörtes Arbeits- oder Betriebsklima", „beeinträchtigter Betriebsfrieden" oder „Schikane am Arbeitsplatz", und zwar meistens im Zusammenhang mit Streitigkeiten um die Beendigung des Arbeitsverhältnisses.

Mobbinghandlungen können zu massiven Rechtsbrüchen führen, wie zum Beispiel groben Benachteiligungen bei den Arbeitsbedingungen, ungerechtfertigten Versetzungen, Kündigungen oder Entlassungen. Sie können aber auch strafbare Handlungen wie zum Beispiel Nötigung, Beleidigung, üble Nachrede, Erpressung, Sachbeschädigung oder Körperverletzung beinhalten. Hesse und Schrader verweisen zutreffend darauf, dass im Fall rechtlicher Auseinandersetzungen die Einschaltung eines Rechtsanwaltes dringend geboten ist, um die Interessen der Betroffenen entsprechend zu sichern (1993, 163f.). Die Androhung einer Strafanzeige oder einer Schadenersatzklage kann, je nach

Sachlage und mit dem nötigen juristischen Nachdruck versehen, helfen, den Mobbingattacken Einhalt zu gebieten.

Neben der psychologischen Betreuung und Hilfestellung ist aber vorweg das Kennen der eigenen Rechte und Pflichten am Arbeitsplatz wichtig und kann helfen, aus der Passivität herauszufinden und sich die nötige Unterstützung zu holen, um gegen Mobbing wirksam vorzugehen und die eigenen arbeitsrechtlichen Ansprüche abzusichern. Darum ist es auch in den beratenden Bereichen wichtig, auf diese Aspekte aufmerksam zu machen und juristische Abklärung anzuregen. Auch solche Interventionen können das Selbstbewusstsein stärken und neuen Halt geben. Es geht hierbei nicht unbedingt darum, juristische Interventionen immer und unmittelbar einzuleiten, sondern vorerst nur um die verlässliche Einschätzung der juristischen Möglichkeiten, um auch diese in eine allgemeine psychologisch-strategische Interventionsplanung einbeziehen zu können.

Dabei ist zu beachten, dass sich die Betroffenen oft persönliche Gerechtigkeit und Genugtuung durch juristische Maßnahmen erhoffen. Hier gilt es, mit den Betroffenen realistische Perspektiven zu erarbeiten, denn das Gericht hat in einem allfälligen Prozess nicht die persönliche Befindlichkeit nur einer Partei zu wahren, sondern beiden Teilen Gehör zu gewähren und schließlich für beide Recht zu sprechen. Es darf nicht übersehen werden, dass das Gericht – im Gegensatz zu den Parteien – den Sachverhalt nicht aus eigener Wahrnehmung kennt, sondern nur aufgrund der Darstellung der Parteien. Dass diese Darstellungen in den brisanten Punkten häufig widersprüchlich ausfallen, liegt in der Natur der Sache. Sich im Recht zu fühlen, ist daher eine Sache; in der Lage zu sein, das Gericht vom Wahrheitsgehalt der eigenen Darstellung zu überzeugen, eine andere. Dies zu bedenken, kann helfen, nicht mit übertriebenen Erwartungen an einen allfälligen Prozess heranzugehen. Darüber hinaus ist es von Bedeutung, den Verlauf, mögliche Kosten, die Dauer, den Einbezug von ExpertInnen, KollegInnen, psychische Belastungen usw. sowie alle Risiken und Chancen der juristischen Interventionssetzung vorab zu besprechen und abzuwägen.

In jedem Fall ist die Führung eines Mobbingtagebuches sehr anzuraten (siehe 9.2.4.3). Dies ist nicht nur für die Analyse wichtig, sondern letztlich auch für die Dokumentation vor Gericht. Es zählt neben der Parteienvernehmung, der Vernehmung der ZeugInnen (z. B. KollegInnen, die Mobbinghandlungen beobachtet haben) und der Einsichtnahme in Urkunden (z. B. belästigende E-Mails), der Einholung von Sachverständigengutachten (z. B. aus den Fachgebieten der Medizin oder Psychologie) und der Vornahme des Augenscheins von Beweisgegenständen (z. B. zerkratztes Auto) und Örtlichkeiten (z. B. unzumutbarer Arbeitsplatz) zu den wichtigsten Vorbereitungsmaßnahmen einer juristischen Intervention und stellt die Brücke zwischen der psychosozialen und der juristischen Intervention dar.

Letztendlich kann und soll nach einer genauen Analyse des/der psychologischen Beraters/Beraterin und dem Einholen fundierter juristischer Rechtsberatung, der/die Betroffene selbst die Entscheidung treffen, welche Interventionen in ihrer/seiner Situation sinnvoll sind. So behalten die Betroffenen die Kontrolle, aber auch die Letztverantwortung über ihre Situation und das weitere Vorgehen.

In Österreich und Deutschland gibt es – wie auch in den meisten übrigen Mitgliedstaaten der Europäischen Union (Ausnahmen sind insbesondere Schweden und Frankreich) – bisher weder ein eigenes Mobbinggesetz noch einen eigenen gesetzlichen Mobbingtatbestand (Smutny/Hopf 2003b, S. 110). Dieser Umstand macht die ArbeitnehmerInnen aber keineswegs recht- oder schutzlos. Wichtig sind in diesem Zusammenhang zwei Erkenntnisse:

- **Mobbing verletzt die Menschenwürde. Wer mobbt, setzt sich daher ins Unrecht.**
- **Abhilfe gegen Mobbing durch die ArbeitgeberInnen ist kein Gnadenakt, sondern eine Rechtspflicht.**

Menschenwürde

Mobbing verletzt unter anderem die Charta der Grundrechte der Europäischen Union (2000/C 364/01), die in ihrem Artikel 1 ausdrücklich anordnet, dass die Würde des Menschen unantastbar, zu achten und zu schützen ist. In Art 31 Abs 1 heißt es konkreter, dass jede Arbeitnehmerin und jeder Arbeitnehmer das Recht auf gesunde, sichere und würdige Arbeitsbedingungen hat. Ähnlich regelt Art 1 Abs 1 des deutschen Grundgesetzes, dass die Würde des Menschen unantastbar ist. Sie zu achten und zu schützen, ist Verpflichtung aller staatlichen Gewalt. Im österreichischen Recht fehlt eine vergleichbare Regelung im Verfassungsrang. Es findet sich jedoch bereits seit dem Jahr 1812 in § 16 Allgemeines Bürgerliches Gesetzbuch (ABGB) eine die Menschenwürde schützende Bestimmung, die die Persönlichkeit als Grundwert anerkennt. Danach hat jeder Mensch „angeborene, schon durch die Vernunft einleuchtende Rechte, und ist daher als eine Person zu betrachten" (Smutny/Hopf 2003b, S. 110).

Vor diesem rechtlichen Hintergrund bedarf es keiner besonderen Erörterung, dass eine Verletzung der Menschenwürde rechtswidrig ist. Wer mobbt, verletzt elementare Persönlichkeitsrechte, setzt sich daher ins Unrecht. Mobbingangriffe bedrohen nicht nur die Gesundheit der Betroffenen, sie haben auch gravierende Folgen für die betreffenden Unternehmen und ArbeitgeberInnen (z. B. durch Demotivation, Fehlzeiten, Qualitätseinbußen, innere Kündigungen, Imageverlust), letztlich aber auch für die gesamte Volkswirtschaft (z. B. durch Leistungen der Sozialversicherung).

Fürsorgepflicht

Viele Betroffene sind sich häufig gar nicht ihrer rechtlichen Stellung am Arbeitsplatz bewusst. Bekannt ist noch, dass sie aufgrund ihres Arbeitsvertrages einen Anspruch darauf haben, dass der Arbeitgeber/die Arbeitgeberin allfälliges Mobbing unterlässt. Schon weniger bekannt ist hingegen die rechtliche Situation bei einem Mobbinggeschehen, an dem der Arbeitgeber/die Arbeitgeberin nicht unmittelbar beteiligt ist. Diesfalls besteht ein Anspruch gegen den Arbeitgeber/die Arbeitgeberin auf Abhilfe. Voraussetzung ist aber, dass der/die Betroffene entsprechend reklamiert und Abhilfe verlangt hat (Beschwerderecht).

Abhilfe durch die ArbeitgeberInnen ist kein Gnadenakt, sondern eine unbedingte Rechtspflicht. Sowohl im österreichischen als auch im deutschen Arbeitsrecht ist nämlich die sogenannte Fürsorgepflicht der ArbeitgeberInnen anerkannt. Diese ist der Dreh- und Angelpunkt schlechthin im rechtlichen Kampf gegen Mobbing. Gemäß dieser Fürsorgepflicht haben die ArbeitgeberInnen die Arbeitsbedingungen so zu gestalten, dass das Leben und die Gesundheit ihrer ArbeitnehmerInnen möglichst geschützt und auch andere immaterielle und materielle Interessen der ArbeitnehmerInnen gewährleistet sind; gegen deren Gefährdungen haben sie unverzüglich Abhilfe zu schaffen. Die Fürsorgepflicht ist als „Nebenpflicht" fixer Bestandteil jedes Arbeitsvertrages. ArbeitgeberInnen, die ihre ArbeitnehmerInnen mobben, verletzen ihre Fürsorgepflicht genauso wie ArbeitgeberInnen, die ihre ArbeitnehmerInnen nicht vor Mobbing durch andere ArbeitnehmerInnen schützen. Dieser Aspekt ist dann relevant, wenn der/die ArbeitnehmerIn nachweislich bei seinem/ihrem Vorgesetzten die Beendigung von Mobbing eingefordert hat, jedoch keine Interventionen seitens der Führung getätigt wurden. Dies kommt einer Verletzung der Fürsorgepflicht gleich und bereitet mögliche weitere Schritte wie das Zurückbehalten der Arbeitsleitung, den vorzeitigen Austritt aus dem Arbeitsverhältnis (in Deutschland: die außerordentliche Eigenkündigung) oder die Erhebung von Schadenersatzansprüchen seitens der Betroffenen vor (Smutny/Hopf 2003a, S. 26f.).

Interessenwahrungspflicht

Ebenfalls anerkannt im Arbeitsrecht – quasi als Spiegelbild zur Fürsorgepflicht – ist die Interessenwahrungspflicht (früher auch „Treuepflicht" genannt) der ArbeitnehmerInnen. Sie beinhaltet vor allem das Gebot, den Betriebsfrieden nicht zu stören, Schäden von den ArbeitgeberInnen abzuwenden und selbst keine schädigenden Handlungen gegen die ArbeitgeberInnen auszuführen. Mobbt ein/e ArbeitnehmerIn andere ArbeitnehmerInnen, so verletzt er/sie seine/ihre arbeitsvertraglichen Pflichten gegenüber den jeweiligen ArbeitgeberInnen. Das Unternehmen erleidet Schaden durch Leistungsabfall, Krankenstände, erhöhte Fehler in der Produktion, die den Interessen der ArbeitgeberInnen zuwiderlaufen (Smutny/Hopf 2003a, S. 26f.).

Schadenersatz- und Strafrecht

Wenn Mobbingverhaltensweisen vorliegen, die unter einen allgemeinen gesetzlichen Tatbestand, etwa des Schadenersatz- und/oder des Strafrechts fallen, dann können diese allgemeinen Normen in Anspruch genommen werden. Entscheidend ist hierbei, ob die physische und psychische Beeinträchtigung behandlungsbedürftig oder wenigstens ärztlich diagnostizierbar und damit medizinisch erfassbar ist. Dies ist unbedingt notwendig, um als Verletzung am Körper angesehen oder einer Verletzung gleichgestellt zu werden.

In strafrechtlicher Hinsicht kommen insbesondere die folgenden mobbingrelevanten Tatbestände in der Praxis vor: Beleidigung, Datenbeschädigung, dauernde Sachentziehung, Erpressung, gefährliche Drohung, geschlechtliche Nötigung, Körperverletzung, Kreditschädigung, Nötigung, Sachbeschädigung, Störung der Funktionsfähigkeit eines Computersystems, üble Nachrede, Urkundenunterdrückung, Verleumdung (Smutny/Hopf 2003a, S. 89ff., 123ff., 185ff.).

Arbeits- und Beschäftigtenschutz

Im Kampf gegen Mobbing ist auch an das österreichische ArbeitnehmerInnenschutzgesetz bzw. das deutsche Arbeitsschutzgesetz zu denken. Schwerpunktmäßig geht es aber bei diesen beiden Gesetzen primär um technische und nicht um psychische oder psychosoziale Belastungen am Arbeitsplatz. Jedenfalls kann aber aus beiden Gesetzen ein Anspruch der ArbeitnehmerInnen gegen die ArbeitgeberInnen auf menschengerechte Arbeit abgeleitet werden.

Belästigungsschutz im Gleichbehandlungsrecht

Sexuelle Belästigungen können Teil eines Mobbinggeschehens am Arbeitsplatz sein. Schutz vor sexueller Belästigung im Zusammenhang mit dem Arbeitsverhältnis bieten in Österreich seit 1993 das Gleichbehandlungsgesetz und das Bundes-Gleichbehandlungsgesetz, in Deutschland seit 1994 das Beschäftigtenschutzgesetz.

Sexuelle Belästigung liegt nach österreichischem Recht vor, wenn ein der sexuellen Sphäre zugehöriges Verhalten gesetzt wird, das die Würde einer Person beeinträchtigt, für die betroffene Person unerwünscht, unangebracht oder anstößig ist und 1. eine einschüchternde, feindselige oder demütigende Arbeitsumwelt für die betroffene Person schafft oder 2. der Umstand, dass die betroffene Person ein der sexuellen Sphäre zugehöriges Verhalten seitens des/der Arbeitgebers/Arbeitgeberin oder von Vorgesetzten oder KollegInnen zurückweist oder duldet, ausdrücklich oder stillschweigend zur Grundlage einer Entscheidung mit Auswirkungen auf den Zugang dieser Person zur Berufsausbildung, Beschäftigung, Weiterbeschäftigung, Beförderung oder Entlohnung oder zur Grundlage einer anderen Entscheidung in der Arbeitswelt gemacht wird.

Das deutsche Beschäftigtenschutzgesetz versteht unter sexueller Belästigung am Arbeitsplatz jedes vorsätzliche, sexuell bestimmte Verhalten, das die Würde von Beschäftigten am Arbeitsplatz verletzt. Dazu gehören 1. sexuelle Handlungen und Verhaltensweisen, die nach den strafgesetzlichen Vorschriften unter Strafe gestellt sind, sowie 2. sonstige sexuelle Handlungen und Aufforderungen zu diesen, sexuell bestimmte körperliche Berührungen, Bemerkungen sexuellen Inhalts sowie Zeigen und sichtbares Anbringen von pornografischen Darstellungen, die von den Betroffenen erkennbar abgelehnt werden. Sowohl nach österreichischem als auch nach deutschem Recht haben ArbeitgeberInnen die Beschäftigten vor sexueller Belästigung am Arbeitsplatz zu schützen.

In Österreich wurden das Bundes-Gleichbehandlungsgesetz und das Gleichbehandlungsgesetz per 1.7.2004 in Umsetzung zweier europäischer Richtlinien, und zwar der AntirassismusRL 2000/43/EG und der GleichstellungsrahmenRL 2000/78/EG, umfangreich novelliert (BGBl I 2004/65; BGBl I 2004/66). Damit wurde über die sexuelle Belästigung hinaus erstmals ein direkter Belästigungsschutz der ArbeitnehmerInnen in der Arbeitswelt eingeführt. Dieser beschränkt sich allerdings auf besonders gelagerte Fälle, und zwar die geschlechtsbezogene Belästigung sowie die Belästigung aufgrund der Diskriminierungsgründe der ethnischen Zugehörigkeit, Religion oder Weltanschauung, Alter oder sexuelle Orientierung sowie (noch in Ausarbeitung) der Behinderung. In diesen besonderen Fällen der Belästigung haben die Betroffenen zum Ausgleich der erlittenen persönlichen Beeinträchtigung Anspruch auf angemessenen, mindestens jedoch auf 720,- Euro Schadenersatz bei sexueller Belästigung bzw. auf 400,- Euro Schadenersatz in den anderen Fällen (Hopf 2004, S. 147). In Deutschland kommen bei Verletzung des allgemeinen Persönlichkeitsrechts und/oder der Gesundheit die allgemeinen Vorschriften des Bürgerlichen Gesetzbuches (BGB) zur Anwendung (vgl. Wickler 2004, Teil 2 Rn 6).

Bedauerlicherweise wurde die Belästigung nicht „insgesamt“, sondern nur in Teilbereichen, nämlich im Zusammenhang mit bestimmten Diskriminierungsgründen, geregelt. So sehr die Ausweitung von Schadenersatzansprüchen für die erlittene persönliche Beeinträchtigung durch Belästigung zu begrüßen ist, kann ein gesetzlicher Belästigungsschutz, der Belästigung in der Arbeitswelt nur unvollständig erfasst, nicht zufrieden stimmen. Übergangen wurde dabei vom österreichischen Gesetzgeber, dass Belästigungen keine Gründe brauchen und sich auch nicht auf solche beschränken, sondern – grundlos – jede/n treffen können (Hopf 2004, S. 147). Bemerkenswert ist in diesem Zusammenhang, dass in den Gesetzesmaterialien zu den genannten Novellen Belästigung teilweise mit Mobbing gleichgesetzt wurde (RV 285 BlgNR XXII. GP 3; RV 307 BlgNR XXII. GP 5). Aus der Sicht der Mobbingforschung ist allerdings darauf zu verweisen, dass eine wesentliche Unterscheidung zwischen Belästigung und Mobbing im Aspekt der Dauer besteht. Mobbing wird unter anderem erst durch seine prozesshafte Dauer definiert, während eine Belästigung (z. B. sexuelle Belästigung) auch schon bei bei einmaligem Auftreten bestehen kann.

An weiterführender juristischer Literatur möchte ich an dieser Stelle für den österreichischen Bereich vor allem auf das Buch von Smutny/Hopf „Ausgemobbt! – Wirksame Reaktionen gegen Mobbing“ (Manz Verlag, Wien 2003) und die Abhandlung von Hopf „Belästigung in der Arbeitswelt“ in der Festschrift Bauer/Maier/Petrag (Manz Verlag, Wien 2004) bzw. für den deutschen Bereich auf das Buch von Wickler „Handbuch Mobbing-Rechtsschutz“ (C. F. Müller Verlag, Heidelberg 2004) verweisen.

8.1.1.5 Kündigung

Mobbingbetroffene stehen unter einem solchen innerlichen und äußerlichen Druck, dass sie manchmal Fluchttendenzen zeigen. Wichtig ist, dass Mobbingbetroffene nicht überstürzt kündigen oder für sie zum Nachteil gereichende Unterlagen unterschreiben. Es ist von Bedeutung, dass bei einer Kündigung der Betriebsrat und die Personalvertretung eingeschaltet werden, um zumindest eine Minimalabsicherung zu gewährleisten. Hierbei sollte dem Arbeitszeugnis eine besondere Beachtung beigemessen werden. Verschlüsselte Formulierungen könnten sich für den weiteren Berufsweg der Betroffenen negativ auswirken und sollten unter allen Umständen reklamiert werden, da die Betroffenen ein Recht auf ein positives Arbeitszeugnis haben. Im Problemfall kann der Rechtsanspruch auf den gesetzlichen Mindestinhalt, eine Bemessung der Person und ihrer ausgeführten Tätigkeiten, eingefordert werden.

8.1.1.6 Therapeutische Interventionen

Mobbing hat oft schwerwiegende psychische und physische Folgen für die Betroffenen. Bei einer Chronifizierung der Krankheitserscheinungen kann eine Psychotherapie und/oder ärztliche Hilfe nötig werden. Im Extremfall kann auch ein stationärer Klinikaufenthalt notwendig sein. Wichtig ist es, dass die behandelnden ÄrztInnen, PsychologInnen und TherapeutInnen mit dem Phänomen Mobbing vertraut sind, um entsprechende heilende Interventionen setzen zu können. Eine stationäre Behandlung ist von Bedeutung, wenn die Krankheitssymptome bereits so weit fortgeschritten sind, dass es zu einer andauernden Persönlichkeitsveränderung und generellen Angststörungen gekommen ist. Die stationären Heilmaßnahmen können den notwendigen schützenden Rahmen für eine Behandlung bieten.

Im Rahmen einer stationären Behandlung sollte eine sorgfältige diagnostische Abklärung erfolgen. Je nach Schweregrad des erlittenen Traumas und der sich daraus ergebenden Folgen für die Betroffenen sollten therapeutische Maßnahmen, die sowohl Einzel- als auch Gruppensitzungen implizieren, medizinische und juristische Beratung wie auch der Einbezug der Angehörigen zur Entwicklung neuer Lebensperspektiven ermöglicht werden.

8.1.1.7 Neue berufliche Perspektiven suchen

Ein endgültiger Verlust der Arbeit ist oft Produkt des Mobbinggeschehens, sei es, dass die Mobbingbetroffenen selbst kündigen oder gekündigt werden. In diesem Fall ist es notwendig, die weiteren beruflichen Perspektiven zu reflektieren. Die Betroffenen sollten für sich klären, ob sie in derselben Berufssparte neue berufliche Möglichkeiten haben oder ob Umschulungsmaßnahmen nötig sind. Bei einer neuen Bewerbung sollte das Thema Mobbing so gut wie möglich unausgesprochen bleiben. „Das Thema Mobbing sollte am besten gar nicht anklingen, halten Sie sich auch bei Fragen nach dem Betriebsklima Ihrer jetzigen Firma möglichst bedeckt. Ansonsten gewinnt der potentielle Arbeitgeber eventuell den Eindruck, Sie wären ein *schwieriger Fall*" (Huber 1994, S. 141). Als alternative Taktik sollten möglichst die Vorteile einer neuen Tätigkeit angegeben werden, anstatt die Gründe für die Beendigung der Tätigkeit in der alten Firma zu nennen.

8.1.1.8 Tipps für Betroffene von Mobbing

- Schreiten Sie rechtzeitig ein, wenn sich ein Konflikt entwickelt. Warten Sie nicht zu lange ab und versuchen Sie, ein klärendes Gespräch zu führen.
- Suchen Sie BündnispartnerInnen und pflegen Sie Ihr soziales Netz.
- Klären Sie für sich, ob sich ein Kampf für Sie lohnt.
- Setzen Sie Grenzen!
- Nehmen Sie Hilfe in Anspruch. (FreundInnen, Betriebsrat/Betriebsrätin, Arzt/Ärztin, PsychologIn)
- Klären Sie rechtliche Schritte ab.
- Tun Sie alles, was in Ihrer Macht steht, um nicht in Isolation zu geraten. Nehmen Sie bei Ihren ArbeitskollegInnen die unterschiedliche Konfliktbeteiligung wahr.

- Verhindern Sie, dass Sie sich selbst durch Kurzschlussreaktionen wie das Setzen unbedachter Schritte oder die Unterzeichnung einer voreiligen Kündigung schaden.
- Legen Sie ein Mobbingtagebuch an. Wenn Sie Vorkommnisse, Uhrzeit, Datum und Beteiligte genau notieren, kann das als Beweismittel wichtig sein.
- Stärken Sie Ihre Eigenkompetenzen! Mobbing zielt drauf ab, Sie in Frage zu stellen. Was stärkt, ist gut!
- Achten Sie verstärkt auf Ihre Gesundheit und sorgen Sie für Erholung und Entspannung.
- Denken Sie darüber nach, ob es einen eigenen Anteil am Geschehen gibt.

8.1.2 Individuelle Interventionen aus beteiligter Sicht

Beteiligte haben im Mobbinggeschehen eine große Bedeutung, da gerade gruppendynamische Prozesse der Koalitionsbildungen zu Verschärfungen des Konfliktes beitragen. In diesem Sinn ist es für alle Beteiligten wichtig, den eigenen Anteilen, die für die Entwicklung eines Mobbingprozesses verantwortlich sind, nachzugehen. Es sollte die eigene Rolle innerhalb des Mobbingprozesses überprüft und wenn nötig neue konstruktive Handlungsalternativen entwickelt werden. Bevor konkrete Schritte unternommen werden, muss eine genaue Rekonstruktion des Mobbingverlaufes stattfinden. Wichtig ist zu verhindern, dass auf vorgefertigte Zuschreibungen und Verurteilungen zurückgegriffen wird. Gegenseitige Zuweisungen der Sündenbockrolle vertiefen die Kluften der Streitparteien unnötig und verschärfen den Konflikt. Vielmehr ist eine differenzierte Analyse wichtig, die alle miteinbezieht und auf Schuldzuweisungen verzichtet.

Für nicht unmittelbar Beteiligte ist es von Bedeutung, dass sie sich nicht vorschnell in den Konflikt hineinziehen lassen. Sowohl die Tendenz, dem Konflikt durch Parteinahme auszuweichen, als auch, ihm durch Größenphantasien zu begegnen, indem man glaubt, ihn selbst für andere lösen zu können, führt zwangsläufig zu einer Verschärfung des Konfliktes. Vielmehr sollten nicht unmittelbar Beteiligte VermittlerInnenpositionen übernehmen oder andere dazu motivieren, dies zu tun. Supervision, Coaching oder auch die Methode der Mediation sind hier nur einige der möglichen Alternativen. VermittlerInnenpositionen haben im Mobbingprozess eine elementare Bedeutung. Konkret könnte eine Vermittlung so aussehen,

> daß man mit beiden Seiten eine intensive fragende Beziehung aufbaut. Fragend deshalb, weil es um die Pflege des Dialoges als Verbindungs- und Trennungsstück zwischen den Personen geht, das verlorengegangen ist (Bauriedl 1995, S. 158).

Ein besonderes Augenmerk sollte darüber hinaus auf die Re-Individualisierung der Gruppenmitglieder gelegt werden. Diese kann im frühen Stadium von Nichtbeteiligten, aber auch von professionellen HelferInnen als Vermittlungsstrategie angewandt werden. Durch das individuelle Gespräch mit einzelnen am Konflikt beteiligten Personen können festgefahrene mobbingfördernde Gruppenpositionen aufgelockert und verändert werden. Wichtig ist das Aufzeigen der Differenz zwischen Gruppenmeinungen und individuellen Meinungen (siehe hierzu 5.2). Gemeinsam sollten Lösungsalternativen und Kompromisse erarbeitet werden, die für alle Beteiligten akzeptabel sind. Hierfür ist es notwendig, dass gemeinsame Regeln im Umgang mit Konflikten gefunden werden.

Darüber hinaus muss den Betroffenen geholfen werden, sodass sie wieder in den Arbeitsprozess integriert werden können. Brommer (1995) gibt hierzu unterschiedliche Möglichkeiten zur Wiedereingliederung von Betroffenen an: das häufigere Inanspruchnehmen der fachlichen Kompetenz der Betroffenen, das gemeinsame Verbringen der Pausen, private Zusammenkünfte und Einladungen, die Teilhabe an persönlichen Problemen und Schwierigkeiten im Sinne einer Hilfe zur Selbsthilfe sowie das offene Ansprechen des Problems innerhalb der Gruppe. Als wesentliche Voraussetzung, die jedoch oft zum Scheitern verurteilt ist, gilt in diesem Zusammenhang, dass alle Beteiligten eine gütliche Einigung und die Reintegration der Betroffenen unterstützen. Aggressiven Gefühlen stehen hierbei oft Bedürfnisse nach Versöhnung und Vergebung gegenüber. Gerade dieses Wissen sollten sich Menschen nutzbar machen, die produktive Veränderungen im Mobbingprozess einleiten wollen. Es ist dementsprechend unabdingbar notwendig, ein Forum der Kooperation zu schaffen, indem alle *ihr Gesicht* bei einer Streitbeendigung wahren können. Hierfür muss ein Beziehungsrahmen geschaffen werden, in dem Toleranz für die wahren Gefühle, insbesondere für die Ängste, aber auch für die Wünsche nach Annäherung und Frieden zum Grundprinzip geworden ist.

> Wenn die Befreiung nicht gleichzeitig eine Selbstbefreiung von inneren Selbsteinschränkungen ist, dann kann sich daraus keine gemeinsame Befreiung entwickeln. Es geht um die zunehmende Toleranz sich selbst gegenüber. Nur sie kann die Grundlage zunehmender Toleranz anderen gegenüber sein (Bauriedl 1995, S. 158).

Die Innenschau nach den eigenen Anteilen am Mobbinggeschehen kann dann auch zum Wunsch nach Versöhnung und Reintegration der Betroffenen werden.

> Voraussetzung dafür ist der feste Wille aller, niemanden ausgrenzen zu wollen und damit zum Außenseiter abzustempeln. Wenn nur ein Bruchteil der Phantasie und Kreativität, die zum Erfinden von Mobbing-Handlungen angewandt wird, zur Wiedereingliederung eines Ausgegrenzten benutzt würde, müßte niemand mehr im Abseits stehen (Brommer 1995, S. 109).

Wenn jedoch der Prozess des Mobbings bereits so weit fortgeschritten ist, dass es zu einer massiven psychischen und physischen Schädigung von Einzelnen gekommen ist und keinerlei Vermittlungstätigkeit den Prozess beenden konnte, so muss den Betroffenen des Mobbingkonfliktes mit Unterstützung, Solidarität und Parteilichkeit beigestanden werden.

8.2 Betriebliche Interventionen

8.2.1 Moderation

Bei der Moderation handelt es sich um eine Methode, mit der Arbeitsgruppen unterstützt werden können, ein Thema, eine Aufgabe oder einen anstehenden Konflikt zielgerichtet, strukturiert und mittels demokratischer Mittel zu bearbeiten. Der/die ModeratorIn „bietet sich als methoden- und verfahrenskompetender Begleiter für den Arbeitsprozeß an, dessen Ziele und Inhalte die Gruppe grundsätzlich selbst verantwortet" (Hartmann/Rieger/Pajonk 1997, S. 15). Die Moderation beginnt zumeist mit einem Einstieg, geht dann weiter zur Themensammlung, Themenauswahl und Themenbearbeitung und endet mit der Maßnahmenplanung und einer Abrundung des gesamten Prozesses in Form eines Abschlusses. Die Methodik der Moderation erlaubt es, dass alle TeilnehmerInnen einer Gruppe ihr Votum abgeben und es somit zur Veranschaulichung von Meinungen, Stimmungen und Einschätzungen kommen kann. Dies hilft, Koalitionen, wie sie im Mobbingprozess vorkommen, erst gar nicht entstehen zu lassen. Das Einbinden aller Gruppenmitglieder, der häufige Wechsel von unterschiedlichen Zweier-, Dreier-, und Großgruppen vertieft die Differenzierung eines Konfliktes. In diesem Sinn kann die Methode der Moderation als Präventionsmaßnahme angesehen werden. Darüber hinaus veranschaulicht die Moderation durch ihre unterschiedlichen Methoden die Meinungs- und Prioritätenvielfalt innerhalb der Gruppe. Dies führt zu einer Perspektivenerweiterung der einzelnen GruppenteilnehmerInnen und fördert eine konstruktive Zusammenarbeit.

8.2.2 Supervision

Supervision stellt sowohl eine hilfreiche Prävention als auch eine Interventionsmaßnahme bei Mobbing dar. Durch die *Innensicht* der Beteiligten und die *Außensicht* des/der SupervisorIn soll *eine Übersicht* über den Mobbingprozess hergestellt werden. Supervision als Krisenintervention gegen Mobbing ist dann zu ergreifen, „wenn frühzeitige Maßnahmen, Schlichtung und gruppendynamische Konfliktarbeit zur Bewältigung des Problems nicht mehr greifen und professionelle Hilfe notwendig wird" (Prosch 1995, S. 132). Supervision kann in diesem Zusammenhang sowohl im Einzelsetting als auch in der Gruppe erfolgen.

Eine wichtige Funktion für den/die SupervisorIn ist es, die Handlungskompetenzen der Betroffenen zu erweitern. „Nur wenn Opfern vermittelt werden kann, daß sie bis zu einem gewissen Ausmaß Kontrollmöglichkeiten über ihr eigenes Verhalten und das des Täters haben, wird es eine effektive Intervention zugunsten des Betroffenen geben“ (Brinkmann 1995, S. 118). Eine elementare Funktion hat hierbei auch die Informationsvermittlung über die psychischen und physischen Folgen von Mobbing.

> Die bekannteste Strategie, Patienten eine gute psychische Bewältigung ihrer Krankheit zu ermöglichen, besteht wohl darin, sie über Verlauf und eventuelle Komplikationen ihrer Erkrankung zu informieren. Informationen können im Sinne einer besseren Vorhersagbarkeit das Gefühl der Kontrolle beim Patienten verstärken (Lütjen/Frey 1988).

Um eine solche positive Entwicklung zur Erweiterung der Handlungsmöglichkeiten zu erwirken, bedarf es darüber hinaus der gemeinsamen Entwicklung kognitiver und verhaltensbezogener Strategien für einen adäquaten Umgang mit den bestehenden Problemen.

Bei einem bereits weit fortgeschrittenen Mobbingprozess muss für die Betroffenen eine Einzelbetreuung gewährleistet werden, in die auch Angehörigenarbeit auf Wunsch miteinbezogen werden kann. Fortgeschrittene Mobbingprozesse haben zumeist einen massiven Einfluss auf das Familien- und Beziehungsleben. Im Zusammenhang mit der Familienarbeit der Betroffenen ist es wichtig, die Abläufe zu veranschaulichen, die zum Krankheitszustand der Betroffenen geführt haben. Für die Angehörigen hat es zumeist eine entlastende Funktion, Informationen über Mobbing zu erhalten. Darüber hinaus ist es für den Genesungsprozess der Betroffenen hilfreich, wenn gemeinsam Arbeits- und Lebensbewältigungsstrategien entwickelt werden.

8.2.3 Mediation

Mediation bemüht sich, zwischen den Konfliktparteien einen akzeptablen Kompromiss zu finden, der den Interessen aller Rechnung trägt und eine Koexistenz ermöglicht.

> Vermittler können ihre eigenen Vorschläge einbringen und eventuell Druckmittel einsetzen, um die Haltung der Konfliktparteien nachgiebiger zu machen. Vermittler wenden sich mehr den Issues zu und arbeiten viel weniger an der Verbesserung der Beziehungen. Eigentlich tritt der Vermittler zwischen den Parteien als drittes Verhandlungssubjekt auf (Glasl 1992, S. 381).

Die KontrahentInnen führen die hauptsächlich inhaltsgebundenen Verhandlungen über den/die VermittlerIn. Dies hat den Vorteil, dass die Konfliktparteien ihre Gefühle ventilieren, ohne dass sich dies sofort nachteilig auf den weiteren Konfliktverlauf auswirkt. Die Interventionen des Vermittlers zielen auf das Begrenzen, Kanalisieren und Regulieren des Verhaltens ab. Der/die MediatorIn wird versuchen, allgemein verbindliche Regeln zu schaffen.

Verlauf einer Konfliktregelung

Der Verlauf einer Mediation vollzieht sich nach Montada/Kals in sechs Phasen (2001):

1. Phase: Vorbereitung

Die erste Phase dient der Orientierung, Zusammenstellung der Parteien, Ziele der Mediation werden verdeutlicht, das Verfahren wird erläutert, Regeln werden geklärt, die Rolle der MediatorInnen wird geklärt, Rahmenbedingungen werden erläutert und ein Vertrag abgeschlossen.

2. Phase: Probleme erfassen und analysieren

In der zweiten Phase werden Probleme artikuliert und analysiert.

3. Phase: Konfliktanalyse

In der dritten Phase wird die Tiefenstruktur des Konfliktes bearbeitet. Hier werden persönliche, wie soziale und strukturelle Bedingungen des Konfliktes bearbeitet sowie die jeweiligen Gewinne durch den Konflikt offen gelegt.

4. Phase: Konflikte bearbeiten

In der vierten Phase werden Lösungsoptionen generiert, Anliegen bewusst gemacht, die Anliegen Dritter (Vorgesetzte, Untergebene, Familie usw.) reflektiert und die gefundenen Optionen bewertet.

5. Phase: Mediationsvereinbarung

Die Lösungen werden ausgewertet und umgesetzt, die Kontrolle der Implementation festgelegt und die Einigung vertraglich fixiert.

6. Phase: Evaluation

In der sechsten Phase werden Lösungsumsetzungen kontrolliert, eventuell noch Veränderungen vorgenommen und der gesamte Prozess einer kritischen Reflexion unterzogen.

Es sei darauf hingewiesen, dass bei stark eskalierten Konflikten mit hohem gruppendynamischen Anteil, insbesondere bei Mobbing, dieser Ablauf nur in modifizierter Form erfolgreich zu einem Lösungsprozess führt. Hier ist es bisweilen zweckdienlicher, herkömmliche Methoden des (psychologischen) Konfliktmanagements heranzuziehen. Als weiterführende Literatur möchte ich an dieser Stelle auf meinen Artikel „Mediation bei Mobbing“ im Handbuch von Harald Pülzl (Hrsg.) zum Thema Mediation in Organisationen verweisen (2003).

8.2.4 Fallbeispiel für eine Konfliktregelung bei Mobbing: „Frau Kaiser und Frau Ludwig"

Im Folgenden wird ein konkreter, anonymisierter Fall aus meiner Praxis zur Erläuterung einer Konfliktregelung bei Mobbing geschildert. Die Fallgeschichte wurde in eine Vorphase, eine Hauptphase und eine Abschlussphase gegliedert.

8.2.4.1 Die Vorphase der Konfliktregelung bei Mobbing

Die Vorphase der Konfliktregelung dient der Re-Individualisierung der Gruppenmitglieder, indem Einzelgespräche und Gespräche mit der Gruppe durchgeführt werden.

Wichtig ist, dass eine Konfliktregelung bei Mobbing oft durch außen stehende Parteien angeregt wird. Ein großer Prozentsatz der Anfragenden von Konfliktregelungen am Arbeitsplatz sind nicht die KlientInnen selbst, sondern übergeordnete Führungspersönlichkeiten oder Stabstellen in der Organisation. Hiermit ist ein gewisser Druck, innere Ambivalenzen und Ängste für die Klientel verbunden. Es ist unverzichtbar, die Situation in einer Vorphase zu besprechen und die individuellen Vor- und Nachteile für eine Konfliktregelung abzuklären.

In diesem Zusammenhang kann jedoch nicht mehr von Freiwilligkeit ausgegangen werden, sondern ausschließlich von einer partiellen Freiwilligkeit, da die unmittelbaren Beteiligten der Konfliktregelung in einem hierarchischen Abhängigkeitsverhältnis zum Auftraggeber stehen. Dementsprechend ist es für eine Konfliktregelung bei Mobbing entscheidend, in der Vorphase abzuklären, ob es seitens der Beteiligen eine Bereitschaft gibt, sich auf eine Konfliktregelung unter diesen Prämissen einzulassen. Besteht eine grundsätzliche ablehnende Haltung, so ist zu empfehlen, die Konfliktregelung nicht durchzuführen. Bei einer Einwilligung seitens der Beteiligten muss neben den Erläuterungen des Verfahrens besonders darauf geachtet werden, dass schon am Beginn eindeutig festgelegt wird, in welcher Form und welchem Ausmaß eine Rückmeldung an die Führungskraft erfolgt. Wenn sich im Rahmen der Konfliktregelung zeigt, dass strukturelle Aspekte maßgeblich zum Mobbing beigetragen haben, ist es wichtig, diese mit Abstimmung der KlientInnen an die Führungskraft weiterzuleiten.

In der Vorphase muss darüber hinaus sichergestellt werden, dass keinerlei Gewalthandlungen mehr stattfinden. Auch hier kann es notwendig sein, mit den Führungspersonen dementsprechende Abstimmungen durchzuführen. Ist eine Beendigung psychischer wie psychischer Gewalt nicht gewährleistet, sollte von einer Konfliktregelung Abstand genommen werden. Im Zweifelsfall kann auf gewaltpräventive Trainings-, Beratungs- und Therapiemaßnahmen verwiesen werden und die Konfliktregelung bis zu einem Zeitpunkt, an dem eine Sicherung dieses Grundsatzes gewährleistet ist, verschoben werden. Falls eine psychische und physische Gewaltfreiheit gesichert ist, ist es jedoch trotzdem wichtig, Empowerment-Maßnahmen für die Betroffenen und allgemeine Informationen zu übermitteln.

8.2.4.2 Die Vorphase anhand des Fallbeispiels „Frau Kaiser und Frau Ludwig"

Ein Vorgesetzter einer Produktionsfirma rief mich an, um mich mit einer Konfliktregelung in seiner Abteilung, in der seit zwei Jahren ein Konflikt bestand, zu beauftragen. Im Erstgespräch erläuterte er mir die Situation aus seiner Sicht und ich erklärte die notwendigen Rahmenbedingungen (Verlauf, die voraussichtliche Dauer, den Ort der Beratung, Kosten, Ziele usw.). In Absprache mit ihm vereinbarte ich Einzelinterviews mit allen Beteiligten, um mir einen ersten Überblick zu verschaffen, eine Analyse der Situation durchzuführen, Re-Individualisierungsmaßnahmen (siehe gruppendynamische Aspekte von Mobbing) einzuleiten sowie mein methodisches Vorgehen vorbereiten zu können. Im Anschluss daran sollte eine gemeinsame Konfliktregelung stattfinden.

Ich führte Einzelgespräche mit allen acht MitarbeiterInnen der Abteilung durch. Im Zuge dieser Gespräche stellte sich heraus, dass der Konflikt ursprünglich von zwei Sekretärinnen ausgegangen war. Die gesamte Abteilung litt unter der Situation. Der Konflikt hatte sich noch nicht über die Abteilung in die gesamte Organisation verbreitet. Der Vorgesetzte war täglich mit dem Konflikt beschäftigt. Es häuften sich die Klagen und gegenseitigen Beschuldigungen bei ihm. Die bisher durchgeführten Schlichtungsgespräche hatten keine andauernde Lösung des Konfliktes bewirkt.

Es zeigte sich, dass eine der beiden Sekretärinnen immer mehr ins Abseits geraten war und nunmehr keinerlei Kontakte mit den anderen KollegInnen hatte. Es wurden diverse Gerüchte über sie in der gesamten Firma verbreitet. Die KollegInnen mieden jeden Kontakt mit ihr. Es gab keinerlei Gespräche mit ihr, kam sie in den Raum, verstummten alle oder verließen den Raum. Sie verkehrten mit ihr nur, wenn sie es absolut nicht umgehen konnten und dann über schriftliche Notizen. Informationen wurden ihr nicht (rechtzeitig) übermittelt, so dass es zeitweise für sie unmöglich war, ihre Arbeit zu verrichten. Es kam so zu Verzögerungen in der gesamten Produktion und zu Problemen in der Auftragsabwicklung mit den KundInnen.

In Einzelgesprächen befragte ich alle Beteiligten nach ihrer Sichtweise über die Konfliktsituation. Als zentrales Merkmal des Konfliktes zeigte sich, dass sich beide Damen immer wieder bei den KollegInnen über die jeweils andere beschwerten und beklagten. Mit den MitarbeiterInnen wurde erarbeitet, inwieweit eine Beteiligung am Konfliktgeschehen bestand, und erste Re-Individualisierungsmaßnahmen wurden eingeleitet. Ärger konnte artikuliert werden, eigene Handlungen wurden hinterfragt und Handlungsalternativen erarbeitet. Es zeigte sich, dass der Konflikt sich um zwei Hauptakteurinnen rankte, wobei sich die Gruppe auf die Seite einer der beiden geschlagen hatte.

In den Einzelgesprächen mit den beiden Ursprungs-Protagonistinnen wurden beide Damen auf die Möglichkeit einer Rechtsberatung in einer ArbeitnehmerInnenvertretung hingewiesen. Zudem wurden Informationen über Mobbingliteratur, insbesondere solche, die die betrieblichen und persönlichen Folgen von Mobbing schildert, hervorgehoben. Dies hat zumeist präventiven Charakter. Untersuchungen haben gezeigt, dass ein Bewusstsein über die Folgen von Mobbing die Bereitschaft, solche Handlungen anzuwenden, maßgeblich senken.

Der betroffenen Frau Ludwig wurden darüber hinaus Adressen von Mobbingselbsthilfegruppen und einer Mobbingberatungsstelle zur persönlichen Stärkung gegeben.

Frau Kaiser zeigte im Erstgespräch eine völlige Konfliktverleugnung. Frau Ludwig hingegen, die im Laufe des Konfliktes völlig isoliert wurde, litt sehr an dem Konflikt und erhoffte sich durch die Beratung eine Verbesserung der Situation.

Frau Kaiser erklärte im Einzelgespräch, dass sie lediglich aufgrund der Weisung des Chefs an diesem teilnahm und sich unter „keinen Umständen einem gemeinsamen Gespräch mit *der* aussetzen würde". Auf meine Nachfrage, ob ich ihr das Verfahren darstellen dürfte, willigte sie jedoch ein.

Im Laufe des Gespräches mit mir lockerte sich zunehmend die Haltung Frau Kaisers gegenüber dem Verfahren und der Möglichkeit, durch dieses eine Verbesserung zu erzielen. Wir vereinbarten ein paar Tage Bedenkzeit, bis sie sich endgültig entscheiden wollte.

Frau Kaiser rief mich zwei Tage später an und teilte mir mit, dass sie sich für eine gemeinsame Konfliktregelung mit Frau Ludwig entschieden hätte. Ich meinerseits bat sie, einen Termin mit Frau Ludwig zu vereinbaren, zu dem sie gemeinsam in meine Praxis kommen sollten. Da für eine Terminvereinbarung Kommunikation nötig ist, war dies ein wichtiger erster gemeinsamer Schritt. Ein paar Tage später wurde mir ein gemeinsamer Termin von Frau Kaiser mitgeteilt.

8.2.4.3 Die Hauptphase der Konfliktregelung bei Mobbing

Die Hauptphase der Konfliktregelung bei Mobbing besteht darin, eine tiefer gehende Analyse vorzunehmen, die Problem- und Konfliktfelder zu erfassen, Verständnis für die jeweils andere Position zu erzeugen und die Konflikte zu bearbeiten.

8.2.4.4 Die Hauptphase anhand des Fallbeispiels „Frau Kaiser und Frau Ludwig"

Beide Damen kamen zum vereinbarten Termin. Ich erläuterte, dass es in dieser ersten Sitzung lediglich darum ging, unterschiedliche Sichtweisen zu verdeutlichen und bat die Mobbingbetroffene, Frau Ludwig, mit ihren Ausführungen zu beginnen.

Im Anschluss berichtete Frau Kaiser. Deutlich wurde, dass sich die Konfliktgegenstände mit zunehmender Dauer des Konfliktes maßgeblich ausgeweitet und zahlreiche persönliche Angriffe stattgefunden hatten.

Es bestand Konsens darüber, dass zwischen ihnen über lange Jahre eine Freundschaft bestanden hatte und dass der Konflikt begonnen hatte, als die Stelle der Chefsekretärin in einer anderen Abteilung der Organisation frei wurde. Letztendlich wurde die Stelle jedoch an eine dritte Bewerberin vergeben.

Frau Kaiser und Frau Ludwig würdigten einander die gesamte erste Sitzung keines Blickes. Vielmehr wandten sie sich mehrmals an mich und sagten „Sagen Sie ihr ….". Die Frage, ob auch alle anderen Vermittlungsversuche in dieser Weise abgelaufen waren, bejahten beide.

Bei der zweiten Sitzung lud ich beide Damen ein, ihre Plätze zu tauschen und sich in die Rolle der jeweils anderen hineinzufühlen. Ich begann, Frau Kaiser ausführlich über ihre Empfindungen, Gefühle und Kränkungen als Frau Ludwig zu befragen. Beide Damen ließen sich auf diesen Prozess ein, den ich durch Anerkennung für die Fähigkeit, sich in die andere so gut einfühlen zu können, begleitete. Am Ende dieser zweiten gemeinsamen Sitzung entließ ich beide aus den Rollen und bat sie, mir ihre Eindrücke zu schildern. Beide Damen äußerten sich kaum in dieser Reflexion. Als Tendenz, dass unser gemeinsamer Prozess in eine richtige Richtung führte, wertete ich die nonverbale Kommunikation zwischen den beiden Damen. Nachdem ich sie gebeten hatte, sich wieder auf ihren eigenen Stuhl zu setzen und wieder ganz sie selbst zu sein, gab es den ersten direkten Blickkontakt zwischen den beiden Damen. Einen kurzen Moment sahen sie sich schweigend an. Es war deutlich, dass sie berührt waren. Sie hatten die Kränkungen, Verletzungen und Verzweiflung der jeweils anderen gespürt. Wir vereinbarten einen weiteren Termin und ich beendete diese Sitzung.

Da dies die letzte Beratungseinheit an diesem Arbeitstag für mich war, machte auch ich mich eine halbe Stunde später auf den Heimweg. Vor der Eingangstür meiner Praxis standen beide Damen und debattierten miteinander.

In der nächsten Sitzung wurden die unterschiedlichen Konfliktpunkte von Frau Ludwig und Frau Kaiser aufgeschrieben und von beiden bewertet. Die wichtigsten Punkte wurden gemeinsam besprochen und Lösungsvarianten gesammelt.

Als zentral stellte sich die Konkurrenzsituation aufgrund der Bewerbung für das Chefsekretariat zwischen den beiden Damen dar. Frau Kaiser war empört darüber, dass Frau Ludwig, die sie eingeschult hatte und wesentlich kürzer im Betrieb war, ihr nichts über ihre Bewerbung mitgeteilt hatte. Sie fühlte sich hintergangen und betrogen, weil sie ihrerseits Frau Ludwig von ihrem Ansinnen berichtete.

Frau Ludwig sah ihre Vorgangsweise als unglücklich an, verdeutlichte jedoch, welche Folgen diese ursprüngliche Konfliktsituation, die zu einer massiven Ausgrenzung ihrerseits führte, für sie hatte. Durch die Methode des „Doppelns", in der ich mich hinter die jeweilige Sprecherin stellte und die unausgesprochen Empfindungen und Gefühle aussprach, wurden die Kränkungen und Gefühle beider Frauen verstärkt deutlich. Der Nutzen einer konstruktiven Zusammenarbeit trat für beide in den Vordergrund.

Frau Kaiser zeigte sich über die Folgen der Ausgrenzung von Frau Ludwig bestürzt. „So hatte ich das alles nicht gewollt." Sie entschuldigte sich und wollte nunmehr verstärkt daran teilhaben, Frau Ludwig wieder in die Solidargemeinschaft zu integrieren. Frau Ludwig ihrerseits sah ein, dass sich Frau Kaiser durch die „heimliche" Bewerbung hintergangen fühlte und sie unglücklich gehandelt hatte.

8.2.4.5 Die Abschlussphase

Die Abschlussphase ist bei der Konfliktregelung bei Mobbing dadurch gekennzeichnet, dass Ausgleichs- und Entschuldigungshandlungen initiiert werden. Darüber hinaus geht es um die Vereinbarung verbindlicher Kommunikations- und Handlungsregelungen, die eine Konflikteskalation in Form von Mobbing zukünftig verhindern helfen.

Es erfolgt ein Abschlussgespräch mit der Führungspersönlichkeit, in dem auf strukturelle Probleme, die zur Eskalation beigetragen haben, hingewiesen wird. Weiters wird mit allen Beteiligten ein Evaluationsgespräch, in dem die Lösungsumsetzung evaluiert wird, vereinbart.

8.2.4.6 Die Abschlussphase anhand des Fallbeispiels „Frau Kaiser und Frau Ludwig"

Das Ende der Konfliktregelung bestand aus einer schriftlichen Vereinbarung, in der sich Frau Kaiser und Frau Ludwig verpflichteten, bei etwaigen Gerüchten und Problemen zur jeweils anderen zu gehen und diese im persönlichen Gespräch zu überprüfen. Dieser Interventionsschritt war notwendig, da das Vorantreiben des Konfliktes in der gesamten Abteilung maßgeblich durch die Beschwerden bei den KollegInnen und dem Vorgesetzten stattgefunden hatte. Erst wenn eine persönliche Aussprache nicht möglich wäre, sollten sie sich an eine Drittperson wenden. Zudem wurde ein Evaluationstreffen sechs Monate später vereinbart. Sowohl Frau Ludwig als auch Frau Kaiser zeigten sich zufrieden mit dem Ergebnis.

Die Führungsperson teilte mir im Abschlussgespräch mit, dass sich ab dem Beginn der Einzelgespräche die Stimmung maßgeblich verbessert hatte. Die Ausgrenzungen gegenüber Frau Ludwig hatten aufgehört und es begann eine langsame Integration ihrer Person. Der Chef verdeutlichte, dass er mit den Klagen Einzelner über andere KollegInnen nunmehr anders umginge. Er holte nun die beschuldigte Person sofort hinzu oder verwies darauf, zuerst die Person selbst mit den Anschuldigungen zu konfrontieren. Er hatte eine kontinuierliche Supervision als Präventionsmaßnahme eingerichtet.

Im Evaluationsgespräch sechs Monate nach der Mediation mit der Führungsperson, Frau Kaiser und Frau Ludwig wurde bestätigt, dass sich der Konflikt gelöst hatte, beide Damen nunmehr offene Fragen und Probleme miteinander diskutierten und die Führungsperson nur mehr in einem sehr geringen Ausmaß mit Einzelklagen konfrontiert war. Die Supervision hatte sich als Forum des Austausches über offene Fragen und Konflikte erfolgreich etabliert.

8.2.4.7 Tipps für die Arbeit mit Betroffenen und TäterInnen

- Die Beendigung der psychischen und physischen Gewalt ist unabdingbare Voraussetzung für eine Intervention bei Mobbing.
- Integrieren Sie eine Vorphase, in der Sie Einzelgespräche führen, bevor Sie gemeinsame Gespräche durchführen.
- Legen Sie ein besonderes Augenmerk auf die Einschätzung der psychischen Stabilität der Beteiligten, da lang andauerndes Mobbingerleben zu massiven psychischen und physischen Problematiken führt.
- Etablieren Sie Empowerment-Maßnahmen für die Mobbingbetroffenen (z. B. zusätzliche Beratung, zeitlicher Aspekt, Setting …)
- Etablieren Sie eine Re-Individualisierungsphase bei gruppendynamisch hoch eskalierten Konflikten.

- Sorgen Sie für einen Machtausgleich unter den Parteien (Zusammensetzung der Gespräche, Methodenauswahl, externe Mentoren für Betroffene usw.) Falls dieser Machtausgleich nicht gewährleistet ist, unterlassen Sie die psychologische Konfliktregelung. Gerichtliche Interventionen können dann unter Umständen hilfreicher sein.
- Bei gemeinsamen Gesprächen von Betroffenen und AngreiferInnen lassen Sie die Betroffenen beginnen, um zusätzliche Viktimisierungen zu vermeiden.
- Berücksichtigen Sie den Grundsatz der Allparteilichkeit im Sinne des systemischen Konzeptes des Anwaltes der Ambivalenz.
- Beachten Sie, dass Mobbingdynamiken eines besonderen Methodensettings, wie z. B. gemischtes Doppel, Staffelrad, bedürfen (vgl. Watzke 1997).
- Etablieren Sie unterschiedliche Formen des Perspektivenwechsels.
- Achten Sie auf die besondere Bedeutung des Ausgleiches und der Entschuldigung bei Mobbing.
- Gehen Sie von einer partiellen Freiwilligkeit bei zugemutetem Kontext aus, da Konfliktregelungen im betrieblichen Kontext oft von Führungskräften in Auftrag gegeben werden. Eine Abklärung in Bezug auf eine individuelle Einwilligung ist trotzdem notwendig.
- Erarbeiten Sie mit den Angreifern „legitime“ Möglichkeiten, ihren Wünschen und Bedürfnissen Ausdruck zu verleihen. Tun Sie dies nicht in Gegenwart der Betroffenen.
- Konzentrieren Sie sich auf die Interessen und Bedürfnisse der Beteiligten bei gemeinsamen Gesprächen, anstatt die festgefahrenen Positionen zu verhandeln.
- Bestehen Sie auf der Anwendung neutraler Beurteilungskriterien.
- Entwickeln Sie Entscheidungsoptionen zum beiderseitigen Vorteil.
- Arbeiten Sie zukunfts- und nicht vergangenheitsorientiert.
- Beziehen Sie das Gesamtsystem insofern ein, als dass strukturelle Ursachen an die Führungsetage rückgebunden werden sollen.

8.2.4.8 Mobbingberatung

Mobbingberatung zielt darauf ab, die Selbsthilfebereitschaft, die Selbststeuerungsfähigkeit und Handlungskompetenzen der KlientInnen zu erhöhen. Es geht hierbei insbesondere darum, Ressourcen, die den Betroffenen aufgrund der enormen Belastung nicht mehr zugänglich sind, zu aktivieren, sodass diese diejenigen Entscheidungen und Interventionen setzen können, die zu einem Ende der Mobbingsituation führen. Mobbingberatung versteht sich hierbei als Begleitung auf dem selbstgewählten Weg.

Die persönlichen Anforderungen an die Beratungsperson sind in diesem Zusammenhang Glaubwürdigkeit und Vertrauenswürdigkeit, das Kennen und Akzeptieren eigener Grenzen und eine gefühlsmäßige Beteiligung bzw. Nähe zur Person, die jedoch mit einem Abstand zum Sachverhalt verbunden ist. Um ein problem- und handlungsorientiertes Vorgehen in der Mobbingberatung zu gewährleisten, ist ein theoretisches Wissen über das Phänomen Mobbing und seine effiziente Beratung unabdinglich. Dieser theoretische Hintergrund stellt die Basis für die grundlegenden Interventionsentscheidungen dar. Frommann et al. formulierten bereits 1976 zentrale Hilfsdimensionen für den Beratungsprozess, die sich auch in der Mobbingberatung als unterstützend bewähren. Sie beschreiben den Beratungsprozess in den vier Phasen: Problemartikulation, Analyse der Problemstruktur, Erweiterung der Handlungskompetenz und Veränderung der äußeren Problemstruktur. William/Roethlisberger definieren die Tätigkeit des/der BeraterIn zudem wie folgt:

> ... listen – don't talk; don't arque; don't give advice; listen to what he wants to say, what he does not want to say and what he cannot say without help and what is expected of him (...) above all try to understand him from his and not from your own point of view (...) and finally help him to make his own personal decisions – do not make them for him. Don't listen passively; listen proactively; listen for the implied as well as for the expressed feelings. Develope your third ear (Willke 1996, S. 273; vgl. William/Roethlisberger 1966).

Im Zusammenhang mit Mobbingproblematiken ist es zudem bedeutungsvoll, relevante Informationen zu vermitteln. Dies kann bedeuten, über Ursachen, Verlauf und Folgen Informationsmaterial zugänglich zu machen und Adressen für weitere medizinische, therapeutische und juristische Hilfestellungen oder Selbsthilfegruppen zu vermitteln.

8.2.4.9 Tipps für BeraterInnen im Einzelsetting

- Schulen Sie sich in Bezug auf das Phänomen Mobbing und seine Dynamik. Es weist einige spezifische Aspekte auf, die in der Beratung berücksichtigt werden sollen.
- Bevor Sie in Mobbing eingreifen, sollten Sie versuchen, das Phänomen zu begreifen. Führen Sie eine entsprechende Analyse durch, die strukturelle (Organigramm) und pesonenbezogene (Soziogramm mittels persönlicher Einschätzung) Aspekte miteinbezieht.
- Arbeiten Sie zuerst an der Stabilisierung des psychischen Gleichgewichtes, bevor Sie zu Problemlösungsinterventionen übergehen. Setzen Sie vermehrt Methoden ein, die eine (Selbstwert-)Stabilisation ermöglichen.
- Legen Sie ein besonderes Augenmerk auf die Einschätzung der psychi-

schen Stabilität der Beteiligten, da lang andauerndes Mobbingerleben zu massiven psychischen und physischen Problematiken führt.
- Speziell am Beginn sollten Sie ressourcenorientiert arbeiten.
- Vermitteln Sie professionelle Entspannungsmethoden.
- Mobbing ist ein Phänomen, das viele Lebensaspekte betrifft. Arbeiten Sie mit interdisziplinären Konzepten und beziehen Sie andere Professionen mit ein, falls notwendig.
- Beachten Sie die gesundheitlichen Aspekte und verweisen Sie auf medizinische Unterstützung, falls notwendig.
- Beachten Sie die rechtlichen Aspekte der Problematik und verweisen Sie auf eine allfällige juristische Abklärung der individuellen Möglichkeiten.
- Verdeutlichen Sie die Möglichkeiten und Grenzen rechtlicher Schritte (Recht vs. Gerechtigkeit).
- Seien Sie flexibel in der Terminsetzung.
- Beziehen Sie das Sozialsystem auf Wunsch des Kunden/der Kundin ein.
- Stärken Sie die Schutz- und Gegenwehrmechanismen der Betroffenen.
- Berücksichtigen Sie die Gruppendynamik bei der Interventionsplanung.
- Übermitteln Sie Informationen über Hilfsstellen und Selbsthilfegruppen zum Phänomen Mobbing.
- Regen Sie die Führung eines Mobbingtagebuches an.

8.2.5 Organisationsentwicklung und -beratung

„Organisationsentwicklung ist ein interdisziplinäres, wissenschaftlich fundiertes und handlungsorientiertes Konzept, mit dem Veränderungsprozesse in Organisationen initiiert, gesteuert und evaluiert werden" (Seewald 1988). Die Funktion des/der OrganisationsentwicklerIn besteht darin, die geeigneten Rahmenbedingungen mittels der ihm/ihr zur Verfügung stehenden Methoden so zu gestalten, dass die MitarbeiterInnen der Organisation zu ihren eigenen BeraterInnen werden, um ihre Ziele mit dem größtmöglichen Erfolg umsetzen zu können. Dementsprechend gibt der/die OrganisationsentwicklerIn keine Lösungen bei Problemen, sondern er/sie hilft bei der Lösung von Problemen.

> Organisationsentwicklung hat über den konkreten Anlaß und die explizit formulierten Veränderungsziele hinaus den Anspruch, die Problemlösungsfähigkeiten und Entwicklungsmöglichkeiten der Beteiligten auch für künftige Herausforderungen zu steigern (Baumgarten 1996, S. 23).

Die Organisationsentwicklung bezieht alle Teilsysteme einer Organisation ein. Als wesentliche Subsysteme sind hierbei das politische Steuerungssystem, das ökonomische Steuerungssystem, das soziale System, das technische System und das Produkt-Markt-System zu nennen. Mobbing wird im vorliegenden

Buch als multifaktorielles Problem angesehen. Dementsprechend stellt die Methode der Organisationsentwicklung und -beratung einen effizienten Ansatz dar, alle mobbingbegünstigenden Faktoren zu evaluieren und zu verändern. „Im Rahmen der Organisationspsychologie ist darauf zu achten, daß mit Hilfe der Organisationsentwicklung Strukturen geschaffen werden, die aggressives Potential nicht fördern, sondern bearbeitbar und damit abbaubar machen" (vgl. Ardelt/Buchner/Gattinger 1993, S. 28). Hierbei umfasst eine Organisationsentwicklung mehrere Phasen. Es wird eine Problembeschreibung erstellt.

> Der systemische Ansatz der Organisationsberatung geht davon aus, daß auch problematische Muster in einer Organisation ihren Sinn für das System haben. Er definiert Mobbing nicht in erster Linie als dysfunktionalen sozialen Konflikt, sondern geht davon aus, daß der erste Schritt die Analyse der Interaktion sein soll (vgl. Ardelt/Buchner/Gattinger 1993, S. 28).

Aufgrund der erfolgten Problemanalyse wird eine Datensammlung erstellt, die zu einer Organisationsdiagnose führt. Diese wird an die Betroffenen rückgemeldet. Ziel ist es, ein Problembewusstsein bei den Betroffenen zu erwirken, um sie aktiv an einer Veränderung beteiligen zu können. Wichtig ist hierbei, dass Führungskräfte aller Entscheidungsebenen miteingebunden sind und auch die MitarbeiterInnen zur Teilnahme motiviert sein sollten. Dies stellt die beste Voraussetzung für die erfolgreiche Umsetzung von innerbetrieblichen Strukturveränderungen dar. Wichtiger Bestandteil ist die Bearbeitung sachlicher, persönlicher und zwischenmenschlicher Konflikte und die Entwicklung neuer Erkenntnisse, Einstellungs- und Verhaltensweisen. Die Methode der Organisationsentwicklung kann dementsprechend sowohl präventiv als auch als Interventionsverfahren gegen Mobbing angewandt werden. Innerhalb der Organisationsentwicklung erfolgt nach durchgeführter Erprobung der entwickelten und umgesetzten Veränderungen eine abschließende Evaluierung der gesetzten Maßnahmen.

8.2.6 Schlichtungsverfahren

Als eine Möglichkeit der Intervention ist die Schlichtung zwischen den KontrahentInnen durch eine Vertrauensstelle zu erwähnen. Hierbei ist das Ziel, einen für alle tragbaren Kompromiss zu finden. Die Vertrauensperson sollte vorerst die Moderation übernehmen und die eigentliche Kompromissfindung den Konfliktparteien überlassen. Wichtig ist jedoch, dass sie eine Schutzfunktion für diejenigen übernimmt, die sich bereits in einer deutlich schwächeren Position befinden, um eine gleichberechtigte Konfliktlösung zu fördern. Vorrangig ist der Schutz der Betroffenen und eine genaue Ursachenanalyse des Problems. „Gelingt eine Schlichtung nicht, gibt die Vertrauensstelle eine Empfehlung an den Vorgesetzten und die Personalabteilung, welche um die Versetzung des Betroffenen bzw. die Kündigung des Belästigten nachsucht" (Prosch 1995, S. 132). Diese Form der Konfliktaustragung ist immer dann angebracht, wenn keine Chance auf eine einvernehmliche Einigung mehr besteht. Leymann (1993) beschreibt hierzu ein Beispiel aus Großbritannien. Bei einem Eintritt in die Firma muss man eine Klausel unterschreiben, die folgende Konfliktregelung vorschreibt: Falls ein Konflikt selbst nicht durch die Konfliktparteien lösbar ist, so sind die Konfliktparteien verpflichtet, den Vorgesetzten zu verständigen. Dieser soll dann zur Schlichtung herangezogen werden. Falls er selbst in den Konflikt involviert ist, soll der nächste Vorgesetzte einbezogen werden. Nach der Anhörung der Konfliktparteien entwirft der Vorgesetzte einen Kompromissvorschlag, der von den KontrahentInnen angenommen oder abgelehnt werden kann. Kommt es auf dieser Ebene zu keiner einvernehmlichen Lösung, so hat der nächsthöhere Vorgesetzte sich die Konfliktparteien anzuhören und ohne Schlichtung für eine der beiden Parteien zu hundert Prozent zu entscheiden. „Den Auskünften des Betriebes zufolge hat noch nie jemand einen Streit bis zu dieser Ebene durchgefochten. Das Risiko zu verlieren ist einfach zu groß" (S. 153). Problematisch ist in diesem Zusammenhang, dass durch diese Konfliktregelung keine Lösung im wirklichen Sinn erfolgt und sich die Konflikte auf andere Ebenen und subtilere Formen von Mobbing verlagern können. Darüber hinaus besteht die Gefahr, dass sich die Konfliktparteien nicht mehr für den Konflikt verantwortlich fühlen und jegliche Verantwortung auf Dritte abwälzen.

> Machteingriffe haben an sich keinerlei kurative Wirkung. Sie bestehen in der Hauptsache in der akuten Konfliktbeherrschung bzw. Konfliktreduktion. Präventivwirkung ist nur gegeben, insofern die Drittpartei die Situation weiter unter Kontrolle behält (Glasl 1992, S. 396).

8.2.7 Freisetzung („Outplacement")

> Unter *Outplacement* versteht man die Sicherstellung einer einvernehmlichen Trennung zwischen dem Betrieb und einem/einer MitarbeiterIn durch Einschaltung eines/einer externen BeraterIn, welcher die betreffende Person bei der Suche nach einer neuen Tätigkeit außerhalb des Betriebes unterstützt (Rundstedt 1994, S. 458).

Die betriebliche Praxis dieser Methode ist jedoch gering oder bezieht meistens nur Führungskräfte mit ein, da die Hinzuziehung eines/einer externen BeraterIn einen Kostenfaktor für den Betrieb darstellt.

Outplacement wird dann angewendet, wenn ein/eine MitarbeiterIn den Betrieb verlassen will, da er/sie sich nach den Mobbingereignissen nicht mehr vorstellen kann, im Betrieb zu bleiben. Für die Betroffenen ist dies sinnvoll, da sie Unterstützung in einer für sie krisenhaften Situation erhalten. Aber auch für den/die TäterIn stellt das Outplacement eine sinnvolle Methode dar, wenn dies eine Aufarbeitung des Mobbinggeschehens impliziert und damit die Möglichkeit für verändertes Verhalten schafft. Die Funktion des/der externen BetreuerIn umfasst die psychologische Betreuung derjenigen, die den Betrieb verlassen, die Ermittlung von Eigenkompetenzen, beruflichen Zielvorstellungen und beruflichen Stärken und Schwächen, die Auswertung relevanter Arbeitsangebote und die Unterstützung bei der Stellensuche, sowie die Verbesserung der Präsentations- und Kommunikationsfähigkeiten (Prosch 1995, S. 133; vgl. Walz 1978).

Mittels externer Beratung sollen die Betreffenden ihre Eigenkompetenzen erkennen und einsetzen lernen und eine neue Arbeitsstelle finden. Zumeist ist diese Methode mit einer geringeren Abfindungszahlung für die Betreffenden verbunden, da der Betrieb die Kosten für die externe Beratung übernimmt. Nützlich ist sie vor allem für die Betroffenen, weil sie in der kritischen Phase nach einem Mobbingprozess professionelle Hilfe bekommen. Darüber hinaus wird die Phase der Arbeitslosigkeit umgangen, da das Arbeitsverhältnis erst dann beendet wird, wenn ein neuer Arbeitsplatz gefunden ist.

9 Mobbingprävention

Prävention gegen Mobbing bedeutet, Maßnahmen zu setzen, die zeitlich weit vor dem Konflikt liegen, so dass dieser erst gar nicht ausbricht oder in konstruktive Bahnen gelenkt werden kann. Dementsprechend liegt ein Schwergewicht von Präventionsmaßnahmen darauf, die betrieblichen Rahmenbedingungen so zu gestalten, dass mobbingbegünstigende Faktoren reduziert werden. Die im Folgenden angeführten Präventionsmaßnahmen sollen als Anregung dienen. Sie stellen kein Patentrezept dar, da Mobbingprävention und Intervention immer auf die jeweiligen Gegebenheiten des Betriebes abgestimmt werden muss.

9.1 Individuelle Prävention

Konflikte sind Teil unseres Lebens, sie können uns in unserer Entwicklung voranbringen und uns bereichern und uns somit Chancen für Weiterentwicklung und Lernprozesse bieten. Bei einem konstruktiven Umgang haben Konflikte einen verbindenden und vertiefenden Charakter, sie können jedoch auch unsere Entwicklung hemmen und uns in psychische, physische und soziale Nöte bringen. Berkel (1984) spricht aus diesem Grund Konflikten einen „grundsätzlich ambivalenten Charakter" zu. „Er kann sich, wenn die Konfliktmechanismen ungehindert wuchern dürfen, destruktiv und pathogen, er kann sich aber auch, wenn die Beteiligten sich seiner Herausforderung bewußt stellen, konstruktiv und emanzipatorisch auswirken" (S. 28). Für das Individuum bedeutet dies, dass Konflikte nicht per se verhindert werden können. Wohl aber kann die Fähigkeit, mit ihnen umzugehen und sie zu bewältigen, geschult werden. Schwarz (1990) spricht in diesem Zusammenhang von der Notwendigkeit einer Stärkung der Konfliktmanagement-Fähigkeiten und einer Steigerung der Ambiguitätstoleranz (siehe 6.1.2).

Darüber hinaus bedarf es einer Reflexion eigener Anteile am Konflikt, da unser Konfliktumgang nicht nur von den uns umgebenden Faktoren und Akteuren abhängt, sondern zu einem großen Teil auch von uns selbst, unserer aktuellen Agitation, unseren Erfahrungen und unserer Konfliktsozialisation.

> So gesehen können Auseinandersetzungen am Arbeitsplatz, Rivalitäten, Neid, Eifersucht und Mißgunst als unbewußte Wiederholung oder Fortsetzung entsprechender Konflikte und mit ihnen verbundener Gefühle in der Herkunftsfamilie verstanden werden (Hesse/Schrader 1995, S. 133).

Zudem haben die Konfliktmodelle, die wir in unserer Kindheit wahrgenommen und internalisiert haben, eine wichtige Rolle für die aktuelle Austragung von Konflikten. Wichtig ist bei einem beginnenden Konflikt die Innenschau nach den eigenen Anteilen eines Konfliktes und seiner Herkunft. Die Erkenntnis, dass man am Arbeitsplatz mit ähnlichen Konflikten konfrontiert ist oder eine ähnliche Rolle im Konflikt einnimmt, wie man das auch schon in der Kindheit getan hat, löst zumeist erstaunliche Aha-Effekte bei den Beteiligten aus. Dementsprechend sollte bei einem beginnenden Konflikt zuerst einmal versucht werden, alle möglichen Ursachen des Konfliktes zu ergründen.

Wichtig ist außerdem, dass der Konflikt offen und ehrlich angesprochen wird. Er muss auf der Ebene und mit der Person ausgetragen werden, auf der und mit der er ursächlich entstanden ist. Hierfür bedarf es eines positiven Konfliktverständnisses, das die produktive und alltägliche Dimension von Konflikten impliziert.

> Puritanistische moralische Vorwürfe sind fehl am Platz, wenn Menschen von einer Zusammenarbeit profitieren, die aus einem steten Fluß von Kooperation, Streit, Versöhnung und wieder Kooperation besteht. Was es zu verhindern gilt, sind die unkontrollierten Feindseligkeiten, die nur noch destruktivem Handeln Vorschub leisten. Eskalationen, die sich zu Vergeltung, Rache, Haß und Dauerfehde versteigen, muß Einhalt geboten werden" (Leymann 1993, S. 155).

Eskalationen kommen zumeist aufgrund von Konfliktverlagerungen zustande. Ist der Prozess so weit fortgeschritten, dass er für einen selbst nicht mehr überschaubar ist und das Handeln in alternativer Form verhindert, sollte man Hilfsangebote in Anspruch nehmen, um eine Klärung herbeizuführen. Bei einer landesweiten Untersuchung in Schweden zeigte sich, dass als beliebteste Ansprechpartner hierbei die KollegInnen, Verwandte oder FreundInnen fungieren (vgl. Leymann 1993). Besteht in keiner der angeführten Alternativen eine Möglichkeit, so kann professionelle Hilfe in Anspruch genommen werden. Die Methode der Supervision bietet sich hierbei an, jedoch stellen auch alle anderen Interventionen, die zur Klärung und Konfliktprävention dienen, einen wichtigen Ansatz dar (siehe hierzu 8.2.2).

9.2 Betriebliche Prävention

9.2.1 Gestaltung der organisatorischen Arbeitsbedingungen

Wie sich aus der Ursachenerklärung ableiten lässt, stellt die arbeitsorganisatorische Gestaltung einen wichtigen Faktor bei der Entstehung von Mobbing dar. Als Präventivmaßnahmen gelten dementsprechend die transparente Gestaltung der Arbeitsorganisation, die Gestaltung flexibler Arbeitsplätze, die auf das Leistungsniveau der MitarbeiterInnen abgestimmt sind, und die Schaffung von günstigen Umgebungsbedingungen.

9.2.1.1 Transparenz der Arbeitsorganisation

Um eine transparente Arbeitsplatzorganisation zu gewährleisten, sollten Arbeitsplatz- und Tätigkeitsbeschreibungen innerhalb des Betriebs ausformuliert werden. Hierin ist die detaillierte Beschreibung der Aufgabenbereiche, Anforderungen, Kompetenzen und Tätigkeitsanweisungen wichtig. So werden die innerbetrieblichen Beziehungen durch die schriftliche Abmachung geregelt und Missverständnissen, Rollenkonflikten und Überschneidungen vorgebeugt. Transparenz sollte darüber hinaus auch für betriebliche Bereichs- und Gesamtziele hergestellt werden, um Ziel- und Rollenkonflikten und mangelnder Motivation vorzubeugen.

9.2.1.2 Verminderung von längerfristiger Über- und Unterforderung

Die Verminderung von längerfristigen Über- und Unterforderungen stellt eine wesentliche Präventivmaßnahme bei Mobbing dar. Zur Überbelastung kommt es zumeist durch einen chronischen Personalmangel wie auch durch den falschen Einsatz von MitarbeiterInnen. Dies kann zu enormen innerbetrieblichen Stressfaktoren führen und leicht in Mobbing eskalieren. Eine längerfristige Unterforderung entsteht, wenn die MitarbeiterInnen weit unter ihren individuellen Qualifikationen eingesetzt sind. Darüber hinaus tragen monoton gestaltete Arbeitsplätze, bei denen der Sinngehalt der Arbeit verloren geht, zu einer Unterforderung der ArbeitnehmerInnen bei. Leymann verdeutlicht, dass es an diesen Arbeitsplätzen in vielen Fällen zu *Langeweile-Mobbing* kommen kann. „Um seinen Geist überhaupt zu beschäftigen, nimmt man sich einen Kollegen vor, mit dem man seinen Spaß treibt“ (1993, S. 136). Um diesen Tendenzen entgegenzuwirken, bedarf es einer Arbeitsplatzgestaltung, bei der die ArbeitnehmerInnen breite Berufserfahrung sammeln können, in der ihre individuelle Lernfähigkeit gefördert wird und eigenständiges und kreatives Handeln möglich ist. Eine besondere Bedeutung kommt in diesem Zusammenhang der Einführung von Team- und Gruppenarbeiten zu. Sie sollen zu einer stärkeren Identifizierung der MitarbeiterInnen mit den betrieblichen Zielen und Ergebnissen, zu einem besseren Verständnis für betriebliche Entscheidungen und Veränderungen und zu einem verbesserten innerbetrieblichen Informationsfluss beitragen. Gruppenarbeiten dienen der Reduktion von Kommunikationsverzerrungen und fördern die Kreativität, Toleranz und Fairness der MitarbeiterInnen (vgl. Wunderer 1980).

Bedeutend für die Entstehung von Mobbing sind darüber hinaus personelle Veränderungen. Zapf und Wart zeigen auf, „daß Mobbing häufig dann auftritt, wenn es zu personellen Veränderungen in einer Arbeitsgruppe kommt, sei es, daß die gemobbte Person selber neu in die Arbeitsgruppe kommt, oder sei es, daß ein neuer Vorgesetzter eingestellt wird“ (1997, S. 22). Eine effiziente Einstell- und Einführungspolitik hat hierbei präventiven Charakter. Es sollte sowohl die fachliche als auch die soziale Kompetenz der BewerberInnen überprüft werden. Durch eine fachliche Abklärung, ob die Anforderungen des Arbeitsplatzes mit den individuellen Qualifikationen übereinstimmen, sollen Unter- oder Überforderungen von vornherein ausgeschlossen werden. Wichtige Bereiche sind darüber hinaus die der Kollegialität, der Fähigkeit zur Teamarbeit, der Konflikt- und Kommunikationsfähigkeit und die Einordnungsfähigkeit in die Arbeitsgruppe. Ist der/die richtige MitarbeiterIn gefunden, so ist es weiters sinnvoll, ihm/ihr eine/n PartnerIn zuzuteilen, der/die für die optimale Einführung des/der neuen MitarbeiterIn in die Arbeitsgruppe sorgt. Ein/eine solcher *PartnerIn* sollte schon längere Zeit in der Firma beschäftigt sein und die Gebräuche derselben gut kennen. Für den Neuankömmling hat er/sie die Aufgabe, als AnsprechpartnerIn zu fungieren und etwaige auftretende Probleme zu lösen. Als nützlich haben sich bei der Einarbeitung von neuen MitarbeiterInnen auch Begrüßungsunterlagen, in denen allgemeine Informationen über den Betrieb vermittelt werden, sowie Einarbeitungspläne, die jedoch von Zeit zu Zeit an die veränderten betrieblichen Bedingungen angepasst werden müssen, erwiesen.

9.2.1.3 Gesundheitszirkel

Nach der Satzung der Weltgesundheitsorganisation ist Gesundheit allgemein der Zustand völligen körperlich, seelischen und sozialen Wohlbefindens (vgl. Brockhaus 1984). Eine grundlegende Bedingung für Gesundheit ist nach Antonovsky ein positives Bild der eigenen Handlungsfähigkeit, die von dem Gefühl der Bewältigbarkeit von externen und internen Lebensbedingungen, der Gewissheit der Selbststeuerungsfähigkeit und der Gestaltbarkeit der Lebensbedingungen getragen ist (vgl. 1987; Keupp 1995, S. 21).

Probleme und Konflikte stellen unterschiedliche Anforderungen an den/die Einzelne/n, ob er/sie das Problem jedoch als Herausforderung oder Überforderung sieht, hängt nicht nur von seinen/ihren individuellen Ressourcen ab.

> Ob einer ein *dickes Fell* oder eine *dünne Haut* hat, kann mit der Biographie des Einzelnen zu tun haben; wie er Ereignisse einschätzt, ob positiv oder negativ, spielt eine wichtige Rolle. Doch zur aktiven autonomen Fähigkeit eines jeden, sich in den verschiedensten Beziehungen zu behaupten, gehören sicher auch die kollektiven Vorgaben, die diese Fähigkeit zulassen (Moebius 1988, S. 39).

Insgesamt sind drei Komponenten für das individuelle Wohlbefinden am Arbeitsplatz von besonderer Bedeutung. Zum einen ist die soziale Unterstützung von KollegInnen ein wichtiger Faktor für die psychische und physische Gesundheit. Befriedigende soziale Beziehungen stellen einen *Puffer* gegen Arbeitsstress dar und wirken sich mindernd auf das Erkrankungsrisiko aus. Unbefriedigende soziale Beziehungen können, wie im Fall von Mobbing, zu einem pathologischen Stressor werden. Zum anderen stellt das Ausmaß an Entscheidungs- und Mitbestimmungsmöglichkeiten am Arbeitsplatz einen wesentlichen gesundheitsrelevanten Faktor dar. Darüber hinaus sind stressmindernde Arbeitsbedingungen maßgeblich davon bestimmt, wie sich die innerbetrieblichen Umgebungsfaktoren Lärm, Temperatur, Schmutz und Arbeitsstoffe gestalten. Zudem spielt der Faktor der Unfallgefahr eine wesentliche Rolle. Stresssituationen, die sich aus den Umgebungsbedingungen ableiten, können durch eine Konfliktverlagerung zu Mobbing führen und sollten im größtmöglichen Ausmaß minimiert werden.

Ein zentraler Gedanke der Gesundheitsförderung ist dementsprechend die Verminderung destruktiver umweltbedingter Stressfaktoren wie Lärm und Schmutz, die Förderung innerbetrieblicher sozialer Kontakte und die Erweiterung des individuellen Handlungsspielraumes als Voraussetzung für psychische, physische und emotionelle Gesundheit. Gesundheitszirkel können hierbei eine elementare Aufgabe erfüllen. Wichtig ist, dass sie praxisbezogen und mitarbeiterInnenorientiert gestaltet sind. Volkswagen Wolfsburg hat zum Beispiel einen Gesundheitszirkel zum Thema Stress initiiert. „In diesen Gesprächskreisen diskutierten Meister unter der Anleitung von Psychologen offen über ihre täglichen Belastungen am Arbeitsplatz und erarbeiteten Vorschläge zum Streßabbau“ (Ruess 1991, S. 59). Der Vorteil einer solchen Herangehensweise liegt darin, dass die MitarbeiterInnen selbst aktiv werden und ihre Situation verändern.

Gesundheitszirkel können sowohl punktuell, bei auftretenden Problemen, als auch als allgemein gesundheitsfördernde Maßnahme eingeführt werden. Die Variationsbreite von betrieblichen Maßnahmen ist sehr groß. Beispielhaft angeführt seien hier firmeneigene Kureinrichtungen und Erholungsheime, Sport- und Freizeitgruppen, Rehabilitationszentren oder auch betriebliche Sucht- und KrisenberaterInnen. Institutionalisierte Beschwerdestellen sollten allen MitarbeiterInnen offen stehen und anonyme Beschwerdebriefkästen installiert werden. Wesentlich bei diesen Installationen ist jedoch auch, dass auf Kritik eingegangen wird und sichtbare Veränderungen in Angriff genommen werden. Für den Bereich Mobbing sind im Rahmen von Gesundheitszirkeln Schulungen und Seminare, die für das Thema sensibilisieren, denkbar und notwendig. Artikel zum Thema könnten in der Betriebszeitung veröffentlicht werden. Anonyme Betriebsbefragungen könnten zum Thema durchgeführt werden, um die Situation einschätzbar zu machen. Spezifisch geschulte innerbetriebliche AnsprechpartnerInnen in der Personalabteilung und im Betriebsrat sollten etabliert und Betriebsvereinbarungen ausgehandelt werden. Falls sich der Konflikt zu sehr ausgebreitet hat, kann es darüber hinaus sinnvoll sein, auf eine externe Mobbingberatung zurückzugreifen.

Wichtig ist, dass präventive gesundheitspsychologische Interventionen den Zusammenhang zwischen kurzfristigen Erleichterungsstrategien und deren längerfristigen gesundheitlichen Schädigungen vermitteln. Es ist gerade für Mobbing bezeichnend, dass den enormen Belastungen und dem Mangel an Ausweg- und Handlungsalternativen durch übermäßigen Gebrauch von Alkohol, Zigaretten, mangelnden Schlaf, übermäßige Nahrungsaufnahme und Medikamentenmissbrauch begegnet wird. „Für die Prävention muß also u. a. durch das Aufzeigen und Trainieren alternativer Verhaltensmöglichkeiten das Gefühl der Kontrolle über den eigenen Gesundheitszustand bzw. die Eigenverantwortung gestärkt werden“ (Lütjen/Frey 1988, S. 21).

Weiters haben präventive Maßnahmen eine wichtige Funktion für die psychische Krankheitsbewältigung in einem eventuellen Mobbingprozess. Wichtig ist die genaue Schilderung der psychischen und physischen Folgeerscheinungen von Mobbing. Dies hat nicht nur die Funktion, etwaigen MobbingtäterInnen die Folgen ihres Handelns zu veranschaulichen, es ist auch aus der Sicht der Betroffenen wichtig, um das Gefühl der Kontrolle über den Genesungsprozess zu verstärken. Unerlässlich ist hierbei jedoch das Aufzeigen von Handlungsalternativen. Zudem muss dieser Prozess immer auf die individuellen psychischen Befindlichkeiten und subjektiven Wahrnehmungen sowie das soziale Umfeld der Betroffenen abgestimmt sein.

9.2.2 Unterstützung produktiver sozialer Arbeitsbeziehungen

9.2.2.1 Prävention durch Supervision

Einen wichtigen Ansatz zur Psychohygiene innerhalb des Betriebes stellt die Supervision dar. Supervision ist die

> berufsbezogene Beratung, Reflexion beruflichen Handelns bzw. der damit verbundenen Probleme und Konflikte unter Anleitung einer erfahrenen Person mit dem Ziel, die personale, fachliche und soziale Kompetenz der Supervisanden zu erhöhen. Supervision hat auch eine wichtige psychohygienische Funktion, sozusagen als Anti-Burnoutmaßnahme, und damit organisationswissenschaftliche Bedeutung (Stumm/Brandl-Nebehay/Fehlinger 1996, S. 36).

Untersucht man den lateinischen Ursprung des Begriffs näher, stellt man fest, „daß *super videre* wörtlich genommen *von oben betrachtet, überblicken* heißt oder freier mit *auf die Metaebene gehen, eine Außenperspektive einnehmen* übersetzt werden kann“ (Ebbecke-Nohlen 1994, S. 39). Gerade für den Mobbingzusammenhang scheint Supervision besonders geeignet, da die Methode diejenigen Sichtweisen fördert, die am wichtigsten für das rechtzeitige Beenden eines destruktiven Konfliktverlaufes sind. Indem die Darstellung unterschiedlicher Sichtweisen ein und derselben Konfliktsituation von dem/der SupervisorIn gefördert wird, wird ein vorschnelles polarisierendes Denken verhindert. Der hierdurch bewirkte Perspektivenwechsel beeinhaltet eine große Chance, dem destruktiven Konfliktprozess ein Ende zu setzen.

9.2.2.2 Coaching

Der Begriff Coaching umfasst den Bereich der persönlichen Beratung von Führungskräften. Im Allgemeinen wird Coaching als besondere Form der Unterstützung von Management, Sozialmanagement oder dem Sich-Managen von Freiberuflern beschrieben (vgl. Schreyögg 1996, S. 17; Neubeiser 1990; Looss 1993).

> Coaching zielt zum einen auf die Steigerung beruflicher Qualifikationen, dabei vorrangig auf die Erhöhung von Management-Kompetenzen. Es dient zum anderen der Entwicklung selbstgestaltender Potentiale im Beruf. Wenn durch nicht bewältigte Situationen die Möglichkeit aktiver Gestaltung teilweise verloren ging, soll sie durch Coaching wiedergewonnen werden, und wer seinen Beruf gut bewältigt, kann durch Coaching noch mehr an Gestaltungspotentialen für sich und andere zu mobilisieren suchen (Schreyögg 1996, S. 147).

Die zunehmende Globalisierung industrieller Märkte führt zu einer Steigerung der Anforderung an die Organisation und ihre Führungskräfte. Stabilen und überschaubaren Orientierungsmustern weichen neue, flexible Kommunikationsstrukturen. Zudem kommt es zu einer immer stärkeren Verkürzung von Handlungszeiträumen. „Das Tempo von Innovationen nimmt zu. Zeit wird zugleich als Zwang erlebt. Die Furcht, Chancen zu verpassen, ist allgegenwärtig" (Busch 1992, S. 32). Der Wettbewerb unter den einzelnen Unternehmen wird aufgrund des erleichterten Wissenszuganges immer größer. Nicht zuletzt führt die zunehmende Arbeitsplatzknappheit zu einer Steigerung der Konkurrenz um die wenigen Tätigkeitsmöglichkeiten. Aufgrund dieser marktwirtschaftlichen Veränderungen bildet Coaching einen immer gewichtigeren Unterstützungsfaktor für Führungskräfte. Althergebrachtes autoritäres Führungsverhalten weicht immer mehr dem Verständnis von Führung als Schaffung von Rahmenbedingungen, die es den MitarbeiterInnen ermöglicht, ihre Aufgaben selbständig und effizient zu erfüllen. Nur so kann das Wissenspotential der einzelnen MitarbeiterInnen optimal genutzt werden. Coaching soll die Führungskräfte in ihrer Aufgabe, die bestmöglichen Rahmenbedingungen für die betrieblichen Abläufe zu schaffen, unterstützen.

> Zentrales Anliegen des Coachings ist es, den lebendigen Kontakt des/der Gecoachten zu allen im Beziehungsnetz Beteiligten einzuleiten, Auseinandersetzungen anzuregen und zu unterstützen. Es geht um ein dialogisches Entwickeln und Erreichen konkreter Ziele bei

> größtmöglicher Selbständigkeit und Selbstverantwortung in einem konstruktiven Klima (Kälin 1995, S. 123).

Coaching wird sowohl durch externe BeraterInnen, die die Führungskräfte als *neutrale, außen stehende BeraterInnen* begleiten, als auch durch betriebsinterne BeraterInnen durchgeführt. Hierbei lässt sich zwischen dem Fachcoaching, das der besseren Bewältigung der Sachaufgaben dient, und dem Sozialchoaching, das auf eine Verbesserung des betrieblichen Klimas abzielt, unterscheiden. Das betriebsinterne Coaching stellt einen Aspekt von Führung dar, wobei der Vorgesetzte seinen MitarbeiterInnen Unterstützung bei der Bewältigung ihrer Arbeiten anbietet. Diese Form des Coachings ist jedoch nur dann möglich, wenn eine Vertrauensbasis zwischen der Führungskraft und seinen/ihren MitarbeiterInnen besteht. Führung kann in diesem Zusammenhang nicht im traditionellen Sinn verstanden werden, sondern mehr in ihrer Mentorfunktion, als Beitrag, die Potentiale der MitarbeiterInnen zu fördern und ein gutes Klima zu verwirklichen. Wichtig ist eine solche Form des Coachings von MitarbeiterInnen vor allem bei personellen Neueinstiegen, da diese ein besonderes Konfliktpotential darstellen und leicht zu Mobbing führen können.

> Das soziale *Coaching* des Chefs muß schon bei den Neueingestellten anfangen. Er oder sie muß ihn oder sie mit der Gruppe bekanntmachen, damit er oder sie gut aufgenommen wird. Geschieht das nicht, dann stellen sich Produktionsprobleme ein. Der Chef überläßt es somit dem Zufall, d. h. einem unvorhergesehenen gruppendynamischen Hin und Her, wie die/der Neue integriert wird. Er verschenkt die Möglichkeit der sozialen Einflußnahme (Leymann 1993, S. 138).

Coaching ist zudem bei Rollenveränderungen innerhalb des Betriebes als Präventivmaßnahme gegen Mobbing wichtig. Die Literatur zu Mobbing weist hierbei immer wieder Fälle auf, in denen Mobbingprozesse durch innerbetriebliche Rollenveränderungen in Gang gesetzt wurden. Wird der/die KollegIn zum Vorgesetzten, entstehen Irritationen im Umgang mit diesem/dieser. Neid und Missgunst können auftreten. Thomas (1993) verweist auf das Beispiel einer jungen Büroangestellten, die sich um den frei gewordenen Posten einer Gruppenleiterin bewarb. Sie hatte sich durch Fortbildungsveranstaltungen in ihrer Freizeit die hierfür nötigen Qualifikationen angeeignet. Dies rief Neid und Missgunst bei ihren Kolleginnen hervor, die länger im Betrieb waren. Diese hatten jedoch selbst nicht die nötigen Qualifikationen für die freigewordene Position.

> Nach und nach steckten sie noch mehr die Köpfe zusammen als sonst. Die bissigen Kommentare nahmen zu: Fragen Sie doch unsere zukünftige Chefin. Dort drüben sitzt die Schlaue. Wir sind zwar schon länger hier, aber dafür sind wir nicht mehr so frisch. (…) Die lieben Kolleginnen redeten sich die Köpfe heiß. Getrieben von Neid und Mißgunst, zogen sie die Fäden der Intrigen. Im gesamten Betrieb war vom Verhältnis des Hauptabteilungsleiters mit der neuen Gruppenleiterin die Rede. Niemand wußte eigentlich so richtig, woher das Gerücht stammte (S. 66).

9.2.2.3 Führungskräftetraining

Das Führungskräftetraining bezieht sich auf die Mitglieder der Führungsetage eines Betriebes und hat zum Ziel, deren fachliche und soziale Kompetenz zu stärken. Dies gewinnt umso mehr Bedeutung, als sich die Anforderungen an Führungskräfte in den letzten Jahren maßgeblich verändert haben. Interdisziplinäres Arbeiten ist notwendige Voraussetzung, um wettbewerbsfähig zu bleiben. Dementsprechend verändert sich Führung zunehmend zur Koordination von SpezialistInnen (vgl. Rosenstiel 1991; Domsch/Regnet 1990). Hierdurch steigen die Anforderungen an die Führungskräfte, Integrationsaufgaben zu übernehmen und Konflikte konstruktiv zu bewältigen (vgl. Berkel 1991; Regnet 1992). Für Luthans (1985) macht dementsprechend der Umgang mit Konflikten den Kern moderner Führung aus. Auch Krüger (1972) beschreibt die Steuerung von Konflikten als wesentliche Führungsaufgabe. Führung heißt dementsprechend auch, „Konflikte frühzeitig zu erkennen, ihre Ursachen zu analysieren und zu prüfen, welche Art der Konflikthandhabung die größte Effizienz verspricht, um allen Beteiligten gerecht zu werden und weiterwirkende Ressentiments zu verhindern" (Regnet 1992, S. 75). Dies bedeutet jedoch nicht, dass die Führungskraft die Probleme selbst zu lösen hat, ihre Aufgabe ist es, den Problemlöseprozess zu initiieren und zu steuern.

Um dies zu gewährleisten, bedarf es einer gezielten Schulung, die die Konfliktlösungskompetenzen nicht außer Acht lässt, da Vorgesetzte aufgrund der zunehmenden Veränderungsprozesse und der hierdurch neuen Anforderungen an die Führung unter einem immensen Druck stehen. „Jeder fünfte Manager leidet unter seinem Beruf, ergab eine Untersuchung des Karlsruher Institutes für Arbeits- und Sozialhygiene" (Franz 1996, S. 1). Typische Führungsängste sind die Angst, neuen Technologien hilflos gegenüberzustehen, folgenschwere Entscheidungen zu treffen, in innerbetrieblichen Machtkämpfen zu unterliegen, und die Angst vor schwierigen MitarbeiterInnen. Können die Ängste aufgrund mangelnder Bewältigungsressourcen und organisatorischer Rahmenbedingungen nicht adäquat verarbeitet werden, kommt es zu Verhaltensformen, die das gesamte Betriebsklima negativ beeinflussen. Das Bedürfnis nach sozialer Integration kann hierbei eine negative Konfliktentwicklung noch verstärken.

> The situation gets far more dangerous if the manager of one of these hierarchies wants to be part of the social setting. If the supervisor, instead of sorting out the problem, is actively taking part, group dynamically, in the harassment, he or she also has to choose sides. As we have seen in very many cases, this stirs up the situation and makes it worse (Leymann 1996, S. 178).

Die Fuhrungskraft kann ihren Koordinationsaufgaben und der damit verbundenen Konfliktlösungsanforderung nicht gerecht werden. So kann Führungsverhalten selbst zum Anlass von schlechtem Betriebsklima werden, wenn

Arroganz, Feindseligkeiten, abweisende Verhaltensweisen, übermäßige und unangebrachte Kritik als Ventil für Überforderung und mangelnde Konfliktlösungskompetenz fungieren. Aber auch der Rückzug auf einen autoritären Führungsstil in Ermangelung fachlicher und sozialer Kompetenzen kann die Folge sein. Gerade ein autoritärer Führungsstil verschlechtert jedoch das Betriebsklima maßgeblich.

> Erst Untersuchungen von wirtschaftlichen Einrichtungen, die Spitzenleistungen erbringen, haben ein Bewußtsein davon entstehen lassen, daß ein kooperativer Führungsstil über partnerschaftliches Verhalten Mitarbeitern gegenüber zu partnerschaftlicher Kooperation der Mitarbeiter, einem guten Betriebsklima und hohen Leistungen führt (Volk 1995, S. 3).

Neben der Schulung der fachlichen Kompetenzen, der Steigerung der Konfliktlösekompetenzen, ist Kommunikationstraining innerhalb des Führungskräftetrainings zur Förderung der sozialen Kompetenz enorm wichtig. In diesem Zusammenhang kommt dem unteren Management eine ganz besondere Bedeutung zu, denn in der Abteilung, der kleinsten Arbeitseinheit innerhalb des Betriebes, entsteht die Arbeitsatmosphäre, in der der/die einzelne MitarbeiterIn zufrieden oder unzufrieden ist.

> Die Kommunikation dieser untersten Ebene, das tägliche miteinander Umgehen, die Informationsflüsse, Offenheit und Transparenz haben größeren Einfluß auf das Betriebsklima als die ausgefeiltesten Unternehmensgrundsätze, Führungsrichtlinien und hohe Gehälter (Faix/Laier 1991, S. 54).

Kommunikation stellt demnach eine Schlüsselqualifikation für Führungskräfte dar. Die Kommunikation muss so geführt werden, dass Emotionen Raum haben und nicht unterdrückt werden. Sie soll dazu dienen, das Selbstbewusstsein der MitarbeiterInnen zu stärken, da mangelndes Selbstbewusstsein oft hinter Selbstdarstellungskünsten und Einschüchterungstaktiken versteckt wird. Eine wichtige Rolle spielt hierbei ehrliches und adäquates Feedback. Unter Feedback versteht man eine Mitteilung von einer Person an eine Person, die diese Person darüber informiert, wie ihre Verhaltensweisen von anderen wahrgenommen, verstanden und erlebt werden. Feedback hat die Wirkung, positive Verhaltensweisen zu stützen und zu fördern, negative Verhaltensweisen, die den Betreffenden und der Gruppe nicht weiterhelfen, zu korrigieren und Beziehungen zwischen den einzelnen Personen zu klären.

9.2.2.4 Tipps für Führungskräfte, um Mobbing vorzubeugen

- Pflegen Sie einen demokratischen Führungsstil, in dem Ihre MitarbeiterInnen die Möglichkeit haben, Unmut und Unzufriedenheit offen zu artikulieren und ihre Meinung einbringen zu können.
- Regeln Sie Zuständigkeiten und Kompetenzen klar.

- Machen Sie (abteilungsinterne) Entscheidungsprozesse transparent.
- Sorgen Sie für größtmögliche Handlungs- und Entscheidungsspielräume Ihrer MitarbeiterInnen. Je geringer die intellektuelle und motivationale Tätigkeit selbst, desto größer sollte der Handlungsspielraum der Entscheidung sein, um „Langeweile-Mobbing" vorzubeugen.
- Machen Sie die Unternehmensziele transparent. Je klarer diese sind, desto höher ist die Motivation, im Sinne dieser zu arbeiten und die Kollegialität verbessert sich.
- Sorgen Sie für regelmäßige Besprechungen.
- Schulen Sie Ihre MitarbeiterInnen in ihrer Kommunikationsfähigkeit, Team- und Kooperationsfähigkeit sowie Konfliktlösungskompetenz, indem Sie Seminare und Schulungen anbieten.
- Sensibilisieren Sie die Führungskräfte und die Betriebsräte für das Thema Konflikt und Mobbing. Bieten Sie entsprechende Schulungen an.
- Etablieren Sie Personalentwicklungsinstrumente zur Prävention von Mobbing (z. B.: Einführungsprogramme für neue MitarbeiterInnen, MitarbeiterInnengespräche, Exit-Interviews usw.)
- Machen Sie deutlich, dass Mobbing im Unternehmen absolut unerwünscht und mit Sanktionen verbunden ist.
- Informieren Sie über Mobbing, Gegenstrategien und Sanktionen.
- Etablieren Sie „Verhaltensgrundsätze" in entsprechenden Unternehmensleitbildern und Betriebsvereinbarungen (siehe Anhang).
- Etablieren Sie Ansprechstellen und sichern Sie die Schulung der beauftragten Personen.
- Pflegen Sie ein Betriebsklima, das die gegenseitige Unterstützung wertschätzt.
- Etablieren Sie unterschiedliche Formen von Anerkennung.
- Beobachten Sie das soziale Geschehen regelmäßig und nehmen Sie Verhaltensänderungen einzelner MitarbeiterInnen wahr.
- Signalisieren Sie Konfliktbereitschaft, legen Sie Konflikte offen und versuchen Sie, diese lösungs- und zukunftsorientiert zu lösen.
- Achten Sie auf eine Konfliktkultur, in der sach- und inhaltsbezogen, jedoch nicht personenbezogen argumentiert wird.
- Unterbinden Sie das Verbreiten von Gerüchten, wenn die unmittelbar betroffenen Personen nicht Stellung beziehen können.
- Schreiten Sie ein, wenn Ihre MitarbeiterInnen einen Konflikt selbst nicht mehr lösen können oder unterstützen Sie diese, indem Sie externe KonfliktberaterInnen hinzuziehen.

9.2.2.5 Konfliktfähigkeitstraining

Um Mobbing schon im Vorhinein zu verhindern, ist es notwendig, die Konfliktfähigkeit aller MitarbeiterInnen und ihrer Vorgesetzten zu schulen. Ziel eines Konfliktfähigkeitstrainings ist die Fähigkeit zur kompromissvollen Konfliktaustragung und zur konstruktiven Arbeit im Team.

Um die Teamfähigkeit zu fördern, bedarf es der Schulung der sozialen Kompetenz der MitarbeiterInnen. Je höher diese bei den MitarbeiterInnen ausgeprägt sind, desto fähiger werden sie sein, konstruktiv mit sich und anderen umzugehen und Konflikte im Einvernehmen mit allen Beteiligten zu lösen. Nach Bommern (1995) umfasst soziale Kompetenz die Fähigkeit zur Selbstreflexion, zur Verantwortungs- und Hilfsbereitschaft, zur Verständnisbereitschaft, zum Einfühlungsvermögen, zur Kooperations- sowie Konfliktlösebereitschaft und zur Kommunikations- und Kritikfähigkeit. Im Rahmen von Konfliktfähigkeitstrainings sollten diese Fähigkeiten geschult werden.

Darüber hinaus lernen die TeilnehmerInnen die Ursachen von Problemen und ihre Einflussfaktoren erkennen. Die im Unternehmen bestehenden zwischenmenschlichen Konflikte werden geistig vorweggenommen, durchdacht und produktive Bewältigungsalternativen gemeinsam erarbeitet. Methodisch können im Rahmen des Konfliktfähigkeitstrainings unterschiedliche szenische Techniken angewandt werden, wobei sich das Rollenspiel besonders eignet. „Diese aktive Lernmethode zwingt Führungskräfte und deren Mitarbeiter dazu, bestimmte Problemsituationen zu beurteilen, zu handeln und ihr Verhalten anschließend zu rechtfertigen oder zu ändern" (Sohm 1995, S. 117; vgl. Korndorfer 1988). Wichtig ist gerade bei Mobbing, dass die TeilnehmerInnen den Wechsel der Perspektiven lernen. Sie sollen lernen, sich in die Rolle der Gemobbten hineinzuversetzen, die im Laufe eines Mobbingprozesses zumeist zu Unpersonen degradiert werden. Je mehr die Betroffenen zu Personen mit ihren eigenen Emotionen, Vorstellungen, Ängsten und Wünschen werden, desto leichter fällt es, sich mit ihnen zu identifizieren, und um so schwerer ist es, ihnen zu schaden. Da Mobbing immer einen ungelösten sozialen Konflikt darstellt, ist ein wichtiger Faktor zur Problemlösung die richtige Diagnose des Konflikts (siehe 6). Bommern zeigt in diesem Zusammenhang einige Fragen zur Problemanalyse von Mobbing auf (1995, S. 113):

Problemanalysefragen

- Wann trat das Problem auf? (Zeitpunkt)
- Was könnte die Ursache dafür sein? (Ursachenanalyse)
- Wo ereignete sich das Problem? (Abteilung/Bereich)
- Wer ist daran beteiligt? (Namen/Funktionen)

- Wie wird mit den Betroffenen umgegangen? (Mobbinghandlungen)
- Welche Schritte sind notwendig? (Konkrete Vorgangsweisen)
- Welche Maßnahmen müssen eingeleitet werden? (Maßnahmenliste)
- Wer ist verantwortlich für die Durchführung? (Namen/Funktionen)

Wichtig ist in diesem Zusammenhang zu erwähnen, dass beim Auftreten eines konkreten Mobbingvorfalles in der Firma die innerhalb des Konflikttrainings durchgeführte Problemanalyse bereits vertraut ist und somit Unsicherheiten im Umgang mit Konflikten und Mobbing abgebaut werden können. Von Bedeutung ist jedoch, dass bei konkreten Mobbinginterventionen eine kontinuierliche Kontrolle der Maßnahmen und die Bewertung des Erreichten durch alle Beteiligten erfolgen muss.

9.2.3 Institutionalisierung eines Problembewusstseins für Mobbing

9.2.3.1 Themenbezogene Fort- und Weiterbildungsseminare

Um Mobbing präventiv bekämpfen zu können, bedarf es eines Bewusstseins über das Problem, seine Erscheinungsformen und seine betrieblichen und individuellen Auswirkungen. Dies ist zum einen wichtig für KollegInnen, um deutliche Warnsignale auch deuten und rechtzeitig Hilfestellung geben zu können. Zum anderen hat Leymann anhand schwedischer und norwegischer Untersuchungen aufgezeigt, dass „die Einsicht bei den Angestellten über die soziale Gefährlichkeit von Mobbing die spontane Erweiterung von gelegentlichen Konflikten zu gezieltem Terror unterbinden konnte" (vgl. Leymann 1993; Prosch 1995, S. 119). Dementsprechend sollten in einer themenbezogenen Fort- und Weiterbildung Informationen über das Problem vermittelt werden. Diese Informationen sollten zudem dazu dienen, das Phänomen Mobbing von anderen, ähnlichen Spannungssituationen abzugrenzen, um einer etwaigen Überempfindlichkeit vorzubeugen. Entsprechende Schulungen sind besonders für Vertrauenspersonen, BetriebsrätInnen und PersonalvertreterInnen wichtig, damit sie Mobbingprozesse rechtzeitig erkennen und eingreifen können. Denkbar ist ein Delegiertensystem, in dem Informationen über die Betriebszeitung, Aushänge und Informationsveranstaltungen weitergeleitet werden.

9.2.3.2 Etablierung von innerbetrieblichen Mobbing-ansprechpartnerInnen und -stellen

Eine wichtige mobbingpräventive Maßnahme stellt die Etablierung von AnsprechpartnerInnen dar, die als Vertrauenspersonen fungieren. Bei der Auswahl der Vertrauenspersonen sollte darauf geachtet werden, dass sie über genügend soziale Kompetenz sowie Einfühlungsvermögen und Problemlösefähigkeit verfügt, um die Probleme der MitarbeiterInnen rechtzeitig weiterzuleiten oder lösen zu können. Aber auch Kenntnisse im Bereich Psychologie und Arbeitsrecht sowie eine ausgeprägte Kommunikations- und Dialogfähigkeit sind wichtig, um eine MittlerInnen- oder Schlichtungsfunktion einnehmen zu können (vgl. Prosch 1995). Zumindest eine der Vertrauenspersonen sollte darüber hinaus weiblichen Geschlechtes sein. Gerade bei der sexuellen Belästigung am Arbeitsplatz, die bis heute ein betriebliches Tabu darstellt, ist dies von Bedeutung. Die Vertrauensperson sollte nach einer erfolgten Meldung eines Mobbingkonfliktes die Möglichkeit haben, die Situation auf einen Handlungsbedarf hin abzuklären. Hierfür ist es notwendig, dass innerhalb des Betriebs eine betriebsspezifische Mobbingdefinition formuliert wird, die in einer speziellen Betriebsvereinbarung münden kann (siehe hierzu 9.2.3.3).

Die Institutionalisierung von speziellen Mobbinganlaufstellen kann als innerbetriebliches Frühwarnsystem funktionieren. Dies ist von Bedeutung, da Mobbingbetroffene

> oft nicht die geringste Möglichkeit haben, sich jemandem anzuvertrauen. (…) Es gibt keine *Verfahrenswege*, die zu einer Auflösung ihrer kafkaesken Situation führen; die Kanäle fehlen, um das Problem offiziell zur Sprache zu bringen (Leymann 1993, S. 151).

Wichtig ist die Etablierung von solchen Beschwerdestellen auch deshalb, weil sie konfliktpräventive Maßnahmen darstellen. Sie haben Ventilfunktion und können so verhindern, dass aufgestaute Aggressionen und Frustrationen auf Unbeteiligte abgeladen werden. Den MitarbeiterInnen sollte im Rahmen solcher den situativen betrieblichen Gegebenheiten angepassten Mobbinganlaufstellen immer sowohl anonym als auch persönlich die Möglichkeit gegeben werden, sich zu äußern.

9.2.3.3 Betriebsvereinbarungen

Eine Hilfestellung im Umgang mit Mobbing können Betriebsvereinbarungen darstellen, die im günstigsten Fall aufgrund der betrieblichen Erfahrungen mit Mobbing von den ArbeitnehmerInnen und den ArbeitgeberInnen gemeinsam erarbeitet werden sollten. Basis einer solchen Betriebsvereinbarung ist der gemeinsame Konsens. Dies ist eine Möglichkeit für alle MitarbeiterInnen, gemeinsame Regeln im Umgang mit Mobbing zu schaffen. Die ArbeitgeberInnen verpflichten sich, dass sie sich im Konfliktfall einschalten und an einer Lösung im Sinne der gemeinsam mit den ArbeitnehmerInnen ausgearbeiteten Betriebsvereinbarung arbeiten. Wichtig ist, dass formelle Konfliktlösungsverfahren wie eine Betriebsvereinbarung immer den Charakter der Erziehung zum Kompromiss beinhalten sollten.

Eine Betriebsvereinbarung zur *Mobbingabwehr* entwickelte die Deutsche-Angestellten-Gewerkschaft (DAG), Landesverband Berlin und Brandenburg, im Sommer 1994.

> Hier werden die Tarifpartner verpflichtet, gemäß der im Betriebsverfassungsgesetz verankerten Fürsorgepflicht des Arbeitgebers und des Beschwerderechtes des Arbeitnehmers Maßnahmen zur Vorbeugung, Feststellung und Behandlung von Schikanen (Mobbing) in Betrieben zu treffen (Karaciyan-Berndt 1995, S. 68).

Im Konfliktfall sollen betriebliche Beauftragte den Konflikt zu klären versuchen. Ist dies nicht möglich, soll eine unabhängige Fachperson hinzugezogen werden. Darüber hinaus ist in dieser Betriebsvereinbarung zur *Mobbingabwehr* eine Fort- und Weiterbildung der betrieblichen Beauftragten vorgesehen (siehe Anhang). Der Vorteil einer solchen Betriebsvereinbarung besteht darin, dass sie individuell auf den jeweiligen Betrieb abgestimmt werden kann und durch die Mitbeteiligung aller handlungsverstärkend wirkt.

Unbedingt enthalten sein sollte in einer Betriebsvereinbarung eine Beschreibung des Phänomens Mobbing anhand von Beispielen, der Geltungsbereich der Vereinbarung, die Bestellung von Beauftragten beiderlei Geschlechts und ein Beschwerderecht. Darüber hinaus ist die Verankerung der Vertraulichkeit erhaltener Informationen, zugesicherte Schulungen und allgemeine Maßnahmen zur Mobbingprävention und die Verpflichtung zum Handeln seitens des Arbeitgebers wichtig. Zudem sollte die Beschreibung der Vorgangsweise bei Mobbing mit beispielhafter Androhung von Folgen (z. B. Versetzung, Entlassung, Kündigung usw.) sowie Schlussbestimmungen und die Wirkungsdauer der Vereinbarung impliziert sein (siehe Anhang).

Innerhalb solcher Betriebsvereinbarungen kann auch eine Festschreibung der Betriebsphilosophie erfolgen, die jedoch nur dann effizient ist, wenn die einzelnen MitarbeiterInnen – und hier sind die Vorgesetzten besonders gefordert – diese in ihrem täglichen Handeln umsetzen. Walter (1993) fordert im Zusammenhang einer schriftlichen Festlegung der Betriebsethik:

> Darin wird von allen Mitarbeitern, Mitarbeiterinnen und Führungskräften gemeinsam beschlossen, welche Handlungen im Betriebsmiteinander *tabu* sind und wie mit Konflikten statt dessen umgegangen werden kann. (...) Es kann eine Atmosphäre der Anerkennung als Mensch und Arbeitskraft entstehen, die die Methode der gegenseitigen Respektlosigkeit, des Mißtrauens und Psychoterrors erschwert oder unmöglich macht (1993, S. 121f.).

Wesentlicher Bestandteil einer solchen Festschreibung sind die Unternehmensziele und -wege. Darüber hinaus hat eine bewusste Etablierung von Konfliktritualen eine große Bedeutung.

> Das Werteklima müßte in diesem Fall nicht nur die konstruktive Austragung von Konflikten durch offene Kommunikation und entsprechende Führung fordern, es müßten darüber hinaus spezielle Verhaltensnormen eingebaut werden, die auf ein soziales Verhalten am Arbeitsplatz abzielen (Prosch 1995, S. 122).

9.2.4 Mobbingerhebungsmethoden

9.2.4.1 MitarbeiterInnenbefragung

MitarbeiterInnenbefragungen haben sich in den Vereinigten Staaten seit Ende der 40er Jahre etabliert, um betriebliche Schwachstellen zu analysieren und zur Verbesserung des Betriebsklimas beizutragen. Als solches haben sie in doppelter Weise eine mobbingmindernde Funktion. Zum einen kann Mobbing nur schwer in einem angenehmen und zufriedenstellenden Betriebsklima entstehen. MitarbeiterInnen, die über ihre Meinungen und Verbesserungsvorschläge befragt werden, fühlen sich ernst und wichtig genommen. Voraussetzung hierfür ist jedoch, dass die Ergebnisse der Befragung innerhalb des Betriebes bekannt gegeben werden und dass Stellungnahmen hierzu möglich sind. Als wichtigstes Kriterium gilt jedoch, dass Konsequenzen aus der Befragung im Sinne einer Verbesserung gezogen und diese evaluiert werden, um längerfristige Erfolge zu garantieren. Zum anderen kann innerhalb einer MitarbeiterInnenbefragung auf das konkrete innerbetriebliche Mobbinggeschehen eingegangen und ein erster Schritt zur Beendigung gesetzt werden. Hierbei könnte mit den schon bestehenden Mobbingfragebögen gearbeitet werden (siehe hierzu 9.2.4.5).

Die Funktion einer MitarbeiterInnenbefragung kann vielfältig sein und sollte auf den Betrieb individuell abgestimmt werden. Lichtenberger gibt vier Funktionen der MitarbeiterInnenbefragung an: Sie kann Informationen über betriebliche Stärken und Schwächen liefern und so die Funktion eines Frühwarnsystems haben. Sie kann Hilfestellungen bei notwendigen Neuerungen in der Organisation geben. Eine wichtige Bedeutung kommt ihr darüber hinaus bei der Erfolgskontrolle betrieblicher Maßnahmen zu, und sie dient auch der Verbesserung der Partizipation und Kommunikation der MitarbeiterInnen am bzw. mit dem betrieblichen Geschehen (1988, S. 76).

Entscheidend für den Erfolg einer MitarbeiterInnenbefragung ist ihre Durchführung.

> Einen wirklichen Sinn für die MitarbeiterInnenführung (...) haben Befragungen allerdings nur dann, wenn sie mit anderen Methoden der Organisationsentwicklung gekoppelt werden. In der Vorbereitungsphase heißt das: Durch Problemlösungsgruppen und MitarbeiterInnengespräche müssen bereits Problembereiche eingegrenzt werden; bei der Nachbereitung sind Gruppenarbeit und Konzeptionspläne erfolgreich, um die aufgedeckten Mißstände zu beheben (Lichtenberg 1988, S. 77).

9.2.4.2 MitarbeiterInnengespräch

Das MitarbeiterInnengespräch dient zur Abklärung der Ansprüche und Erwartungen sowohl der Arbeitnehmer als auch der Arbeitgeber. Leistungen sollen besprochen und Verbesserungsvorschläge erarbeitet werden. Die zielgerechte

Förderung, die berufliche Weiterentwicklung der MitarbeiterInnen soll ermöglicht werden. Darüber hinaus dient das MitarbeiterInnengespräch der Besprechung von weiterführenden betrieblichen Zielen und zukünftigen Arbeitsschwerpunkten. Im Rahmen solcher Gespräche können Unklarheiten, die zu Unsicherheiten führen, diskutiert und aus dem Weg geräumt werden.

Eine wesentliche Aufgabe des MitarbeiterInnengespräches ist die Auseinandersetzung mit aktuellen innerbetrieblichen Konflikten. Das MitarbeiterInnengespräch kann hier als Forum des Austausches aller beteiligten Parteien benutzt werden. Mobber und Gemobbte schädigen sich gleichermaßen. Nur die Konfliktlösung, die unter Umständen in aller Härte ausgetragen werden muss, bringt Erleichterung. Der unterschwellige Nervenkrieg muss offen angesprochen werden, Geschäftsführung und Betriebsrat sollten eine Einigung herbeiführen. Hierbei ist es wichtig, dass das Gespräch entweder vom Vorgesetzten oder externen BeraterInnen gut moderiert wird, da „die Autoritätsstandpauke der Mächtigen in der Regel zu keiner Entspannung führt. Nach Vorschlägen von Experten sollten diese Gespräche in Betriebsvereinbarungen festgeschrieben werden“ (Mischke 1996, S. 10).

9.2.4.3 Mobbingtagebuch

Im Zusammenhang mit dem Phänomen Mobbing kommt dem Mobbingtagebuch, das auch Befindenstagebuch genannt wird, eine besondere Bedeutung zu, da hiermit sowohl individuelle als auch organisatorische Ereignisse und Erlebnismuster elaboriert werden können.

Das Befindenstagebuch kann sowohl als Paper-and-pencil-Verfahren wie auch über PC zur ökonomischen Auswertung eingesetzt werden. Relevant ist ausschließlich, dass die wichtigsten Fragen und Daten erhoben werden. Sei es, dass der/die Betroffene diese am PC oder in seinem persönlichen Kalender einträgt, einen Aktenvermerk tätigt oder in Form eines Tagebuches festhält. Es zählt letztendlich der Inhalt und nicht die Form des Mobbingtagebuches.

Ein Vorteil des Verfahrens ist es, dass es sowohl zur Diagnostik, als Basis für erforderliche Therapien und Intervention, als auch für die gerichtliche Intervention verwendbar ist.

Ziel des Mobbingtagebuches ist es, Störsituationen zu eruieren und das Mobbingausmaß zu erfassen, die Selbstwahrnehmung für Belastungen zu sensibilisieren, ganzheitliche Reaktionen vom Denken und Fühlen über die Körperreaktionen bis hin zur Handlung zu erfassen, eine konzentrierte Übersicht über Mobbingverlauf und -muster sowie die Diagnose über persönliche und organisationale Stressmuster zu gewinnen, weiters die Verdeutlichung des

Beziehungsgeflechtes in Störsituationen, die Gewinnung von Erkenntnissen über notwendige Organisationsentwicklung, Gewinnung von Beweismittel vor Gericht sowie Erinnerungshilfen bei anfälligen Aussagen. Die Ergebnisse sollen als Grundlage zur Entwicklung von Bewältigungsstrategien für Stress, Konflikte und Krisen dienen. Im Folgenden wird die Musterseite eines Mobbingtagebuchs dargestellt.

Fragen des Mobbingtagebuches

1. Ort: .... Datum: .... Uhrzeit: ....
2. Was ist heute genau vorgefallen? (Bitte den genauen Wortlaut (z. B. Dialekt) festhalten, dies steigert die Glaubwürdigkeit vor Gericht!)
3. Wer war beteiligt?
4. Welche äußeren Bedingungen/Umstände lagen vor?
5. Was ist der Zweck und das Angriffsziel der heutigen Handlungen?
6. Sind bestimmte Anlässe/tiefere Ursachen zu erkennen?
7. Welche Gefühle und Reaktionen wurden bei mir ausgelöst?
8. Wie habe ich auf den Vorfall reagiert?
9. Wer oder was hat mich unterstützt?
10. Gibt es ZeugInnen, indirekte BeobachterInnen oder Beweise?
11. Gibt es allfällige Folgen des Vorfalls (Verletzungen, Beschädigungen, Krankenstand etc.)?

9.2.4.4 Exit-Interviews

Exit-Interviews haben sich als hilfreiches Mittel zu Prävention von Mobbing herausgestellt. Durch die gezielte Befragung der ausscheidenden KollegInnen können Schwachpunkte und Probleme innerhalb des Betriebes eruiert werden. Exit-Interviews sollten von betriebsexternen BeraterInnen durchgeführt werden. Hierdurch wird eine genaue Evaluation innerbetrieblicher Probleme leichter möglich, da die InterviewerInnen als neutral angesehen werden und die nötige Anonymität für solche Befragungen gewährleisten. Als interessantes Beispiel für den erfolgreichen Einsatz von Exit-Interviews sei hier das Beispiel eines Lebensmittelgroßhandels erwähnt.

> Innerhalb weniger Monate verließ fast die halbe Servicemannschaft das Haus. Der Geschäftsleitung fiel zwar auf, daß ausschließlich Damen gingen. Doch keine wollte dem Personalchef einen plausiblen Grund für ihr Ausscheiden nennen (Biallo 1990, S. 61).

Daraufhin engagierte die Betriebsleitung einen externen Personalberater, der die Frauen über die Gründe ihres Ausscheidens aus dem Betrieb befragte. Dieser konnte herausfinden, dass der Betriebsleiter die Frauen sexuell belästigte und die Frauen aus Scham geschwiegen hatten. Die Ergebnisse der Befragung führten zur Entlassung des Betriebsleiters, worauf die Kündigungen sofort abebbten.

9.2.4.5 Mobbingfragebogen

Leymann (1993) hat innerhalb seines *Leymann Inventory of Psychological Terrorization* (LIPF) eine Operationalisierung von Feindseligkeiten am Arbeitsplatz vorgenommen. Basis dieses Fragebogens waren 300 Einzelinterviews, die im Zeitraum zwischen 1981 und 1984 im Ausmaß zwischen einer bis drei Stunden durchgeführt wurden. Darüber hinaus wurden Experteninterviews mit Personen durchgeführt, die in ihrem täglichen Arbeitsleben mit Mobbingbetroffenen konfrontiert waren, wie zum Beispiel PersonalleiterInnen, BetriebsärztInnen, Betriebskrankenschwestern und -pflegern, BetriebspsychologInnen und BetriebsrätInnen. Aufgrund der in den Interviews gefundenen Resultate wurden 45 feindselige Handlungen operationalisiert und in fünf Gruppen eingeteilt (siehe 3.1.6). Der hieraus entwickelte Fragebogen kann als Erhebungsinventarium von Mobbinggeschehen dienlich sein.

Teil II: Fallbeispiele

10 Datenbasis und Methode der Auswertung

Für das vorliegende Buch wurden 21 Interviews mit Mobbingbetroffenen geführt.* Der Zugang zu den GesprächspartnerInnen wurde möglichst breit gewählt und war dementsprechend nicht auf ein bestimmtes Arbeitsfeld, eine spezielle Verweildauer im Beruf oder demographische Faktoren beschränkt. Einziges Kriterium war, dass es sich um eine Mobbingproblematik im Sinne der in diesem Buch vorgestellten Definition handeln musste (siehe 1). Für die persönlichen Daten und die Evaluierung des Bestehens einer Mobbingproblematik wurde ein Fragebogen ausgegeben (siehe z. B. Anhang). Die Darstellung der soziodemographischen Daten dienen der näheren Beschreibung der Stichprobe, können jedoch nicht im Sinne einer Generalisierung verstanden werden. Das Augenmerk der Untersuchung lag auf dem Prozessgeschehen von Mobbing.

Bei den 21 Interviewten handelte es sich um 14 Männer (66,7 %) und 7 Frauen (33,3 %). Ein Großteil (52,4 %) der Befragten war im Altersbereich zwischen 40 und 50 Jahren (20 bis 30 Jahre 4,8 %; 30 bis 40 Jahre 19 %; 50 bis 60 Jahre 23,8 %). Am Beginn der Mobbingproblematik hatte die Mehrzahl der Befragten eine durchschnittliche Verweildauer von zehn bis 20 Jahren im Betrieb (52,4 %), (bis fünf Jahre 23,8 %; fünf bis zehn Jahre 19 %; über 20 Jahre 4,8 %). 23,8 % der Befragten hatten einen Hauptschulabschluss, 47,6 % einen Lehrabschluss, 23,8 % Gymnasium- und 4,8 % einen Universitätsabschluss. Die Interviewten kamen großteils (52,4 %) aus Unternehmen mit einer Betriebsgröße zwischen 100 und 1.000 MitarbeiterInnen (bis 50 MitarbeiterInnen 23,8 %, 50 bis 100 MitarbeiterInnen 9,5 %, über 1.000 MitarbeiterInnen 14,3 %). 57,1 % der Interviewten waren im öffentlichen Dienst, 42,9 % in der Privatwirtschaft tätig, und die Branchenzugehörigkeit war weit gestreut.

Die Interviews dauerten zwischen ein und drei Stunden und wurden mit dem Einverständnis der GesprächspartnerInnen auf Tonband aufgenommen und anonymisiert (Interviewleitfaden siehe Anhang). Da die Entstehung und Bewältigung von Konflikten nur in sehr seltenen Fällen synchron verlaufen, war die Darstellung und Analyse im Zeitablauf von besonderer Bedeutung für die Analyse von Mobbingentwicklungen. Dementsprechend empfahl es sich,

* Als zusätzliche Verifizierung für die qualitative Analyse der Einzelinterviews wurden zwei Gruppendiskussionen über die gelesenen Interviews mit Nichtbetroffenen durchgeführt. Das Untersuchungsdesign ermöglichte so die Diskussion der Interviews aus einer zusätzlichen Perspektive.

ein qualitatives Untersuchungssetting in Form von Interviews zu wählen. Als Analyseinstrument wurde die Methode der sozialwissenschaftlichen Hermeneutik gewählt. Diese dient zur „sinngemäßen Auslegung und Deutung von Schriftstücken und anderen Manifestationen menschlichen Geistes entsprechend der Intentionen ihrer jeweiligen Produzenten" (Hillmann 1982, S. 298; vgl. Overmann 1974, 1979a, 1979b).

Im Rahmen der Interviews wurden vier Schwerpunkte gesetzt. In einem ersten Bereich wurde nach dem Mobbingauslöser, dem Mobbingverlauf und dem Mobbingende gefragt. Die Interviewten wurden nach der Dauer, der Häufigkeit und der Systematik der Mobbinghandlungen, den mobbingauslösenden Faktoren, dem Entwicklungsverlauf, den vermuteten Zielen der MobberInnen und nach dem aktuellen Stand in der Entwicklung gefragt.

In einem zweiten Bereich standen das Eigenverhalten und das subjektive Erleben im Zentrum des Forschungsinteresses. Gefragt wurde nach dem individuellen Verhalten im Mobbingprozess, den identifizierten Eigenanteilen, den psychischen und physischen Folgen und den individuellen Bewältigungsversuchen.

Ein dritter Fragenkomplex galt der Ermittlung des Fremdverhaltens. Im Zentrum dieses Erhebungsabschnittes stand die Evaluierung der Mobbinghandlungen. Darüber hinaus wurde nach den konstruktiven und destruktiven Interventionen während des Mobbingverlaufes gefragt.

Der letzte Fragenkomplex widmete sich den organisatorischen Rahmenbedingungen, den betrieblichen Interventionen und ihren Wirkungsweisen auf die Mobbingentwicklung.

Aufgrund der analysierten Interviews ergaben sich sechs Analysekategorien: Konfliktanlässe und Eskalationsentwicklungen, Mobbinghandlungen, Organisationsstrukturen und Mobbing, individuelle und betriebliche Mobbingauswirkungen sowie unterstützende Faktoren bei der Bewältigung von Mobbing und Mobbinginterventionen. Die Analyseergebnisse werden in den nächsten Kapiteln dargestellt. Für die Veranschaulichung der Ergebnisse wurden ausschließlich jene Textpassagen herangezogen, die die Untersuchungsergebnisse besonders deutlich dokumentieren. Sie stehen exemplarisch für übergeordnete Mobbingstrukturen.

11 Konfliktanlässe und ihre Entwicklung zur Mobbingdynamik

Es ist dafür kein Grund ersichtlich. Auf einmal werden Mücken zu Dinosauriern hochgepäppelt.

Mobbing wird in der vorliegenden Arbeit als Prozess angesehen, dem ein nicht gelöster Konflikt vorausgeht. Mobbing bringt dementsprechend den chronifizierten Endzustand einer fehlgeleiteten Konflikthandlung zum Ausdruck. Die Interviews zeigen deutlich, dass nicht von Mobbingursachen als solchen die Rede sein kann, sondern vielmehr nicht gelöste Konflikte eskalieren und in Mobbing münden. Dementsprechend ist die Ursache nicht bei einer einzelnen Person zu suchen, sondern in einer fehlgeleiteten Interaktion, die eine Konfliktlösung nicht ermöglichte.

In den Interviews führten die Betroffenen eine Vielzahl von unterschiedlichen Anlässen an. Übereinstimmungen konnten lediglich bezüglich der organisatorischen Rahmenbedingungen gefunden werden. Mobbing entwickelt sich besonders stark in autoritär geführten Betrieben und tritt häufig im Zusammenhang mit Neueinstellungen und innerbetrieblichen Positionsveränderungen auf. Die von den Betroffenen selbst erwähnten Mobbinganlässe sind demgegenüber sehr verschiedenartig. Die Mobbingprozesse wurden z. B. durch Konkurrenz zwischen KollegInnen, unterschiedliche Bezahlung, den Kampf um eine frei gewordene Position, unterschiedliche Meinungen bezüglich der Lehrmethoden, Leitungswechsel, das Einbringen einer von der Gruppe abweichenden Meinung oder auch Probleme mit dem Vorgesetzten ausgelöst.

Die Beispiele zeigen deutlich, dass nicht die Konfliktanlässe selbst für die Mobbingproblematik verantwortlich zu machen sind, denn die meisten von ihnen stellen Situationen dar, die tagtäglich in Organisationen stattfinden und konstruktiv gemeistert werden.

Eines der wichtigsten Momente ist die hohe Beliebigkeit, fast Voraussetzungslosigkeit des Anfangens und entsprechend die immense Häufigkeit von Konflikten. Konflikte sind Alltagsbedingungen, entstehen überall und sind zumeist rasch bereinigte Bagatellen (Luhmann, 1993, S. 534).

Deutlich wird, dass ein und derselbe Konfliktanlass für die Organisation eine sowohl stabilisierende als auch destabilisierende Funktion haben kann. Konflikte dienen der Organisation zur Sichtbarmachung und Ausdifferenzierung von unterschiedlichen Entscheidungsmöglichkeiten. Konflikte tragen so maßgeblich zur Aufrechterhaltung der Existenz und Weiterentwicklung der Institution bei. Sie nehmen jedoch bei ihrer Eskalation einen destruktiven Charakter an.

Ob ein Konflikt eingegangen wird, hängt zum Großteil von seinem wahrscheinlichen Ausgang ab.

> Man wird nicht *nein* sagen, wenn man keine Aussichten sieht, dies durchzuhalten. Wenn dies so ist, sind die Bedingungen, die die Reproduktion von Konflikten, ihre Konsolidierung als System ermöglichen, der eigentliche Schlüssel zum Problem (Luhmann 1993, S. 538).

Verdeutlicht wird, dass Mobbingproblematiken keine linearen Verläufe haben, die aufgrund ihrer jeweiligen auslösenden Konflikte entstehen. Sie sind nicht durch einfache Ursache-Wirkungs-Zusammenhänge zu erklären, sondern konstituieren sich aus einer multifaktoriellen Problemlage. Es ist ein Vorurteil, dass sich Mobbinghandlungen durch die „Eigentümlichkeit" Einzelner entwickeln. Die Konflikteskalation lässt sich nur aufgrund interaktiver Eskalationsprozesse erklären. Die Konfliktanlässe, selbst wenn sie von den Betroffenen mitverursacht sind, rechtfertigen die Mobbinghandlungen nicht. Es ist mit keinem rationalen Argument zu verantworten, dass Betroffene durch Psychoterror bis in den Selbstmord getrieben werden.

Eine effiziente Mobbinganalyse muss dementsprechend die Interaktionsprozesse und deren Bedingungen fokussieren. Nicht die unterschiedlichen Konfliktanlässe selbst sind für die Mobbingproblematik verantwortlich, sondern die Interaktionen, die zu einer Konflikteskalation in Form von Mobbing führen.

Im Folgenden sollen zwei exemplarische Eskalationsentwicklungen aufgezeigt werden. Rainer ist 49 Jahre alt, verheiratet und hat acht Kinder. Seit 25 Jahren ist er in einem großen staatlichen Unternehmen beschäftigt. Er hat die Funktion eines Betriebsrates in seiner Organisation übernommen. Ein Positionswechsel des Betriebsratsvorsitzenden wird zum auslösenden Moment eines über fünf Jahre dauernden Mobbingprozesses.

> Da haben wir einen sehr angesehenen Obmann gehabt, und der war mit mir recht gut, er hat aber dann, wie er in Pension gegangen ist, den, der mein Gegner war, eingesetzt, weil er ihm das versprochen hat, er hat ihn aber spüren lassen: Du, eigentlich bist du nicht der richtige Mann. Du wirst zwar mein Nachfolger, aber in Wahrheit wäre er der Richtige gewesen, weil du dich nicht viel kümmerst. Er hat ihn praktisch abgewertet, und das hat mich im Laufe der nächsten Jahre begleitet, weil er immer Angst gehabt hat, dass ich etwas gegen ihn mache oder dass mich die Leute lieber haben, ich meine die Leute haben mich lieber, aber das war eine andere Sache…

Der Konflikt beginnt aufgrund einer unklaren Übergabe des Postens des Betriebsratsvorsitzenden. Der alte Betriebsratsobmann hat die Position bereits einem Kollegen versprochen. Als er ihm diese Position übergibt, vermittelt er ihm zugleich, dass er in Wahrheit nicht der Richtige ist. Er begünstigt hierdurch Ängste des nunmehrigen Betriebsratsobmannes, die Position nicht halten zu können.

Unterschwellige Konkurrenzkämpfe zwischen Rainer und seinem Gegner sind die Konsequenz. Charakteristisch hierbei ist, dass der Konflikt sowohl auf der Sach- als auch auf der Beziehungsebene ausgetragen wird, die Verbindung dieser beiden Ebenen jedoch nicht gesehen werden will. Die bestehende Konkurrenz um die Anerkennung und Sympathie der KollegInnen, die ja bei etwaigen Betriebsratswahlen entscheidend ist, wird von Rainer auch nicht registriert. „Weil er immer Angst gehabt hat, dass ich etwas gegen ihn mache oder dass mich die Leute lieber haben, ich meine die Leute haben mich lieber, aber das war eine andere Sache." Gerade in der Verleugnung der Konkurrenz liegt ein wesentlicher Punkt. Da bestehende Konkurrenzsituationen nicht gesehen und angesprochen werden, kommt es zu keiner konstruktiven Konfliktlösung.

Der ursächliche Konflikt verlagert sich und wird nunmehr auf einer anderen Ebene ausgetragen.

> Dann hat man eine Variante gefunden, das war eine ganz harmlose Geschichte, das war im Sommer, Sommerurlaub, und ich war zu diesem Zeitpunkt Ersatzbetriebsrat, und da habe ich halt ein paar Betriebsratsstunden aufgeschrieben, ich habe eh viel gemacht, ich habe das immer so gemacht, wenn etwas Dringendes war, bin ich halt schnell gerannt, und sonst habe ich meine Arbeit gemacht, und dann habe ich die paar Stunden aufgeschrieben, und die haben dann behauptet, mein Betriebsratsobmann hat behauptet, ich hätte Urlaub gehabt und hätte gleichzeitig Geld bezogen.

Deutlich zeigt sich eine Eskalationsentwicklung des Konfliktes. Rainer schreibt Betriebsratsstunden auf, von denen sein Betriebsratsobmann nicht glauben will, dass er sie in seiner Arbeitszeit getätigt hat. Die Dynamik wird nicht unterbrochen, indem es zu einer Klärung des leicht zu klärenden Sachverhaltes kommt, sondern der ursächliche Konfliktinhalt wird auf die Ebene der angeblichen Verletzung betriebsinterner Regeln übertragen. Dies führt dazu, dass sich keine Klärung ergibt, da diese auf der Ebene der Konkurrenz der beiden Männer erfolgen hätte müssen. Der so vorgeschobene Konflikt kann dementsprechend erst zwei Jahre später durch einen von Rainer angestrengten Gerichtsprozess geklärt werden.

> Ich war bei Gericht und da war unser Personalchef da, und der hat den Dingen eine Wendung gegeben insofern, dass er ganz klar gesagt hat, wie das war und dass auch nicht in geringster Weise eine Schädigung der Firma vorliegt.

Auch bei Inge, einer 41-jährigen, verheirateten Frau mit einer Tochter, die im Pflegedienst tätig ist, zeigen sich strukturbedingte Ähnlichkeiten im Konfliktverlauf. Der Konflikt beginnt, als ihre ehemalige Untergebene zu ihrer Chefin wird. Diese beginnt nun, sie ständig zu kritisieren und ihre Leistungen in Frage zu stellen. „Die Dinge, die man tut, bekommt man ständig in Frage gestellt." Auch in Inges Beispiel spielt die Übertragung des ursächlichen Konfliktes auf die Ebene der Ausübung ihrer beruflichen Tätigkeit eine wesentliche Rolle.

> Sie hat sehr lange gebraucht, bis sie sich in ihren Bereich eingearbeitet hat, und wo sie das gehabt hat, haben wir uns müssen miteinander auseinander setzen. Für sie war das sicher ... ich sehe das als Konkurrenzkampf. Es ist so, ich habe eine Stellenbeschreibung, und sie hat eine Stellenbeschreibung, und aufgrund meiner Stellenbeschreibung hätte ich wesentlich mehr Dinge selber entscheiden können, als die, die sie mir zugestanden hat. Aber ich glaube, sie hat einfach die Angst gehabt, wenn ich zu viele eigene Entscheidungen treffe, dass sie irgendwie weggedrängt wird von dem Ganzen.

Anhand von Inges Beispiel zeigt sich, dass nicht der Konfliktanlass selbst, die Konkurrenz zwischen den beiden Frauen, als Ursache für eine Mobbingentwicklung anzusehen ist. Inge beschreibt die Notwendigkeit der Auseinandersetzung um das neue Rollenverhältnis der beiden Frauen. „Sie hat sehr lange gebraucht, bis sie sich in ihren Bereich eingearbeitet hat, und wo sie das gehabt hat, haben wir uns müssen miteinander auseinander setzen." Aufgrund des zu geringen Austausches um die entstandene Konkurrenz und die damit verbundenen Ängste sowie einer mangelnden Klärung der neuen Rollen kommt es zur Verlagerung des Konfliktes, indem Inges Arbeitshandlungen als ständiger Anlass zur Kritik genommen werden.

Sowohl bei Rainer als auch bei Inge eskaliert der Konflikt in eine Mobbingsituation. Die Handlungen, denen sie ausgesetzt sind, werden immer massiver und unberechenbarer. Rainer ist zu Beginn des Konflikts ständiger Kritik ausgesetzt. „Angefangen hat es, dass ich nichts recht habe machen können, dann hat er mich zu den unangenehmen Sachen geschickt." Mit zunehmendem Verlauf der Mobbingentwicklung werden die gegen ihn gesetzten Handlungen immer schwerer. Nicht nur, dass er fortwährend unangenehme Tätigkeiten ausführen muss, werden KollegInnen auch dazu angehalten, seine Arbeit zu kontrollieren. „Dann hat er die Abteilungssekretärin präpariert gehabt, dass sie mich bespitzeln soll, auf die Arbeitszeit schauen, schauen auf was nur möglich ist." Dies geht so weit, dass mehrere Personen in den Konflikt involviert werden und Rainer nicht mehr einschätzen kann, wer aller beteiligt ist. „Es wird alles beobachtet, jede Bewegung, jede Aktivität, alles hat man beobachtet, und ich habe nicht genau gewusst, wer da noch dahintersteht und beteiligt ist bei dem Komplott." Da auch diese Handlungen ihn nicht mürbe machen, kommt es zu Anschuldigungen des Betruges. „Mein Betriebsratsobmann hat behauptet, ich hätte Urlaub gehabt und hätte gleichzeitig Geld bezogen, sprich Betriebsratsstunden verrechnet." In der gesamten Firma wird nunmehr verbreitet, dass Rainer sich des Diebstahls schuldig gemacht hätte. Hierdurch gerät Rainer in eine totale Handlungsunfähigkeit, da ihm niemand mehr Glauben schenken mag.

> Ich habe mich nicht verständlich machen können, ich habe versucht zu argumentieren, und alle haben geglaubt, dass ich mich nur aus dem Schlamassel herausreden will. Zu diesem Zeitpunkt habe ich überhaupt keine Möglichkeit gehabt, irgendetwas zu tun, mich zu wehren oder sonst was.

Er wird ausgeschlossen und in keiner Weise in betriebliche Aktivitäten integriert.

> Ja, zuerst waren sie schockiert, und dann haben sie sich sukzessive von mir abgewandt. Ich bin dann aktiv geworden, ich habe nämlich was anderes getan, wie es vielleicht viele tun, ich habe nicht resigniert, ich habe dann eine Aktivität gesetzt.

Nur die Rainer verbliebene Kraft ermöglicht es ihm, den Mobbingprozess zu durchbrechen. Er strebt eine Gerichtsverhandlung an, bekommt recht und kann so den Prozess beenden.

Auch bei Inges Mobbingverlauf lässt sich eine Eskalation der Mobbinghandlungen feststellen, wenngleich diese durch ihr Verhalten frühzeitig unterbrochen werden konnte. Auch bei ihr spielt die ständige Kritik an ihrer Person und ihrer Arbeit eine wesentliche Rolle im Mobbingprozess. Sie beschreibt dementsprechend den Kern der Angriffe auf sie damit, „dass man die Dinge, die man tut, ständig in Frage gestellt bekommt." Mit zunehmendem Verlauf versucht ihre Kontrahentin, nicht nur ihre Motivation zu untergraben, sondern sie diskreditiert sie auch vor ihren Untergebenen.

> Ihr war das überhaupt nicht bewusst, was sie eigentlich anrichtet, dass sie eigentlich nicht nur meine Motivation untergräbt, sondern dass sie mich vor meinem Team dauernd blöd hinstellt. Ich meine, wie sollen meine Leute Vertrauen zu mir haben, wenn meine Abteilungsschwester mich ständig kritisiert und nichts, was ich mache, bestehen lässt?

Im Lauf des Prozesses kommt es zu einer Einschränkung ihres Tätigkeitsbereiches. Ihre Vorgesetzte untersagt ihr, Handlungen auszuführen, die über Jahre zu ihrem Tätigkeitsbereich gehörten. Sie kann nun auch innerhalb ihres eigenen Verantwortungsbereichs, wie zum Beispiel die Einteilung von Urlaubs- und Freizeitwünschen betreffend, nicht mehr selbständig entscheiden.

> Die Urlaubs- und Freizeitwünsche habe ich eigentlich immer versucht, für meinen Bereich selbst zu regeln. Sie hat mich halt da untermauert. Das darf ich nicht und das darf ich nicht, na dann habe ich gesagt, ich meine, ich arbeite da jetzt schon 14 Jahre lang, ich weiß doch, wenn jemand frei nehmen kann und wenn jemand nicht frei nehmen kann.

Aufgrund der immer stärkeren Angriffe und der sich steigernden Einschränkung ihres Handlungsspielraumes entscheidet sich Inge, die Vorgesetzte ihrer Chefin einzuschalten. Diese vermag die Position der neutralen Vermittlerin einzunehmen und kann so durch die Rückführung auf den ursächlichen Konflikt, der Angst um den Verlust der neu gewonnenen Position, ein Ende des Mobbingverlaufes bewirken.

Ein weiteres wesentliches Zeichen für den Eskalationsverlauf von Mobbingprozessen ist die Ausweitung des Konfliktes auf einen immer größer werdenden Personenkreis. Geht der Konflikt zumeist von einer kleinen Konstellation von Personen aus, so werden im Verlauf des Prozesses immer mehr

Personen hinzugezogen, sodass zuletzt Teilbereiche des Betriebes oder der gesamten Betrieb in irgendeiner Form involviert sein können. Darüber hinaus erfährt der Konflikt oft eine zusätzliche Erweiterung, indem er über die Betriebsgrenzen hinaus zum Freundes- und Bekanntenkreis der Betroffenen getragen wird.

Bei Rainer nimmt der Konflikt in einer Zweierkonstellation zwischen ihm und seinem Betriebsratskollegen seinen Ausgang. „Das ist eine politische Sache, da hat ein Kollege, ein Betriebsratskollege, mich aus dem Feld verdrängen wollen." Aus Angst vor der Konkurrenz um die Betriebsratsobmannposition eskaliert der Konflikt in einen immer weiteren Personenkreis. Der ursprüngliche Konflikt weitet sich in seiner Firma aus. Sein Kontrahent, der nunmehrige Betriebsratsvorsitzende, beauftragt KollegInnen, ihn zu bespitzeln.

> Ich habe dann mit meinen Leuten eine Zweitagesfahrt nach Linz mit Besuch im Werk gemacht, und dann hat er mir einen Spitzel mitgeschickt, wirklich einen Spitzel, den hat er beauftragt, alles und jedes zu beobachten, was ich gesagt habe.

Zudem wird durch die Verbreitung von Gerüchten über angebliche „dunkle Machenschaften" seinerseits der gesamte Betrieb gegen ihn mobilisiert. „Innerhalb von Stunden war ich der Geprügelte, ich habe nirgends mehr hingehen können, ich war fertig, da war es praktisch das Ende für mich." Die Konflikteskalation hat hier bereits eine weitere Stufe eingenommen. Nunmehr hat sich der Konflikt von einer Zweierbeziehung auf den gesamten Betrieb ausgeweitet. In einem weiteren Eskalationsschritt kommt es dann zur Involvierung von Rainers Familie, an die die im Betrieb kursierenden Gerüchte herangetragen werden.

> Mein Sohn hat bei einer Baufirma irgendwo gearbeitet und jemand getroffen, und der hat gesagt, dass er mich kennt. Er war bei uns in der Firma, und er hat gehört, was ich halt angestellt habe und was ich halt gemacht habe, und das war für mich ganz erschütternd.

Die Konflikteskalation hat sich dementsprechend auf alle Lebensbereiche von Rainer ausgeweitet und eine Eigendynamik angenommen, die nur noch durch einen gerichtliche Prozess beendet werden konnte.

Auch bei Inge zeigt sich eine ähnliche Eskalationsentwicklung in Bezug auf die Ausweitung auf einen immer größer werdenden Personenkreis. Der Konflikt beginnt mit einer Auseinandersetzung zwischen ihr und ihrer Kollegin aufgrund eines innerbetrieblichen Positionswechsels. Er weitet sich auf die unmittelbaren Untergebenen von Inge aus, indem die ständige Kritik an ihren Handlungen ihre Akzeptanz seitens ihrer Untergebenen mindert. Dies zeigt sich auch daran, dass es einige Zeit nach der Beendigung des Konfliktes dauert, bis sie wieder die Anerkennung ihrer Kolleginnen erhält. „Ich musste natürlich erst wieder vor meiner Gruppe, vor meinem Team die Akzeptanz wieder erreichen." Der Konflikt erfährt bei Inge eine Erweiterung auf den Familienkreis, indem sie ständig mit der Problematik beschäftigt ist und keine Energien für die Familie mehr aufbringen kann. „Meine Familie hat einfach darunter gelitten, dass ich daheim erstens keinen Unternehmungsgeist mehr gehabt habe und auch kein Ansprechpartner mehr war."

Es zeigt sich, dass Mobbingprozesse aufgrund einer fehlgeleiteten Interaktion entstehen. Die Gegnerschaft kann hierbei direkt, aber auch indirekt ausgetragen werden, indem sich die ursprünglichen Konfliktinhalte auf andere Ebenen übertragen. Es wird dann anhand eines stellvertretenden Konfliktes interagiert. Dies führt zur Eskalation, indem die Mobbinghandlungen immer massivere und uneinschätzbarere Formen annehmen.

Zudem erweitert sich mit zunehmendem Verlauf der Kreis der involvierten Personen. Geht der Konflikt zumeist von einer Zweierkonstellation aus, dehnt er sich im Zuge lang anhaltender Mobbingverläufe oft auf Teilbereiche des Betriebes oder den gesamten Betrieb aus. Dies führt zu enormen destruktiven Mechanismen in der Organisation, in dessen Sog alle Ressourcen, Kräfte- und Fähigkeitspotentiale vereinnahmt werden. Die Mobbingdynamik bindet alle Aufmerksamkeit. Es kann zu stark polarisierenden Entwicklungen kommen, im Laufe derer ein Teil oder alle MitarbeiterInnen Pro- oder Kontrahaltungen einnehmen. Es besteht hierbei die starke Tendenz, „alles Handeln im Kontext einer Gegnerschaft unter diesen Gesichtspunkt der Gegnerschaft zu bringen. Hat man sich einmal auf einen Konflikt eingelassen, gibt es kaum noch Schranken für den Integrationssog dieses Systems" (Luhmann 1993, S. 532).

11.1 Resümee

Die Mehrzahl der analysierten Konfliktanlässe stellt alltägliche Konflikte dar, die tagtäglich in Organisationen konstruktiv gelöst werden. Für die Mobbingproblematik sind so nicht die unterschiedlichen Konfliktanlässe verantwortlich, sondern die Interaktionen der Beteiligten, die zu einer Konflikteskalation führen. Es zeigt sich, dass die betrieblichen, sozialen und individuellen Bedingungen, in denen es zu Konflikten kommt, wesentlich über ihren Ausgang bestimmen. Mobbing ist demnach ein Phänomen mit multifaktorieller Problemlage, das nicht linear auf einzelne Ursachen zurückzuführen ist. Der Problematik haftet eine starke Eskalationsdynamik an, die sich vor allem durch die Ausbreitung auf einen immer größer werdenden Personenkreis bezieht und zumeist durch massiver werdende Mobbinghandlungen charakterisiert ist.

12 Mobbinghandlungen

Gerade bei Leuten, die sehr schnell nervlich angegriffen sind, da nutzte man die Situation und machte sie total fertig.

Der Mobbingprozess wird in der hier vorliegenden Arbeit als interaktive Konflikteskalation beschrieben, in der es zu negativen kommunikativen Handlungen gegen eine oder mehrere Personen kommt. Der Zeitrahmen und die Häufigkeit des notwendigen Auftretens, um eine Arbeitssituation als Mobbing zu definieren, liegt bei einem halben Jahr, wobei die Mobbinghandlungen mindestens einmal pro Woche auftreten müssen. Demzufolge fanden alle im Folgenden beschriebenen Einzelhandlungen in einem über diesen Zeitraum anhaltenden Mobbingprozess statt. Mobbinghandlungen sind in ihrer Form vielfältig. Werden die Betroffenen an einem Tag absichtlich ignoriert, so kann es sein, dass ihnen am nächsten Tag jegliche Arbeitsmaterialien entzogen werden, sodass sie ihre beruflichen Tätigkeiten nicht ausüben können, und am darauf folgenden Tag können sie durch Gerüchte diffamiert werden.

12.1 Beeinträchtigung der Kommunikation

Mittels Kommunikation treten wir in Kontakt zu unserer Umwelt und stellen Beziehungen zu dieser her. Immer dann, wenn es zu Konflikten in Arbeitsbeziehungen kommt, trägt eine gestörte Kommunikation zur Eskalation bei, sei es, dass eine Information falsch vermittelt oder dass diese vom Empfänger falsch aufgenommen wird. Bei Mobbing kommt es zu gezielten kommunikativen Angriffen, indem der/die Betroffene geschädigt werden soll. Besonders häufig sind die Betroffenen einer anhaltenden Kritik ausgesetzt.

Ich habe praktisch so das Gefühl gehabt, ich kann ihr überhaupt nichts recht machen. Ich habe mich zwar irrsinnig bemüht, aber ganz egal, was ich getan habe, sie hat an allem etwas zu kritisieren gehabt.

Inge ist in Konflikt mit ihrer Vorgesetzten geraten. Der Konflikt eskaliert in eine Mobbingsituation gegen sie. Die Mobbinghandlungen lassen Inge keinen Handlungsspielraum. Sie ist ständiger Kritik ausgesetzt, und alle ihre Bemühungen werden in Frage gestellt. Durch die ständigen Infragestellungen der Leistungen von Inge kommt es zu einem Vertrauensverlust seitens ihrer KollegInnen. Ihr soziales Ansehen wird maßgeblich beeinträchtigt. Neben der ständigen Kritik kommt es im Rahmen des Mobbingprozesses oft zu massiven Beschimpfungen und Demütigungen der Betroffenen.

Das ist echt bis in den persönlichen Bereich hineingegangen. Zum Beispiel haben die gesagt: Was ist denn ein Fahrlehrer, das sind doch eh alles gestrandete Existenzen.

Paul wird von seinen Vorgesetzten massiv attackiert, indem er als „gestrandete Existenz“ bezeichnet wird. Dieser Angriff hat die Funktion, ihn aus dem sozialen Gefüge auszuschließen, indem ihm eine gesellschaftliche Normverletzung unterstellt wird. Hierdurch soll seine betriebliche Position geschwächt werden. Die Beschimpfungen können sich im Rahmen des Mobbingprozesses in jeder nur erdenklichen Weise ausdrücken.

Als weitere wesentliche Mobbingstrategie ist die Kontaktverweigerung mit dem/der Betroffenen zu erwähnen. Der/die Betroffene wird ignoriert, es wird über ihn/sie hinweggesprochen und er/sie wird sukzessive aus der sozialen Gemeinschaft ausgeschlossen. „Man redet mit mir kaum oder fast gar nicht, oder man redet über mich so hinweg.“ Die Mobbinghandlungen führen häufig dazu, dass der/die Betroffene von allen relevanten Informationen isoliert wird.

> Null Information. Das ging bis dahin, wenn man das Zimmer betritt, wurde sofort das Thema gewechselt, oder man war still. Das Schlimmste war null Information.

Walter bekommt keine Informationen über betriebliche Zusammenhänge. Zudem kann er sich gegen die Anschuldigungen nicht zur Wehr setzen und verteidigen. Kommunikation als Möglichkeit zur konstruktiven Konfliktregelung wird hierdurch verhindert. Auch Rainer beschreibt dies anschaulich, wenn er über seine Position im Betrieb berichtet. „Ich habe ja keine Chance, wenn ich am Arbeitsplatz isoliert bin und ein paar Leute immer, täglich, böse gegen mich argumentieren, da hast du keine Chance.“ Durch seine soziale Isolierung sind Rainer jegliche Möglichkeiten der konstruktiven Konfliktlösung verwehrt. Gegen die bösen Argumente kann er sich nicht erwehren, weil ihm kein Gehör geschenkt wird.

12.2 Beeinträchtigung der sozialen Beziehungen

Soziale Beziehungen sind für unser psychisches und physisches Wohlbefinden von elementarem Charakter. Sie lassen uns unsere Arbeitsbeziehungen in Relation zu anderen einschätzen. Somit tragen sie einen wesentlichen Teil dazu bei, dass wir uns in der Gesellschaft orten und verorten können. Darüber hinaus geben sie uns die nötige Unterstützung, schwere Lebenssituationen unbeschadet zu überstehen.

Mobbinghandlungen zielen in großem Ausmaß darauf ab, die sozialen Beziehungen zu stören oder gänzlich zu verhindern. Die Personen werden von ihrem natürlichen unterstützenden sozialen Umfeld isoliert.

> Ja, es war viel Arbeit und dazu kam so diese Unzufriedenheit, wenn ich gearbeitet habe, ich habe immer nur gehört die anderen, wie sie sich unterhalten, wie sie reden, und kaum geh ich hin, Schweigen.

Im Betrieb ist viel Arbeit. Monika ist unzufrieden, dass die KollegInnen beisammen stehen und sich unterhalten. Wenn sie sich der Unterhaltung anschließen möchte, wird sie von ihren KollegInnen ausgeschlossen. Sobald sie Anschluss sucht, beenden diese die Kommunikation und schweigen. Im Zuge von Isolationsprozessen kommt es zudem häufig dazu, dass KollegInnen angewiesen werden, die Betroffenen zu meiden.

> Es war eben eine totale Isolation, es hat also keiner etwas mit dir geredet und jeder hat etwas gewusst. Der hat natürlich auch eine totale Maulsperre für die anderen verhängt.

Hannes ist in Konflikt mit seinen Vorgesetzten geraten. Der Konflikt eskaliert in einem massiven Mobbingprozess gegen ihn, in dem sein Vorgesetzter eine „Maulsperre" über seine KollegInnen verhängt. Diese dürfen nicht mehr mit ihm sprechen. Obgleich niemand mit Hannes spricht, weiß er, dass alle „etwas gewusst" haben. Er hat keinerlei Transparenz über den Wissensstand seiner KollegInnen. Dies lässt für Spekulationen, die die individuellen Ängste steigern, breiten Raum. Zudem kann er aufgrund der Mobbinghandlungen, die ihn von jeglichem sozialen Kontakt ausschließen, seine Sichtweise des Konfliktes nicht erklären. Die Chance auf eine konstruktive Konfliktlösung bleibt ihm verwehrt. Der Prozess der sozialen Isolation kann bei den Betroffenen zu schwerwiegenden Folgen führen. Sie können sich nicht mehr austauschen bzw. ihre Wahrnehmungen mit anderen nicht reflektieren und einordnen.

> Ich bin dann total ausgesondert worden. Ich meine, man rennt im Prinzip im Kreis, und die anderen sind alle weg gewesen. Es hat keiner mehr den Kontakt mit mir gesucht. Du bist total isoliert, so ähnlich, wie wenn du Aids hast, weil keiner wollte dich mehr angreifen und mit dir reden.

Hannes „rennt im Kreis". Er hat keine Möglichkeit des sozialen Kontaktes. Er bekommt keine Impulse von außen und kann der Situation nicht kreativ begegnen. Hannes vergleicht seine Situation der sozialen Isolation dementsprechend mit einem Aidskranken, der aufgrund seiner Krankheit sozial stigmatisiert wird. Im Rahmen des Mobbingprozesses kommt es zumeist auch zur aktiven Zerstörung sozialer Hilfsstrukturen der Betroffenen.

> Zu diesem Zeitpunkt hat mir der Werksdirektor gesagt bei diesem Konfliktgespräch, das war eine Woche bevor meine Lebensgefährtin gekündigt worden ist, hat der zu mir gesagt: und Ihr letzter Freund da unten bei der Arbeiterkammer, der ist jetzt auch weg. Man hat das so vorbereitet, jetzt habe ich überhaupt keinen Ansprechpartner mehr gehabt. Also zu der Belegschaft habe ich nicht gehen können, weil ich nicht gewusst habe, von welcher Seite die informiert ist oder ist sie überhaupt informiert. Man hat mich eigentlich isoliert, dass ich diese Kontakte nicht hatte.

Norberts soziale Kontakte werden aktiv zerstört. Seine GegnerInnen brüsten sich damit, dass er durch ihre Interventionen seine letzten AnsprechpartnerInnen verloren hat. Von seinen ArbeitskollegInnen weiß er nicht genau, ob er diesen vertrauen kann. Er kann die informellen Informationsflüsse nicht mehr einschätzen und wird misstrauisch. Dies führt dazu, dass er sich seinen KollegInnen nicht anvertrauen kann und keine Unterstützung sucht. Seine Lebensgefährtin wird gekündigt. Es bleibt für ihn kein/e AnsprechpartnerIn im Betrieb über. „Man hat mich eigentlich isoliert, dass ich diese Kontakte nicht hatte." In diesem Zusammenhang soll auf eine besonders schmerzhafte Entwicklung für die Betroffenen hingewiesen werden. Oft sind nahe Verwandte und Freunde direkt in den Mobbingprozess involviert, oder diese werden aufgrund von Intrigen miteinbezogen. Bei Norbert kommt es zur Kündigung seiner Lebensgefährtin.

> Das war eine Gruppe von drei Leuten, und da haben sie eine abgebaut. Gesagt worden ist immer, dass eine andere, die am Schluss angefangen hat, gehen soll, aber nie meine Lebensgefährtin. Jetzt habe ich natürlich das Ganze auf mich gemünzt, das war für mich spürbar. Aber mir waren die Hände gebunden. Hätte ich da etwas als Betriebsrat unternommen, dann hätte es geheißen, für die macht er was und die andere muss gehen.

Eine Kollegin soll abgebaut werden. Bislang hieß es, dass diejenige, die als letzte in den Betrieb gekommen ist, den Arbeitsplatz verlieren wird. Nunmehr wird jedoch Norberts Lebensgefährtin gekündigt. Aufgrund seiner betriebsrätlichen Tätigkeit befindet er sich in einer Double-bind-Situation. Greift er ein und verdeutlicht, dass die Kündigung seiner Lebensgefährtin eigentlich eine Schikane gegen ihn darstellt, gilt er als parteilich. „Hätte ich da etwas als Betriebsrat unternommen, dann hätte es geheißen, für die macht er was, und die andere muss gehen." Unternimmt er nichts, so nimmt er die Ungerechtigkeit gegenüber seiner Lebensgefährtin, die eigentlich ihm gilt, in Kauf. Die Kündigung seiner Lebensgefährtin bleibt aufrecht, und sie verliert ihren Posten. Diese Situation ist für Norbert derart massiv, dass er einen psychischen Zusammenbruch erleidet.

> Ich habe direkt einen Weinkrampf bekommen. Vor Wut, glaube ich. Es war Wut und Machtlosigkeit, dass sie einfach ihr den Arbeitsplatz weggenommen haben, um mich zu treffen. Das hat mir irrsinnig weh getan. Ich kann das heute gar nicht mehr sagen.

Der Miteinbezug von FreundInnen, Bekannten und Verwandten in den Mobbingprozess stellt für die Betroffenen eine extreme Verschärfung der Konfliktsituation dar. Besonders schlimm ist es für die Betroffenen, wenn diese gegen sie Partei ergreifen, wie dies Rainer anschaulich beschreibt.

> Das Schlimmste war, dass wir einen Kollegen gehabt haben, der hat aufgrund dieser Geschichte mit mir den Kontakt abgebrochen. Der mich so attackiert hat, hat ihn dann letztendlich auch so absausen lassen. Er hat ihn komplett im Regen stehen lassen, auf ganz eine gemeine Art, hat ihm nicht einmal auf Wiedersehen gesagt. Wir waren im Betriebsrat befreundet, zweifelsfrei, wir haben Ausflüge miteinander gemacht, wir haben uns gegenseitig

> besucht, es war ja wirklich ein unproblematisches Verhältnis in jeder Form, er hat sich nur vom Obmann einbinden und hetzen lassen, und dann ist ihm etwas Böses passiert, dann hat er natürlich das alles mitunterschrieben, die haben ja ein Blatt geschrieben, das ist ja fürchterlich ...

Es zeigt sich anhand der Schilderung, welche Funktion der Freund im Konflikt mit Norbert hatte. Er wird in den Prozess involviert. Norbert soll durch die Abwendung seines Freundes getroffenen werden. Nach Beendigung der Situation ist Norberts ehemaliger Freund für seinen Kontrahenten nicht mehr von Interesse. Er hat seine Funktion, Norbert zu kränken, indem er sich gegen ihn stellt, erfüllt. „Er hat ihn komplett im Regen stehen lassen, auf ganz eine gemeine Art, hat ihm nicht einmal auf Wiedersehen gesagt." Für Rainer war es „das Schlimmste", dass sein Freund sich gegen ihn wendete.

Die Abwendung von FreundInnen, Bekannten und Verwandten hat deshalb einen so tiefgehenden Charakter für die Betroffenen, weil durch sie ein weiterer wesentlicher Lebensbereich, worüber eine persönliche Identifikation stattfindet, gestört oder sogar zerstört wird. Zudem fallen wesentliche Hilfsstrukturen des sozialen Netzes weg, die die psychische und physische Gesundheit erhalten. Nicht nur, dass der Bereich der Arbeit durch die Mobbingattacken maßgeblich gestört ist und die existentielle Absicherung in Gefahr gerät, das psychische und oft das physische Wohlbefinden maßgeblich beeinträchtigt ist, wird auch das soziale Netzwerk zerstört. Dazu kommt, dass durch die Abwendung von vertrauten Menschen die grundlegenden Werte des Vertrauens und der Wertschätzung in Frage gestellt werden. „Weil du glaubst, die Freunde und Arbeitskollegen, die gehen im Prinzip für dich durch dick und dünn." Es zeigt sich, dass Mobbingprozesse unterschiedliche Lebens- und Identifikationsbereiche umfassen. Je mehr Bereiche durch den Mobbingprozess gestört werden, desto tiefer ist die individuelle Bedrohung des Lebenskonzeptes, die bis zum Suizid der Betroffenen führen kann (siehe 6.9.2).

12.3 Beeinträchtigung des sozialen Ansehens

Das soziale Ansehen und das Selbstbild eines Menschen stehen in unmittelbarer Beziehung zueinander. Wird das soziale Ansehen eines Menschen über einen längeren Zeitraum gestört, so kommt es zu einer Störung des Selbstbildes. Das Selbst kann sich nicht mehr orientieren und sucht mittels psychischer und physischer Erkrankungen die innere Stabilität zu erhalten. Gerade Mobbinghandlungen zielen darauf ab, das soziale Umfeld der Betroffenen zu destabilisieren, um ihnen zu schaden. Eine Form, das soziale Ansehen zu beeinträchtigen, stellt das Verbreiten von Gerüchten dar. Im Rahmen des Arbeitskontextes werden falsche und diskriminierende Aussagen über die Betroffenen weitergegeben. Gerüchte können den gesamten Lebenskontext der Betroffenen beeinträchtigen. Zumeist werden sie über Mundpropaganda verbreitet. In seltenen Fällen kommt es auch zu anderen Verbreitungswegen. Bei Rainer wurde ein Flugblatt gedruckt und in der gesamten Firma verteilt.

> Man hat dann ein Flugblatt verbreitet mit der Auflage von über 2.000 Stück, und das hat dann eine Eigendynamik entwickelt, der hat gestohlen, innerhalb von Stunden war ich der Geprügelte, ich habe nirgends mehr hingehen können, ich war fertig, da war es praktisch das Ende für mich.

Durch die Verbreitung von Gerüchten, die mittels eines Flugblattes an die gesamte Belegschaft verteilt wurden, bekommt der Konflikt, der sich zwischen Rainer und seinem Betriebsratsvorsitzenden aufgrund von Konkurrenz um die Leitungsfunktion entwickelt hat, eine Eigendynamik, der sich Rainer nicht erwehren kann. Innerhalb von Stunden ist sein Ansehen derart in Frage gestellt, dass er „nirgends mehr hingehen" kann. Eine weitere erschwerende Dimension für die Bewältigung von Mobbingattacken kommt für die Betroffenen hinzu, wenn die Gerüchte bis in das Privatleben getragen werden. Für Rainer war seine Familie sein letzter Halt bis Gerüchte über angebliche kriminelle Handlungen an seinen Sohn, der in einer anderen Firma beschäftigt war, herangetragen wurden.

> In meinem engeren Bereich war es kein Problem, interessant, das war das Einzige, was mich noch ein bisschen aufrechterhalten hat, na ja, das war dort solange kein Problem, bis dann mein Sohn nach Hause gekommen ist und gesagt hat, er war bei uns in der Firma und er hat gehört, was ich halt angestellt habe und was ich halt gemacht habe und das war für mich ganz erschütternd. (weint)

Durch die massive Störung eines weiteren wichtigen Lebensbereiches soll dem Betroffenen zusätzlich zugesetzt werden. Es kann als bewusste Mobbingstrategie angesehen werden, dass nahe Bezugspersonen in den Konflikt hineingezogen werden, um den Betroffenen zu schaden. Für Rainer ist seine Familie „das Einzige, was mich noch ein bisschen aufrechterhalten hat". Durch die Gerüchte über seine angeblichen kriminellen Delikte wird versucht, sein Ansehen bei seiner Familie systematisch zu zerstören.

Eine weitere häufige Mobbinghandlung ist die Diffamierung von Menschen aufgrund ihrer Zugehörigkeit zu gesellschaftlichen Minderheiten. Sei es aufgrund der politischen Einstellungen, ethnischer, schichtspezifischer und geschlechtsspezifischer Herkunft oder anderer Abweichungen von der jeweiligen gesellschaftlichen Norm, Menschen, die den gesellschaftlichen Normen nicht entsprechen oder entsprechen wollen, laufen besonders Gefahr, Mobbingbetroffene zu werden. Aber auch schon die Gerüchte über die geglaubte Zugehörigkeit zu einer Minderheit dienen als Diffamierungsmethode, um die Betroffenen zu isolieren. Relevant sind in diesem Zusammenhang immer die existierenden

Normen und Werte des Betriebes, die es erlauben, oder eben nicht, sich solcher Diskriminierungen als Mobbinghandlungen bedienen zu können.

Fritz vertritt als Betriebsrat politisch eine Minderheit in seinem Betrieb. Aufgrund dieser Tatsache wird er immer wieder diffamiert, aus dem KollegInnenkreis ausgeschlossen und isoliert.

> Ja, eigentlich mein größeres Problem ist in erster Linie eine politische Sache, das heißt, ich bin aufgrund der Minderheit, die wir haben, im Kreuzfeuer gestanden, und da hat es Leute gegeben, die mir nicht unbedingt sehr wohlwollend entgegengekommen sind, da ging es: Na, jetzt kommt der herein, und sie haben mich mit allen möglichen abfälligen Bemerkungen beschimpft. Wenn wir irgendwo gewesen sind, haben sie sich weggesetzt, da hat sich keiner zu uns gesetzt, wenn sie uns gesehen haben, wenn wir allein waren, dann o.k., sonst hat keiner gegrüßt oder keiner mit uns geredet.

Fritz gehört einer politischen Minderheit in seinem Betrieb an. Dies führt dazu, dass er und seine KollegInnen von den anderen geschnitten und isoliert werden. Die Handlungen treten dann auf, wenn Fritz sich im Kreise seiner politischen KollegInnen aufhält. Ist er allein, so hat er keine Anfeindungen zu fürchten. Hier wird das Phänomen des Gruppendruckes deutlich, wenn sich die unterschiedlichen Meinungen einer Gruppenmeinung angleichen. Kommt es zu einem individuellen Kontakt, stehen die einzelnen Gruppenmitglieder zu ihrer individuellen Meinung und das Verhältnis zu Fritz ist nicht getrübt. Der Konflikt befindet sich in einem frühen Eskalationsstadium, da er sich ausschließlich auf die politischen Meinungsdifferenzen bezieht und noch nicht personifiziert wird.

Einer weiteren besonderen Gefahr, zu Mobbingbetroffenen zu werden, unterliegen Menschen, die einer anderen ethnischen Zugehörigkeit entstammen. Sie werden aufgrund ihrer tatsächlichen oder geglaubten unterschiedlichen ethnischen Herkunft schikaniert. Gesellschaftliche Diskriminierungen tragen sich fort und wirken gleich einer Legitimierung für Mobbing. Toni tritt als Personalvertreter in seinem Betrieb gegen die Diskriminierung von Menschen aufgrund ihrer andersartigen ethnischen Herkunft auf. Dies führt dazu, dass er selbst zum Mobbingbetroffenen wird, wenn er als Judenschwein beschimpft wird.

> Man hat mich beschimpft: Dicke Sau, Judenschwein, sogar angespuckt bin ich worden, so ist das vor sich gegangen.

Mobbing als Ausgrenzungshandlung betrifft vorwiegend Menschen, die sich in der Position des Schwächeren oder einer Minderheit befinden. Toni will die Rechte der Minderheiten in seinem Betrieb vertreten und wird selbst zum Mobbingbetroffenen. Gesellschaftliche Diskriminierungen, die bewusst oder unbewusst weitergetragen werden, dienen seinen KontrahentInnen, um sein soziales Ansehen zu schmälern. Dies gilt insbesondere auch für die sexuelle Belästigung am Arbeitsplatz (siehe 2.7). Solange die sexuelle Belästigung am

Arbeitsplatz als gesellschaftliches Kavaliersdelikt angesehen wird und letztlich die Frauen dafür verantwortlich gemacht werden, wird sexuelle Belästigung ein Bestandteil des Arbeitslebens bleiben.

Als weitere gesellschaftlich diskriminierte Gruppe sollen Menschen mit einer homosexuellen Lebensform erwähnt werden. Die tatsächliche, aber auch geglaubte Homosexualität kann zu schwerwiegenden Mobbinghandlungen führen. Mobbinghandlungen können auch hier nur wirksam werden, weil gesellschaftlich diskriminierende Normen und Werte bestehen.

> Ja, es waren im Konkreten Gerüchte, angefangen von den banalen blöden sexuellen Sachen, wenn man jetzt sagt: Na schau, der redet mit dem und sitzt mit dem in einer Garderobe, schau sie dir an, die zwei Warmen. Also, das ist gang und gäbe.

Alexander sucht den Kontakt zu einem Arbeitskollegen. Er befindet sich in einer massiven Mobbingsituation. Ein Kollege steht ihm bei, indem er ihm Mut zuspricht. „Dieser eine Arbeitskollege, wobei er ja leider Gottes einer war, der sich nicht gestellt hat, der hat mir aber trotzdem immer wieder Mut zugesprochen." Der Vorwurf der Homosexualität soll diese Intention vereiteln, um Alexander wiederum in die Isolation zu treiben. Die Kontrahenten suchen die männliche Solidarität zu diffamieren, indem sie die beiden Männer als homosexuell bezeichnen.

Eine weitere wesentliche Taktik, das soziale Ansehen der Betroffenen zu schmälern, ist es, sie als psychisch krank zu bezeichnen und somit ihre Argumente in Frage zu stellen. Wie sehr Mobbing gegen unliebsam gewordene KollegInnen eingesetzt wird, zeigt sich an Lottes Schilderungen. Ein Personalvertreter ist ihren Vorgesetzten unlieb geworden. Sie beginnen eine Unterschriftenaktion gegen ihn mit der Begründung, dass er ein Querulant sei.

> Als ich vom Urlaub zurückkam, kam ein gewisser Kollege D. zu mir und teilte mir mit, weil Herr W. ein Querulant sei, muss eine Unterschriftenaktion gegen ihn gemacht werden, damit er vom Betrieb wegkommt. Meine Pause war schon bald zu Ende und ich habe gesagt: Ich kenne den nicht und der hat mir eigentlich nichts getan, ich hätte keinen Grund, gegen ihn zu unterschreiben.

Lotte kennt den Kollegen nicht, und sie soll trotzdem unterschreiben, dass er ein „Querulant" ist, um ihn aus dem Betrieb zu drängen. Auch Rainer ist im Laufe seiner fünfjährigen Mobbinggeschichte mit dem Vorwurf, psychisch nicht zurechnungsfähig zu sein, konfrontiert. Er hat bereits einen Gehirnschlag erlitten und bekommt aufgrund massiver Mobbingattacken einen weiteren, der ihn zwingt, sich ins Krankenhaus zu begeben.

> Und dann sind sie gekommen und haben gesagt, weil ich eben wegen der Attacke im Krankenhaus war, dann haben sie gesagt, na ja, der ist ja sowieso geistesgestört, der hat ja was, ist eh klar, der ist ja im Narrenhaus drinnen, ich meine, das sind die Dinge, die mich dann noch mehr geschmerzt haben.

Die physische Hilflosigkeit dient Rainers Kontrahenten dazu, ihn weiter zu diffamieren. Die ungenaue alltagssprachliche Differenzierung zwischen psychiatrischer und neurologischer Behandlung dient ihnen dazu, Rainer als „geistesgestört" zu bezeichnen. Seine Argumente werden in Frage gestellt, indem er als nicht zurechnungsfähig dargestellt wird.

Berührend ist auch Tonis Plädoyer für die Glaubwürdigkeit von Mobbingbetroffenen. Als Gründer einer Selbsthilfegruppe formuliert er sein Anliegen folgendermaßen:

> Das menschliche Recht, wenn der Mensch wo hinkommt, dass er von vornherein einmal als Mensch angesehen wird und dass man nicht zu ihm sagt, das ist ein Spinner, ein Querulant, ein Paranoiker, schwachsinnig, psychisch krank. Dass ein Mensch, der sich wehren will, der einen SOS-Ruf hinausgibt, nicht so hingestellt wird, das ist das oberste Recht, das Menschenrecht überhaupt, das heißt, den Wert des Menschen muss man durch Toleranz anerkennen, nicht nur durch Sprechen, sondern wirklich den Wert anerkennen. Ich kann Menschen nicht von vornherein abqualifizieren. Dass ein gemobbter Mensch oder dass Menschen, deren Seele belastet worden ist, dass der anders ist als ein gesunder Mensch, das ist mir schon ganz klar, aber gerade da muss man zugreifen und helfen, die brauchen noch mehr Hilfe als andere, und dieses Recht wünsche ich mir, dass es kommt … und ich glaube auch, dass es kommt.

Mobbingbetroffene haben auch außerhalb des Betriebes das Problem, dass ihnen kein Glauben geschenkt wird. Sie werden als „Spinner, Querulant, Paranoiker, schwachsinnig oder psychisch krank" dargestellt. Wesentlich an Tonis Aussagen ist auch, dass Mobbingbetroffene aufgrund von langjährigen Attacken oftmals wirklich psychisch und physisch krank werden. Demzufolge plädiert Toni auch für die Hilfe und Ernstnahme der Betroffenen und nicht für weitere Stigmatisierung als psychisch Kranke. Er stellt sich der Verkehrung der Tatsachen entgegen, indem er die eventuell auftretenden psychischen und physischen Erkrankungen als Mobbingfolgen aufzeigt.

12.4 Beeinträchtigung der Arbeitssituation

Mobbinghandlungen variieren in ihrer Vielfältigkeit und können sich auf die unterschiedlichste Weise auf die unmittelbare Arbeitssituation auswirken. Häufig sind Mobbingbetroffene mit der Situation konfrontiert, dass sich ihre Arbeitsbedingungen sukzessive verschlechtern.

> Ich durfte nicht mehr dort hingehen, wo man sitzen kann, und ich musste rund um die Uhr, das heißt, ich musste zehn Stunden durchgehend stehen und habe nur zehn Minuten Pause gehabt. Na ja, man ist ja als Aufseher und zum Informationsdienst und zum Fernsehdienst aufgenommen, das heißt, das ist ein Raddienst, damit man nicht geistig stagniert, aber mich hat man nur mehr als Aufseher eingesetzt.

Tonis Vorgesetzter schränkt seinen Handlungsspielraum maßgeblich ein. Aufgaben, die normalerweise zur Regeneration einer extrem monotonen Tätigkeit gehören, werden ihm verwehrt. Er darf keinen „Raddienst" mehr versehen und wird gezwungen, seine gesamte Dienstzeit über zu stehen. Oftmals ist der Einschränkungsprozess individueller Handlungsmöglichkeiten am Arbeitsplatz damit verbunden, dass den Betroffenen diejenigen Tätigkeiten aufgetragen werden, die unter ihrer Qualifikation oder demütigend sind. „Dann hat man mir nur noch schlechte Arbeit, halt die Drecksarbeit im Labor gegeben." Dazu kommt, dass betriebliche Vergünstigungen den Betroffenen verwehrt werden.

> Von da ab hätte ich keine Chance auf Weiterbildung oder so mehr gehabt, man hat mich halt im Hochparterre schmoren lassen, also ich hätte nichts erwarten können. Ich war immer ein Außenseiter, und ich bin als minderwertige Arbeitskraft bezeichnet worden.

Lotte muss auf ihrem Arbeitsplatz „schmoren". Ihren Bedürfnissen nach Fort- und Weiterbildung wird nicht Rechnung getragen. Sie werden ihr verwehrt. Dies hat weit reichende Auswirkungen für Lotte. Zum einen kann sie dem monotonen Alltag als Aufseherin nicht entgehen und sich regenerieren. Zum anderen bleiben ihr durch den Mangel an Fort- und Weiterbildungsmöglichkeiten jegliche Aufstiegschancen verwehrt. Ihre Situation wird durch ihre soziale Stigmatisierung als „minderwertige Arbeitskraft" noch verschärft. Der Druck auf sie verstärkt sich zudem durch die ständige Kontrolle ihrer Arbeit seitens ihrer KontrahentInnen.

> Ein wahnsinniger Stress, weil die Arbeit hat mir an sich nichts ausgemacht, aber man hat gemerkt, es wird alles beobachtet, jede Bewegung, jede Aktivität, alles hat man beobachtet, und ich habe nicht genau gewusst, wer da noch dahintersteht und beteiligt ist bei dem Komplott.

Lotte steht unter ständiger Beobachtung. Jeder Schritt ihrer Arbeit wird verfolgt. Sie kann die Situation nicht einschätzen, weiß nicht, wer aller „beteiligt ist bei dem Komplott". Die sozialen Beziehungen innerhalb des Betriebes können nicht mehr unvoreingenommen eingegangen werden. Es steht stets das Misstrauen dahinter, die KollegInnen könnten an den Schikanen beteiligt sein. Eine solche Entwicklung kann über einen langen Zeitraum zu enormen psychohygienischen Schädigungen führen, indem es zur Generalisierung des Misstrauens auf andere Lebensbereiche kommt.

Eine weitere Mobbingstrategie, die sich unmittelbar auf das Arbeitsfeld auswirkt, ist die Beeinträchtigung der Arbeitssituation, sodass die Betroffenen ihre Tätigkeiten nicht mehr ausführen können.

> Wenn ich gesagt habe: Macht mir das, weil ich bin Übergeordneter, macht mir das und ich brauche das relativ schnell, also schnell war das bei Gott nicht. Also wenn ich eine Terminarbeit gehabt hätte, wäre es oft gewesen, dass ich einen Verzug gehabt hätte.

Die Mobbingsituation führt dazu, dass es zu Arbeitsverzögerungen bei Elisabeth kommt. Sie kann ihre Arbeit nicht ausführen, weil wesentliche Vorarbeiten von ihren MitarbeiterInnen verzögert oder nicht gemacht werden. Zudem kommt, dass ihre MitarbeiterInnen unmittelbar notwendige Utensilien, die sie zur Durchführung ihrer Arbeit braucht, manipulieren.

> Ich greife zum Kugelschreiber, eine Partei sitzt vor mir, ich will etwas notieren und kann nicht schreiben, weil die Mine nicht da ist. Oder, was weiß ich, die Büroklammern zusammenhängen zu riesigen Ketten, die man dann einfach auseinander klauben muss.

Im Extremfall können sich solche Situationen so weit entwickeln, dass die Betroffenen vollkommen gehindert werden, ihre Arbeit auszuführen, indem ihnen die Arbeitsmaterialien zerstört oder entzogen werden.

> Ich bin dann total ausgesondert worden. Ich bin mit einem Telefon in einem Kammerl gesessen. Ich habe nicht telefonieren und nichts arbeiten dürfen. Ich könnte heute noch das Zimmer beschreiben. Da ist rechts der Schreibtisch gestanden, das Dachflächenfenster einmal mit halber Stellung, dann wieder mit ganzer Stellung. Du kommst dir eben total isoliert vor, da ist keine Bequemlichkeit, nichts vorhanden. Da hast du einen Schreibtischsessel, alles ist ausgeräumt worden, was drinnen war, also wo ich etwas arbeiten hätte können.

Hannes wurden sukzessive die Möglichkeiten, seine Arbeit zu erledigen, entzogen. Am Ende des Mobbingprozesses wurde er in einen leeren Raum mit einem Telefon gesetzt. Er durfte nicht telefonieren und keine Arbeit verrichten. Die Pein, die dieser Zustand bei ihm hervorgerufen hat, zeigt sich in seiner Beschreibung. Sein Handlungsspielraum und seine Wahrnehmungsmöglichkeiten sind derart reduziert, dass ihm die unterschiedlichen Fensterstellungen selbst Jahre nach dem Vorfall in Erinnerung sind. Die soziale und arbeitsbezogene Isolation stellt eine der häufigsten Mobbingstrategien dar. Das hier geschilderte Beispiel veranschaulicht die extremste Variante der Einschränkung des individuellen Handlungsspielraumes am Arbeitsplatz.

Zumeist kommt es im Zuge von Mobbingschikanen zu Versetzungen der Betroffenen. Hierbei sind zwei Motivationen zu erkennen, zum einen der Gedanke, dass mit dem Weggang der Betroffenen sich die Situation wieder löst. Die Mobbingstrukturen und ihre Hauptbeteiligten bleiben unverändert und die Konfliktquellen werden nicht bearbeitet. Neben der Ungerechtigkeit, die dieses Verhalten für die Betroffenen impliziert, birgt es die Gefahr eines Wiederaufkeimens von Mobbingstrukturen mit anderen Exponenten in sich. Zum anderen werden Versetzungen als weitere Schikane gegen Betroffene eingesetzt.

> Ja, du kannst jetzt in die Schweißerei. Habe ich gesagt, was soll ich? Was soll ich in der Schweißerei, ich bin gelernter Schlosser und habe meine Meisterprüfung, wieso soll ich jetzt schweißen? Wahrscheinlich haben sie nur darauf gewartet, bis ich einmal sage, so, jetzt könnt ihr mich, das mache ich nicht.

Friedrich wird aufgrund eines Konfliktes eine andere Stelle innerhalb des Betriebes zugewiesen, die seinen Qualifikationen nicht entspricht. Er ist gelernter Schlosser und soll nun die Arbeit eines Schweißers erledigen. Eine weitere Mobbingstrategie wird deutlich, bei der den Betroffenen Arbeiten zugewiesen werden, die ihren Qualifikationen nicht entsprechen. Bei Friedrich führt dies dazu, dass er mehrmals versetzt wird. Auch er selbst sieht in dieser Vorgangsweise eine Taktik, ihn mürbe zu machen, sodass er den Betrieb verlässt. „Wahrscheinlich haben sie nur darauf gewartet, bis ich einmal sage, so, jetzt könnt ihr mich, das mache ich nicht." Neben der Versetzung innerhalb des Betriebes werden Betroffene häufig mit nicht gerechtfertigten Verwarnungen bedacht.

> Dann habe ich auch für die Biothek die Verwarnungen bekommen, einerseits habe ich das aufgetragen bekommen, dass ich das immer machen musste, andererseits durfte ich nicht in den Betrieb, um Kontrollen zu machen. Dann habe ich halt einfach Verwarnungen bekommen, dass ich das und das nicht gemacht habe.

Brigitte wird in eine klassische Double-bind-Situation hineinmanövriert. Ihr wird aufgetragen, die biochemischen Kontrollen im Betrieb durchzuführen. Gleichzeitig wird ihr jedoch verboten, den Betrieb zu betreten. Sie kann die ihr auferlegte Aufgabe nicht erfüllen. Sie wird verwarnt, weil sie die biochemischen Kontrollen im Betrieb nicht durchgeführt hat. „Man wollte mich einfach hinaus haben." Brigitte setzt sich zur Wehr, sie weist nach, dass es ihr nicht möglich war, die ihr auferlegten Aufgaben zu erfüllen, und die Verwarnung wird zurückgenommen. Einen anderen Verlauf nimmt die Mobbinggeschichte von Erich. Er kann dem Druck nicht standhalten und lässt sich „freiwillig" versetzen.

> Es war ein Fehler von mir, dass ich mich auf alles eingelassen habe, weil ich dann auf eine Abschussstelle gekommen bin. Der Chef von dort war der Freund von meinem vorigen Chef, und der hat das dann fatal ausgenutzt, indem er mir sechs sinnlose Verwarnungen gegeben hat, und das hat dann dazu geführt, dass ich gekündigt wurde.

Friedrich lässt sich versetzen und akzeptiert alle Bedingungen seines Chefs, um der Situation zu entkommen. Er kommt auf eine „Abschussstelle", wird mehrmals ohne ersichtlichen Grund verwarnt und letztendlich gekündigt. Kündigungen stehen am Ende der Maßnahmenspirale gegen Betroffene.

12.5 Physische Gewalthandlungen und sexuelle Belästigung

Ein langfristiger Mobbingprozess führt zu physischen und psychischen Erkrankungen. Es zeigt sich anhand der Interviews, dass es in seltenen Fällen auch zu unmittelbarer physischer Gewalt kommt. Alfred ist in eine Außenseiterposition zu seinen Kollegen geraten, es kommt zu physischer Gewalt gegen ihn.

> Ja, der hat mich einfach genommen und hat mich mehr oder weniger hinübergerissen, wenn ich ein bisschen unbeholfen gewesen wäre, wäre ich irgendwo gelegen, so bin ich halt auf die Seite gegangen, und die Sache war erledigt und er hat sich dann eh schon wieder besonnen gehabt.

Der Konflikt zwischen Alfred und seinen Kollegen wird immer massiver, und es kommt letztendlich zur totalen Eskalation mit Gewalthandlungen, wobei ein Kollege ihn körperlich attackiert.

Auch bei Friedrich ist der Mobbingprozess so weit fortgeschritten, dass es zu gewalttätigen Übergriffen kommt. Seine Kollegen werfen mit „Wasserwaagen und Werkzeug" herum. Er beklagt sich bei seinen Vorgesetzten, woraufhin er versetzt wird.

> Dann haben die gesagt, nein, so geht es nicht, das ist ja selbstverständlich. Dann bin ich wieder weggekommen und der ist dageblieben. So ist das immer im Kreis gegangen. Du bist ständig von einer Dienststelle zu nächsten gewandert.

Die Betroffenen werden zumeist von der Dienststelle entfernt, indem sie versetzt oder gekündigt werden. Diese Tatsache gilt insbesondere für die Opfer von sexueller Belästigung am Arbeitsplatz. Auch hier zeigt sich anhand der Interviews deutlich, dass diejenigen Frauen, die den Mut fanden, das Geschehen zur Anzeige zu bringen oder dem Vorgesetzten zu melden, versetzt oder gekündigt werden. Die Täter hingegen bleiben im Betrieb auf ihren angestammten Positionen.

> Ich habe selbst zwei sexuelle Belästigungen an Frauen erlebt, wobei die Täter verwarnt und die Frauen einvernehmlich gekündigt wurden.

In der Konflikthandhabung kommt es zu einer weiteren Diskriminierung der betroffenen Frauen und Männer. Sind sie bereits durch die massiven gewalttätigen und sexuellen Übergriffe psychisch und physisch schwer geschädigt, werden sie nun, als seien sie die VerursacherInnen des Konfliktes, versetzt oder gekündigt. Für den Betrieb bedeutet dies, dass destruktive Mobbingstrukturen fortbestehen und sich die aufgestauten Aggressionen auf einen anderen Sündenbock übertragen. Die Versetzung der Opfer stellt keine Veränderung im Sinn einer Lösung dar.

12.6 Resümee

Während eines Mobbingprozesses können alle Lebensbereiche von den variierenden Mobbinghandlungen betroffen sein. Sie schaffen Minderheiten oder sie zielen auf diese ab. Die Attacken führen zur Verringerung des individuellen Handlungsspielraumes und streben die soziale und arbeitsbezogene Isolierung der Betroffenen an. Dies bewirkt massive Störungen des Selbstbildes, da die Bilder, die wir von uns und der Welt haben und die wir als Lebensorientierung benötigen, zu einem wesentlichen Teil durch die Interaktion mit anderen Menschen entstehen.

13 Organisationsstrukturen: ihre Veränderungen und Mobbing

Dem Chef gegenüber, wie soll ich sagen, der war ein Patriarch und autoritär, wo du gemerkt hast, vom Klima her, es ist alles unangenehm.

13.1 Mobbing und Führungsstile

In der Literatur werden drei unterschiedliche Führungsstile, der autoritäre, der demokratische und der Laissez-faire-Führungsstil, beschrieben. Während im autoritären Führungsstil Entscheidungen ausschließlich vom Vorgesetzten getroffen werden, sucht der demokratische Führungsstil, die MitarbeiterInnen in den Entscheidungsprozess miteinzubinden. Das Laissez-faire-Führungsverhalten hingegen vermeidet jegliche Struktur- und Entscheidungsvorgaben und überlässt alle Entscheidungen den MitarbeiterInnen. Innerhalb der analysierten Interviews fand sich kein Laissez-faire-Führungsverhalten. Dieser Führungsstil kann dementsprechend in den folgenden Ausführungen nicht berücksichtigt werden.

13.1.1 Autoritäres Führungsverhalten und Mobbing

Das wesentliche Merkmal des autoritären Führungsverhaltens besteht darin, dass der/die autoritäre FührerIn seine/ihre Macht nur in geringem Umfang mit den MitarbeiterInnen teilt. Darüber hinaus stützt sich die Einflussnahme des/der autoritären Vorgesetzten zum überwiegenden Teil auf seine/ihre positionsspezifische Autorität und die damit verbundenen Sanktionsmöglichkeiten. Interessant sind im Zusammenhang auch die äußerlichen Erscheinungsformen hierarchisch strukturierter Institutionen. So schildert Elisabeth die Raumaufteilung innerhalb ihres Betriebes folgendermaßen: „Der Chef hat das größte Zimmer, weil unser Sozialraum ist also ganz winzig." Der Sozialraum, der für eine Vielzahl von MitarbeiterInnen dienlich sein soll, ist dermaßen klein, dass es nicht möglich ist, darin „wirklich miteinander zu diskutieren." Diskussionen sind nicht erwünscht und werden nicht eingeplant. Die Auswirkungen hierarchisch geführter Unternehmen auf die MitarbeiterInnen schildert Inge anschaulich mit folgendem Beispiel:

Mit der neuen Chefin ist es so, dass es einfach heißt, das ist so und fertig. Also es gibt keine Vorinformation mehr, sondern da kommt man zu uns und sagt, das ist ab dem und dem Zeitpunkt so und fertig, es gibt keine Diskussionen mehr darüber. Vor allem sind die Abteilungsleitungen irrsinnig frustriert darüber. Ja, wozu soll man sich Gedanken machen, wenn man sowieso … Es ist anscheinend nicht mehr gewünscht. Ja, es fehlt einfach die Motivation, und man ist sich einfach von einem Tag auf den anderen nicht mehr sicher, bleibt man in der Position oder nicht.

Deutlich zeigt sich der Zusammenhang zwischen dem autoritären Führungsstil, der keinerlei Spielraum für Diskussionen oder eine Mitentscheidungsmöglichkeit einräumt, und der sinkenden Motivation für die Arbeit. Die MitarbeiterInnen haben die von der Führungsperson eingeleiteten Veränderungen umzusetzen und hierzu keinerlei Stellung zu beziehen. Dass dieses Führungsverhalten ein enormes Stresspotential für die MitarbeiterInnen impliziert, verdeutlicht sich auch in der Tatsache, dass sie keinerlei „Vorinformation" über Neuerungen erhalten und sich somit nicht psychisch auf diese einstellen können. Resultat ist eine „irrsinnige Frustration" bei den MitarbeiterInnen der mittleren Führungsetage, weil sie ihren Aufgaben enthoben sind und keinerlei Anerkennung für ihre individuelle Auseinandersetzung mit Problemen im konkreten Arbeitsleben erfahren. „Ja, wozu soll man sich Gedanken machen?" Logische Konsequenz ist die eintretende Motivationslosigkeit und die Angst vor dem Verlust der Position. Inge beschreibt im Zusammenhang mit der Angst vor dem Arbeitsplatzverlust die Situation einer langjährigen Kollegin, die eine unkündbare Stellung innerhalb des Betriebes hatte und die sich aufgrund von Intrigen seitens der Führungsetage in therapeutische Behandlung begeben musste und kündigte. Den Grund für die Mobbingattacken schildert sie folgendermaßen: „Sie ist eine sehr kritische Frau. Eine, die ihre Meinung wirklich gesagt hat, und da ist sie halt ein oder zwei Leuten unangenehm geworden. Also für mich ist das echtes Mobbing gewesen." Die Sanktionierung Einzelner, die Kritik am autoritären Führungsstil üben, hat die Funktion der Einschüchterung der restlichen Belegschaft.

> Das Vertrauen zur Pflegeleitung war natürlich von diesem Moment weg. Man ist verunsichert. Es ist nachher noch die Situation entstanden, dass eigentlich jeder, der eine Funktionsleitung gehabt hat, mit den Ängsten lebt, das kann mir jederzeit auch passieren. Wenn ich den Mund zu weit aufmache, kann mir das auch passieren.

Es gibt keine Vertrauensbasis zwischen der Führungsetage und den MitarbeiterInnen mehr. Die MitarbeiterInnen werden zu BefehlsempfängerInnen, jene, die dieser Rolle nicht entsprechen, müssen um ihren Arbeitsplatz fürchten. Dementsprechend haben die MitarbeiterInnen Angst, ihre Meinung zu sagen und sich zu äußern. Auch Monika beschreibt diese Auswirkungen des autoritären Führungsstils auf das Betriebsklima.

> Dem Chef gegenüber, wie soll ich sagen, der war ein Patriarch und autoritär, wo du gemerkt hast, vom Klima her, es ist alles unangenehm. Sobald der Chef das Haus betreten hat, hat sich niemand mehr was reden getraut. Wir sind oft zusammengestanden, eben die Assistentin, Sekretärin, der Dozent, ein Professor, und jeder hat die Lauscher offen gehabt, ob der Professor bei der Tür hereinkommt. Sobald man gehört hat, er kommt, sind sie alle auseinander gerannt. Jeder hat plötzlich ein Papier in der Hand gehabt, hat der Sekretärin was diktiert, der hat sich an der Schreibmaschine wichtig gemacht …

Die Angst vor dem Chef und seinem autoritären Führungsstil bestimmt das gesamte Geschehen innerhalb des Unternehmens. Selbst bei seiner Nichtanwesenheit können die MitarbeiterInnen sich nicht ungestört miteinander austauschen, da jeder „immer die Lauscher offen" hat. Die zwischenmenschlichen Beziehungen sind durch die Angst vor dem Chef und seinen Attacken gekennzeichnet. „Attacken in dem Sinn, dass man sich vor dem Chef schützen muss, weil man sonst angegriffen wird: Was machen Sie hier? Ihr Arbeitsplatz ist dort drüben!" Der autoritäre Führungsstil führt zu einem negativen Betriebsklima, das alles, selbst den positiv gemeinten Austausch unter den KollegInnen, unangenehm werden lässt. Konstruktive Kontakte innerhalb der Belegschaft werden verhindert, und mögliche positive Erfahrungen miteinander können nicht gemacht werden. „Das war mir völlig fremd, dass ich mit meinen Kolleginnen nicht einmal ein paar Worte wechseln darf." Den MitarbeiterInnen wird keine Möglichkeit zum Austausch zugestanden. Soziale Netzwerke können sich so nur schwer bilden. Gerade diese spielen jedoch eine enorme Rolle bei der Prävention von Mobbing (siehe 12.3). Darüber hinaus wird das Vertrauen unter den MitarbeiterInnen durch die Delegation von negativen Nachrichten an Untergebene maßgeblich gestört. So übermittelte Marias Chef seine negativen Forderungen stets über seine Sekretärin.

> Es war auch so, er hat mit mir nie persönlich geredet. Wenn irgend etwas war, hat er mir das immer über die Sekretärin ausgerichtet. Zum Beispiel, wenn ich bei ihr gestanden bin am Morgen und gesagt habe: Na, wie geht es dir heute, was machst du denn? Halt mit ihr ein Gespräch angefangen habe, und sie ist immer ganz unruhig geworden und hat gesagt: Hörst, der Chef hat mir aufgetragen, ich soll dir sagen, du sollst nicht immer da so lange herumstehen, weil das mag er nicht.

Die Delegation von negativen Nachrichten an Untergebene stellt eine Belastung für die Beziehung unter den MitarbeiterInnen dar. Die MitarbeiterInnen haben keine Möglichkeit, direkt Stellung zu beziehen, und es besteht die Gefahr, dass sich Ärger und Aggressionen an Personen entladen, die diese nicht unmittelbar verursacht haben. Zudem wird die Sekretärin zur Vollzugsperson der Anweisungen des Chefs, die sich bei Nichteinhaltung der Anweisungen verantworten muss. Ihr Verhältnis zu den KollegInnen ist hierdurch maßgeblich getrübt.

Als wesentlicher weiterer belastender Faktor für das Betriebsklima stellt sich anhand der vorliegenden Analyse die mangelnde Transparenz bei der Entscheidungsfindung dar. An Marias Arbeitsplatz wurde eine neue Kollegin eingestellt, die genau dieselben Tätigkeitsbereiche haben sollte wie sie selbst. Ihre Situation in der Zeit vor der Einstellung der neuen Mitarbeiterin schildert sie wie folgt:

> Ich habe dann mit ihm gesprochen, sage ich, naja gut, die wird jetzt meine Arbeit machen, und welche Arbeit mache ich? Ja, das werden wir dann schon sehen. Ich bin damals auf Urlaub gegangen, das war im Sommer. Ich wusste nicht, wenn ich jetzt vom Urlaub zurückkomme, was ist mit mir? Gewusst habe ich, die neue Assistentin sitzt dann auf meinem Platz, aber wo sitze ich, wenn ich zurückkomme? Es hat mir niemand gesagt. Ja, ich habe den Laborleiter gefragt, ich habe den Chef gefragt, sage ich, wie geht es jetzt mit mir weiter?

Es verdeutlicht sich der enorme Stress, die Verzweiflung und die Angst vor dem Arbeitsplatzverlust, dem Maria durch die mangelnde Transparenz über das Folgegeschehen innerhalb des Betriebs ausgesetzt ist. Sie kann keinen Einfluss nehmen und keine Stellungnahme zum Geschehen innerhalb des Betriebes abgeben, da ihr hierfür die nötigen Informationen vorenthalten werden. So scheint sie der Situation hilflos ausgeliefert. Je geringer jedoch der individuelle Handlungsspielraum und das konkrete Wissen um betriebliche Entscheidungsfindungen ist, desto höher ist der Stress bei den einzelnen MitarbeiterInnen, können sie doch ihr eigenes Schicksal scheinbar nicht beeinflussen.

> Jedenfalls war ich gerade in meinem Urlaub irrsinnig damit beschäftigt, was geschieht jetzt, wenn ich zurückkomme. Habe ich überhaupt noch meinen Arbeitsplatz, oder bekomme ich überhaupt noch Arbeit, oder sagt er gleich, schauen Sie, dass Sie weiterkommen.

Als wesentlich belastender Faktor ist darüber hinaus der Mangel an Diskussionsmöglichkeiten zu nennen. Aggressionen und Konflikte können nicht ausgetragen werden. Sie entladen sich zumeist an Personen, die sie nicht verursacht haben. Gleich einem Kreislauf nach unten werden sie an diejenigen innerhalb der Hierarchie weitergegeben, von denen keine Bedrohung ausgeht und die mit weniger Machtbefugnissen ausgestattet sind oder ohnehin zu Randgruppen unserer Gesellschaft gehören. Monika beschreibt eine solche Beziehungsdynamik aufgrund extremer hierarchischer Organisationsstrukturen folgendermaßen: „vor dem Chef kriechen und nach unten weitertreten". Hierarchische Strukturen werden verinnerlicht und unreflektiert ausagiert. Veranschaulicht kann dies auch durch Elisabeths Bericht werden. Der Mobbingprozess, in den sie geraten war, wurde durch das Gerücht ausgelöst, dass sie als Chefin eine neue Kollegin protegieren wollte. Ihr Vorgesetzter hatte dies von ihr erbeten, und sie hatte aus Angst vor Sanktionen zugesagt, obgleich sie dies tatsächlich in der Realität nicht umsetzen wollte. Elisabeth reagiert auf die Frage: „Was für einen Anteil haben die organisatorischen Rahmenbedingungen für deinen Mobbingprozess gehabt? War das Umfeld Mitverursacher des Prozesses?" folgendermaßen:

> Das glaube ich eigentlich nicht, nein. Das war es sicherlich nicht. Nein, das war es sicherlich nicht. Das war ganz einfach meine blöde und unbedachte Bemerkung, und vielleicht mein zu hierarchisches Denken. Weil ich mich einfach gefürchtet habe, wenn ich den einmal als Chef bekomme und ich sage als junge Beamtin, also Herr Oberamtsrat, das kann ich da nicht tun, und was stellen Sie sich denn vor, dass mich der dann einmal schneidet.

Elisabeth sucht die Schuld für ihr Verhalten bei sich selbst. Sie kann den Zusammenhang zwischen ihrem „zu hierarchischen Denken“ und den sie umgebenden strengen hierarchischen Rahmenbedingungen nicht bewusst herstellen. Deutlich zeigt die Schilderung jedoch, dass sie aus Angst vor dem Vorgesetzten, der sie „schneiden“ wird, etwas verspricht. Die Hierarchie, in der sie eingebunden ist und von der sie weiß, dass sie verschoben werden kann „wie eine Marionette“, bedingt ihr Verhalten mit, obgleich ihr dies nicht bewusst ist. Auch anhand Monikas Beispiel, die den Mangel an Anerkennung ihrer Arbeit beklagt, verdeutlicht sich die Übertragung hierarchischer Rahmenbedingungen in das Denken und Fühlen.

> Dann soll man das zumindest respektieren und achten, dass ich die Arbeit mache und nicht die Sekretärin, die an der Schreibmaschine steht und die Befunde eingibt oder die Studien anfertigt, also halt hineinschreibt. Weil die kann man bald einmal ersetzen. Oder das kann jeder andere schreiben. Aber dass die Befunde wirklich genau sind und dass man sich auf die Studien verlassen kann, das ist nicht so selbstverständlich.

Der Mangel an persönlicher Anerkennung ihrer Arbeit veranlasst Monika dazu, auch die Arbeit der Sekretärin abzuwerten. Der/die einzelne MitarbeiterIn ist für das hierarchische System ersetzbar, und genau derselben Argumentation bedient sich Monika, wenn sie über die Funktion der Sekretärin innerhalb ihres Betriebes berichtet. „Weil die kann man bald einmal ersetzen.“ Sie ist ersetzbar und braucht dementsprechend keine Anerkennung zu erhalten. Monika hat die sie bedrückenden und annerkennungsverweigernden hierarchischen Strukturen verinnerlicht und gibt sie an die ihr untergeordnete Mitarbeiterin weiter. Der Konflikt, der durch die mangelnde Anerkennung ihrer Arbeit durch den Chef ausgelöst wurde, überträgt sich somit auf die MitarbeiterInnenbeziehung. Gerade diese Strukturen können dann leicht dazu führen, dass Sündenböcke gesucht und gefunden werden. Sie haben die Funktion, dass sich der aufgestaute Ärger und die Aggressionen an ihnen entladen können, ohne dass das System die notwendige Veränderung erfährt.

Anhand Alexanders Geschichte kann die Sündenbockfunktion, die ihm zugeschrieben wurde, klar dargestellt werden. Er beschreibt „das Gefühl, es läuft im Betrieb eigentlich ein System jeder gegen jeden, und ich bin faktisch der Jüngste und der Schwächste.“ Als er seine Ideen bezüglich einer Verbesserung der Arbeitssituation einbringen möchte, wird er nicht ernst genommen, und es beginnen die ersten Mobbingattacken gegen ihn. „Das wurde mir angekreidet, weil ich nicht einfach mitgemacht habe. Ja, das waren eben die Punkte, wo man sich mokiert hat und etwas gesucht hat, damit es böses Blut gibt gegen mich.“ Dass die Konflikte stark durch das hierarchische System gekennzeichnet sind und sich jederzeit auch an anderen entladen können, zeigt sich an der Tatsache, dass Alexander aufgrund eines Unfalls für längere Zeit dem Dienst fernblieb. Bei seiner Rückkehr bestand bereits ein neuer Konflikt, der die destruktiven Energien von ihm abzog. „Wie ich nach meinem Krankenstand wieder in die Firma gekommen bin, haben sich die beiden, die da damals so stark gegen mich gewettert haben, gerade zerstritten gehabt, das hat unheimlich viel ausgemacht." Der Konflikt hatte sich auf andere Personen verlagert, und die Mobbingsituation löste sich für Alexander auf. Auch anhand Pauls Schilderungen lässt sich der Zusammenhang zwischen Mobbing und den organisatorischen Rahmenbedingungen leicht herstellen. Nur die Existenz eines Sündenbocks lässt das System in sich bestehen.

> Na ja, in dem Betrieb ist es eigentlich üblich, dass in unregelmäßigen Abständen Mitarbeiter ... wir haben das das Körbchenspiel getauft ... Wenn du aus dem Körbchen draußen bist, dann bist du praktisch der Böse. Das heißt, da gibt es immer das Körbchenspiel, wenn du im Körbchen drinnen bist, ist alles toll und gut, nur irgendwann einmal, ob du etwas angestellt hast oder nicht, fällst du aus dem Körbchen raus und bekommst deine Ohrfeigen. Das ist immer ein Einzelner. Das geht aber quer durch den Gemüsegarten. Das ist egal, ob das jetzt Büropersonal ist oder ob das ein Fahrlehrer ist, das geht quer durch den ganzen Betrieb. Es ist dafür kein Grund ersichtlich. Auf einmal werden Mücken zu Dinosauriern hochgepäppelt. Da wird natürlich auch versucht, von der Kollegenschaft dementsprechend Druck zu machen, dass man dann plakativ vor Augen führt: Das habt ihr wieder der oder dem zu verdanken. Das klappt ja überhaupt nicht. Also da wird praktisch gegen den Stimmung gemacht. Gegen den, der gerade aus dem Körbchen rausgefallen ist.

Deutlich zeigen sich die Folgen von autoritärem Führungsverhalten. Die Spannungen übertragen sich auf den gesamten Betrieb. Jeder kann von jedem jederzeit attackiert werden. Bedeutungsvoll hierbei scheint, dass die Dynamik zumeist Einzelne trifft, die natürlich im Verhältnis zur Gruppe eine ungleiche Konfliktposition innehaben.

Die Gründe für die Attacken sind hierbei weder für die Beteiligten noch für den Betroffenen ersichtlich oder es werden „Mücken zu Elefanten" gemacht. Gerade diese destruktiven betrieblichen Strukturen, die sich besonders leicht aufgrund autoritären Führungsverhaltens etablieren, haben eine systemstabilisierende Funktion, indem die Aggressionen innerhalb der MitarbeiterInnen ausgetragen werden und keine wesentlichen Veränderungen am Bestehen der Hierarchie vollzogen werden müssen. Deutlich zeigt sich auch, dass hierbei die Persönlichkeit des Gemobbten keine wesentliche Rolle spielt. Alle sind potentielle Betroffene und können zu Mobbingbetroffenen werden. Die Sündenbockfunktion geht fließend an andere über.

13.1.2 Demokratisches Führungsverhalten und Mobbing

Der demokratische Führungsstil zeichnet sich vor allem dadurch aus, dass er die Meinungen und Positionen der MitarbeiterInnen miteinbezieht. Im Gegensatz zum/zur autoritären Vorgesetzten stützt sich die Macht des/der Vorgesetzten im demokratischen Führungsstil nicht ausschließlich auf seine/ihre Position, sondern auch auf seine/ihre inhaltlichen Qualifikationen sowie seine/ihre Sozialkompetenzen. Elisabeth, die eine Mobbingsituation konstruktiv lösen konnte, beschreibt ihren Führungsstil als Chefin folgendermaßen: „Ich möchte nicht, dass die Leute was tun, weil ich die Chefin bin, sondern dass die Leute das tun, weil sie in mich Vertrauen setzen, dass ich das kann, dass ich das weiß, dass ich Führungsqualitäten habe." Nicht die Anerkennung aufgrund ihrer hierarchischen Position, sondern das Vertrauen in ihre Fähigkeiten und Qualifikationen seitens der MitarbeiterInnen ist ihr wichtig. Eine solche Haltung impliziert auch einen anderen Umgang mit den MitarbeiterInnen, da er Veränderungen nicht nur zwangsläufig bei den MitarbeiterInnen verlangt, sondern im eigenen Verhalten impliziert. In einem solchen Kontext werden die Fähigkeiten und Qualifikationen der MitarbeiterInnen in die betrieblichen Abläufe geschätzt und eingebunden.

> Mein damaliger Chef, mein direkter Vorgesetzter, hat eigentlich wunderbar mit mir zusammengearbeitet. Ich habe neue Ideen gehabt und er war dafür zu begeistern. Ich habe ihm gesagt: Ich habe etwas gelernt und ich kann das. Ich habe halt immer nachgefragt: Warum macht ihr das so und nicht anders und so wäre es besser, und ich habe mich halt eingebracht und es ist angenommen worden. Klar hat es dort auch Reibereien gegeben, aber die waren konstruktiv.

Deutlich zeigen sich die Auswirkungen eines demokratischen Führungsstils. Die MitarbeiterInnen können ihre Ideen einbringen. Ihre Ideen werden als wirkliche Bereicherung für die betriebliche Zusammenarbeit angesehen, und sie bekommen dafür Anerkennung. Sie können ihr Wissen vermitteln, und es besteht die Möglichkeit, Konflikte in konstruktiver Art auszutragen. „Klar hat es dort auch Reibereien gegeben, aber die waren konstruktiv." Gerade durch die Tatsache, dass der demokratische Führungsstil Räume offenhält, indem er Diskussionen zulässt und die Partizipation an Entscheidungen fördert, verhindert er, dass Aggressionen und Kritik in Mobbing eskalieren. Kritik wird als ein entwicklungsförderndes Element in der Zusammenarbeit verstanden.

Ein wesentliches weiteres Kriterium des demokratischen Führungsstils beschreibt Maria, indem sie darauf verweist, dass sie im Rahmen ihrer Arbeit frühzeitig über Veränderungen informiert wird.

> Also wenn es Veränderungen gegeben hat, das hat man immer diskutiert, oder ... Da hat man miteinander geredet, man ist frühzeitig informiert worden, dass man sich Gedanken darüber hat machen können. Da ist zur Mitarbeit aufgefordert worden. Das war natürlich sehr, wie soll ich sage ... ja, einfach eine Motivation.

Maria wird bei anstehenden Veränderungen in ihrer Arbeitssituation rechtzeitig informiert. Dies gibt ihr die Möglichkeit, eigene Gedanken zu entwickeln und einzubringen. Für die psychische Verarbeitung von Stresssituationen hat dies einen elementaren Charakter, da sie sich auf anstehende Veränderungen rechtzeitig und langsam vorbereiten kann. Sie selbst kann an Entscheidungen teilhaben und mitbestimmen, in welche Richtung diese Veränderungen gehen sollen. Resultat dieses Prozesses ist eine hohe Arbeitsmotivation.

Bedeutungsvoll ist, dass der Verantwortungsspielraum der MitarbeiterInnen innerhalb ihres Arbeitsbereiches gegenüber dem autoritären Führungsstil maßgeblich erweitert ist. In ihren individuellen Bereichen werden ihnen auch alleinige Entscheidungskompetenzen zugestanden. Interessant sind hierbei die Ausführungen von Alexander, der in einem Bereich tätig ist, der ihn intellektuell unterfordert. Aufgrund seines Vorgesetzten, der ihm Verantwortungsbereiche überlässt, kann er diese Unterforderung kompensieren.

> Selbstverständlich, ich bin auch jetzt noch unterfordert, nur die jetzige Unterforderung ist nicht so tragisch für mich, weil ich mir die Unterforderung selber einteilen kann.

Die Erkenntnis der Kompensation von Unterforderung durch einen vergrößerten Handlungsspielraum ist elementar für die Mobbingforschung, da Mobbing auch durch Langeweile entstehen kann. Gerade monotone Berufe sollten mit mehr Entscheidungsbefugnissen ausgestattet sein. Zudem fördert die Übertragung von Verantwortung und die Möglichkeit, Entscheidungsprozesse zu beeinflussen, die Entfaltung von Fähigkeiten seitens der MitarbeiterInnen. Alexander, der wegen eines autoritären Chefs seine Arbeitsstelle wechselte, sucht dies folgendermaßen zu vermitteln: „Man hätte mich vor einigen Jahren ohne weiteres damit ködern können, dass man mir ein bisschen Verantwortung überträgt und mir Freiräume schafft und mich dort arbeiten lässt, dann hätte ich aus mir herauswachsen können.“ Sein jetziger Chef gesteht ihm Freiräume zu, in denen er die Verantwortung übernehmen kann. „Ich gehe eigentlich richtig gerne in die Arbeit.“ Es zeigt sich, dass durch einen demokratischen Führungsstil die Arbeitsmotivation gesteigert wird. Ein gutes Betriebsklima hat mobbingpräventiven Charakter, weil es das Verständnis füreinander maßgeblich unterstützt. Die MitarbeiterInnen sind zudem keinem zu hohen Stress ausgesetzt, weil sie mit Veränderungen innerhalb des Betriebes rechtzeitig konfrontiert sind und daran teilhaben können. Darüber hinaus kann der demokratische Führungsstil durch die Möglichkeit der Teilhabe an Entscheidungen die Energien an die inhaltliche Arbeit binden und die Produktivität der Arbeit steigern. Konflikte können durch mögliche Austragungsorte direkt verhandelt werden und müssen so nicht in Mobbing eskalieren. Außerdem kann die demokratische Führung, so sie das Vertrauen der MitarbeiterInnen hat, auch als Ansprechpartner und Schlichtungsstelle bei Mobbing herangezogen werden. In Monikas Mobbinggeschichte hatte ihre Chefin einen maßgeblichen Anteil daran, dass die Mobbingattacken gegen sie endeten.

Ich habe dann zuerst mit der damaligen Pflegeleitung geredet. Ich habe sie gefragt, wie das eigentlich ist, was sie für einen Eindruck hat. Bin ich wirklich nicht fähig, so einen Posten zu leiten, oder wie sie die Sache sieht. Sie hat mich ziemlich aufgebaut und hat gesagt, sie findet mich sehr geeignet und ich soll um Gottes willen nicht gehen.

Die Chefin ermutigte Monika und stützte sie, indem sie ihr ihre Fähigkeiten bestätigt. So konnte sie die Zweifel, die Monika aufgrund der langen Mobbingattacken entwickelt hatte, beseitigen und sie zu einem Konfliktgespräch motivieren, in dem sie selbst als Vermittlerin auftrat.

Dann haben wir eine Besprechung gehabt. Meine Abteilungsleitung und von der chirurgischen Ambulanz ein Stationspfleger, und dann haben wir da ein Gespräch gehabt. Da haben wir uns dann einmal so richtig ausgesprochen. Ich habe ihr gesagt, dass ich also so, wie ich bin, dass ich eigentlich das Ganze am liebsten hinwerfen würde und gehen würde. Sie war dann richtig schockiert. Dann hat es Tränen meinerseits und ihrerseits gegeben. Jedenfalls, im Endeffekt war es dann wichtig, dass wir miteinander geredet haben, und ihr ist das bewusst geworden.

Die Chefin konnte durch das Vertrauen, das sie bei ihren MitarbeiterInnen genießt, als Vermittlerin angesprochen werden. Zudem schuf sie die Rahmenbedingungen, in denen es möglich wurde, den Konflikt auszutragen und zu bereinigen.

13.2 Positionsveränderungen

Anhand der Interviews zeigt sich deutlich, dass zu den problematischsten Situationen innerhalb eines Betriebes Positionsveränderungen und Neueinstellungen von MitarbeiterInnen gehören. In allen Interviews haben Neueinstellungen oder Positionsveränderungen innerhalb der Hierarchie einen Anteil an der Entstehung von Mobbing. Veränderungen innerhalb der Organisation beinhalten immer ein gewisses Konfliktpotential und bedürfen einer konstruktiven Auseinandersetzung. Inge beschreibt dies eindrücklich, wenn sie über die in ihrem Betrieb stattfindenden Positionsveränderungen zwischen ihr und ihrer Kollegin berichtet: „Sie hat sehr lange gebraucht, bis sie sich in ihren Bereich eingearbeitet hat, und wo sie das gehabt hat, haben wir uns müssen miteinander auseinander setzen.“ Sind jedoch die Rahmenbedingungen für eine derartige Auseinandersetzung nicht gegeben, wie beispielsweise undeutliche und überschneidende Stellenbeschreibungen oder fehlende Einführung in die inhaltliche Arbeit und in das Sozialgefüge, so kann Mobbing als Folgeerscheinung auftreten.

In Bezug auf innerbetriebliche Positionsveränderungen sind zwei Variationen zu benennen. Zum einen die Untergebenen-Vorgesetzten-Rochade, das heißt, dass sich die Position des/der Untergebenen und des/der Vorgesetzten vertauschen, zum anderen, dass ein/e KollegIn aufgrund von Beförderungen zum/zur Vorgesetzten wird. Eine Untergebenen-Vorgesetzten-Rochade sollen Walters Ausführungen veranschaulichen.

> Begonnen hat es vielleicht mir gegenüber aus ein bisschen Neid. Bei uns ist die Pflegedienstleitung gescheitert, die war also schlecht. Dann musste man das wieder aufbauen. Dann hat man jemand bestellt, ein lieber Mensch, der ist es heute noch, und der hat sich mich als Stellvertreter gewünscht. Das hat denen (Anm. d. A.: den KollegInnen) einfach nicht gepasst und dem Chef natürlich auch nicht, weil jetzt war er praktisch mein Stationsleiter, das stimmt nämlich, aber ich war sein Chef. Na, natürlich, das ist ja komisch. Aber er konnte nicht um das Verrecken mit dem leben und die anderen drei eigentlich auch nicht.

Deutlich zeigt sich die Problematik, die sich aus dem Positionswechsel von KollegInnen und Untergebenen zum Vorgesetzten ergibt. Der frühere Chef ist nunmehr zum Untergebenen in Bezug zu Walter geworden. Auch die KollegInnen stehen vor der Situation, dass nunmehr einer von ihnen zum Direktorstellvertreter geworden ist. Konkurrenz oder, wie Walter es ausdrückt, „ein bisschen Neid“ sind die Folge. Unreflektiert und unbesprochen führt das „bisschen Neid“ zu massivem Psychoterror gegen Walter, der sozial isoliert wird. „Null Information. Das ging bis dahin, wenn man das Zimmer betritt, wurde sofort das Thema gewechselt, oder man war still. Das Schlimmste war null Information.“ Aus Angst, andere, die ihm zu Hilfe kommen, könnten in dieselbe Situation geraten und schikaniert werden, lehnt er die Unterstützung von KollegInnen ab. „Und einer wollte mir helfen, habe ich gesagt, du bitte lass das, für mich ist der Schlussstrich gezogen, weil sonst wäre er wirklich drangekommen.“ Er selbst kann keine konstruktive Veränderung herbeiführen, und nach eineinhalb Jahren kündigt Walter seine Position.

Als weitere potentielle Konfliktquelle ist die Neueinstellung von KollegInnen zu nennen. Anschaulich beschreibt dies Monika, wenn sie über die Zusammenarbeit mit der neuen Mitarbeiterin berichtet, die eine ähnliche Stellenbeschreibung wie sie bekommen hat.

> Ja, also wie gesagt, das Verhältnis mit der neuen Assistentin war am Anfang ein bisschen gespannt. Wir haben am Anfang nicht gewusst, wie wir miteinander tun sollen. Ja, ich war auch irgendwie ängstlich, weil ich ja um meinen Platz gefürchtet habe, auch gesehen habe, die macht jetzt meine Arbeit, habe natürlich auch gesehen, was sie alles falsch macht, das ist ganz klar. Also, sie hat sich schwer getan. Ja und ich habe eben auch nur gesehen, aha, die macht jetzt meine Arbeit, und wer weiß, was für mich noch übrig bleibt. Und sie macht es aber mehr als schlecht.

Es zeigt sich, dass sich zwischen den Kolleginnen aufgrund der gleichen Arbeitsplatzbeschreibung eine Konkurrenzsituation entwickelt. Monika fürchtet um ihren Arbeitsplatz und beginnt, sich mit ihrer neuen Kollegin zu vergleichen. In Zusammenhang mit dieser Ausgangssituation kann Monika nur die Nachteile und Fehler der neuen Kollegin erkennen. Ein unvoreingenommenes Zugehen und Kennenlernen der neuen Kollegin ist im Zusammenhang mit den hier vorliegenden Rahmenbedingungen nur schwer möglich. Die Ausdifferenzierung der unterschiedlichen Kompetenzbereiche ist für das Klima innerhalb des Betriebes enorm wichtig, da so Konflikten vorgebeugt werden kann. Besteht keine klare Arbeitsplatzbeschreibung, sind Konkurrenzkämpfe die logische Folge.

Problematisch kann sich zudem die Neueinstellung eines/einer Vorgesetzten entwickeln. Er/sie kommt in eine neue Situation, die er/sie noch nicht kennt. In manchen Anliegen sind ihm/ihr die zukünftigen Untergebenen voraus, weil sie die betrieblichen Struktur- und Funktionsweisen besser kennen. Margarete schildert diesen Prozess anschaulich, wenn sie über ihre neue Chefin berichtet:

> Wir haben jetzt, im Juni werden es zwei Jahre, eine neue Chefin. Die kommt direkt von der Uni, und sie ist Dr., Dipl.-Ing. Sie hat ihren ersten Arbeitsplatz bei uns. Also, sie war eigentlich sehr schwach, als sie eingestiegen ist. Sie hat von uns lernen müssen.

Die neue Chefin ist noch nicht akzeptiert. Nicht nur, dass sie ihren ersten Arbeitsplatz in dem Betrieb hat, kommt sie auch noch frisch von der Universität. Diese Voraussetzungen bedingen den Vergleich mit den eigenen Fähigkeiten, und Margarete kommt zu dem Schluss, dass ihre Qualifikationen besser sind, da die neue Chefin von ihr lernen muss. Es entspinnt sich ein Konkurrenzkampf zwischen den beiden, der in gegenseitigen Attacken endet.

13.3 Die rezessive Wirtschaftslage und ihr Einfluss auf das betriebliche Mobbinggeschehen

Die rezessive Wirtschaftslage trägt maßgeblich zur Verschärfung innerhalb der Betriebe bei. Inge schildert die Auflagen, mit der ihre neue Chefin eingestellt wurde, folgendermaßen: „Sie ist praktisch mit der Auflage eingestellt worden, sie muss es schaffen, einfach soundsoviele Dienstposten abzubauen. Wie sie es macht, das hat man ihr überlassen." Das Klima innerhalb der Betriebe ist von Angst um den Arbeitsplatz geprägt. Margarete schildert einen Betriebsausflug, der aufgrund der enormen Angst vor dem Arbeitsplatzverlust wie „tot" ist.

> Ganz schlimm, weil alle so eingeschüchtert sind und so Angst haben vor Kündigung, jetzt getraut sich niemand mehr etwas sagen, nichts. Wir haben da alle Jahre ein Skirennen, es war tot. Es hat keiner mit dem anderen mehr geredet, es ist so etwas Verwegenes. Ja. Am gleichen Tag habe ich selbst in der Zeitung gelesen, dass elf Frauen gekündigt worden sind.

Kommunikation wird zu etwas „Verwegenem". Interessant ist in diesem Zusammenhang die ursprüngliche Bedeutung des Wortes *verwegen*. Es wird von dem Wort *wegen* hergeleitet und meint „die Richtung wohin nehmen, sich wohin bewegen" (Duden 1989, S. 787). Die betriebliche Struktur ist starr, die

MitarbeiterInnen fürchten jegliche Bewegung aus Furcht vor Sanktionen und dem Verlust des Arbeitsplatzes. Die Angst der MitarbeiterInnen bestätigt sich, wenn sie über die Zeitung erfahren, wer als nächstes in ihrem Betrieb gekündigt wird. Sie sind austauschbar, und es ist nicht mehr notwendig, ihnen die Mitteilung persönlich zu überbringen. Die MitarbeiterInnen stehen unter einem enormen Druck. Diesen Druck halten nur wenige aus. Auch im Unternehmen von Inge legen viele ihren Posten zurück, weil ihnen keinerlei Mitspracherecht zugestanden wird. Rationalisierungskonzepte werden der mittleren Führungsetage als fertige Konzepte vorgelegt.

> Die Art, wie sie uns das praktisch als fertiges Konzept vorgelegt hat und eigentlich gar keine Diskussion zulassen will. Und so geht es jetzt mit allen Dingen. Also für mich schaut es so aus, es haben nämlich sehr viele ihre Positionen zurückgegeben und sind in die normale Pflege wieder gegangen, weil sie sagen, sie werden mit dieser Situation nicht fertig. Diese Stellen sind dann einfach nicht nachbesetzt worden. Also für mich ist das eigentlich eine ganz klare Taktik, wie man Leute demotiviert, dass sie freiwillig gehen. Ja, weil eine Position wegnehmen können sie nicht so einfach. Weil gerade die alten Schwestern, was heißt alt, gerade die Schwestern, die schon lange in der Position sind, die sind ja mit unbefristeten Verträgen in dieser Position.

Die neu eingestellte Pflegeleitung bedient sich eines extrem autoritären Führungsstils, in dem „keine Diskussionen" mehr möglich sind und alle Entscheidungen „einfach vorgesetzt" werden. Dies führt zur Demotivation der MitarbeiterInnen, die, ihrer Führungsaufgaben beraubt, die Position „freiwillig" verlassen. Inge verdeutlicht, dass dies eine gezielte Taktik darstellt, unkündbare MitarbeiterInnen zum Verlassen ihrer Positionen zu veranlassen, um diese Posten einsparen zu können. Dies hat jedoch nicht nur enorme Auswirkungen auf das zwischenmenschliche Klima innerhalb des Betriebes, sondern auch die Arbeit selbst steht durch die wirtschaftliche Rezession unter einem immer größeren Erfolgszwang, der sich in beschleunigten Produktionszahlen verdeutlichen soll. In Rainers Betrieb entwickelte sich aufgrund des enormen Druckes eine Mobbingsituation, die letztendlich zum Selbstmord des Betroffenen führte. Rainer stellte die Gruppe zur Rede, die den Kollegen schikaniert hatte.

> Zu den Buben bin ich dann hingegangen, und ich habe mit ihnen geredet, die haben das auch nicht gewollt, die haben das gar nicht erkannt, was sie da tun, das war keine böse …, aber das ist einfach die Gruppe, die Gruppe hat ein Opfer gehabt, weil die Leute so massiv unter Druck stehen, und das ist ein Auslöser, den man nicht unterschätzen soll, weil der Druck auf den Menschen so groß ist, dass er etwas braucht, er braucht eine Blödelei.

Aufgrund der rezessiven Wirtschaftslage werden an die Arbeiter immer höhere Anforderungen gestellt. Der Druck wird zum Auslöser für ein Mobbinggeschehen, das sich als „Blödelei" gegen einen Kollegen, der ohnehin eine schwache Position innehat, entlädt. Sein Alkoholproblem und sein hohes Alter liefern den mit ihm Arbeitenden Anlässe, ihn zu schikanieren.

> Er hat aber nicht mehr so körperlich gekonnt. Er hat sich wirklich bemüht und ich meine, er hat mehr gemacht als die Jungen dort, aber die haben das beinhart ausgenützt, eben dass er diese Schwäche da gehabt hat.

Die „Blödelei" eskaliert und entwickelt sich zu massivem Psychoterror. Wichtig in diesem Zusammenhang ist die Bedeutung der Gruppe für das Mobbinggeschehen. Gruppendynamische Prozesse relativieren Einzelmeinungen und fördern Handlungen, die der Einzelne unter Umständen nicht durchführen würde (siehe hierzu 4). Zudem verdeutlicht sich der Mangel an bewusstseinsbildenden Maßnahmen im Bereich Mobbing, da den einzelnen Gruppenmitgliedern scheinbar nicht klar war, welche Wirkung ihr Handeln haben könnte. Unreflektiert lassen sie all ihre Aggressionen, ihren Ärger und ihren aufgestauten Druck an demjenigen ab, der am wenigsten imstande ist, sich zur Wehr zu setzen.

13.4 Resümee

Die Unternehmenskultur, der damit verbundene Führungsstil und die Personalpolitik spielen eine wesentliche Rolle bei der Entstehung von Mobbing. Das autoritäre Führungsverhalten begünstigt Mobbing, im Gegensatz zum demokratischen Führungsstil, u. a. durch den Mangel an Transparenz, Mitbestimmungs- und Diskussionsmöglichkeiten, die mangelnden Möglichkeiten zur Kritik- und Konfliktaustragung. Dies kann zur Konfliktverschiebung und der Suche nach einem Sündenbock für die aufgestauten Aggressionen führen. Es zeigt sich, dass der demokratische Führungsstil mobbingpräventiv günstiger ist, jedoch bei bestehenden Konflikteskalationen, die sich keiner anderen konstruktiven Konfliktregelung zuführen lassen, Machteingriffe notwendig sein können. Bedeutungsvoll ist die persönliche Positionierung der Führungsperson, indem diese durch entsprechende Interventionen wie z. B. das Einnehmen von Vermittlungs- und Schlichtungspositionen oder das Setzen von klaren Grenzen, die eine Ausbreitung des Konfliktes verhindern, einen maßgeblichen Einfluss auf den Verlauf von Mobbingentwicklungen hat. Hier spielt die Etablierung von Betriebsregeln und eine entsprechende Betriebsethik eine enorme mobbingpräventive Rolle.

14 Mobbingauswirkungen

Mein ganzes Leben ist durcheinander gekommen, ich musste Medikamente nehmen, damit ich überhaupt schlafen konnte, ich habe total nach allen Richtungen abgebaut.

14.1 Auswirkungen auf die psychische und physische Gesundheit

Die psychischen und physischen Folgeerscheinungen von Mobbing nehmen eine breite Palette ein. Zumeist haben sie Einfluss auf den gesamten Lebenszusammenhang der Betroffenen und gehen somit weit über den Arbeitsbereich als solchen hinaus. Ob und inwieweit sich psychische und physische Folgeerscheinungen entwickeln, hängt nicht nur von den situativen und zeitlichen Bedingungen des Mobbinggeschehens ab, sondern auch von den psychophysiologischen Grundbedingungen des Individuums, dem sozialen Unterstützungspotential und nicht zuletzt von der existentiellen Bedrohung der Lebensgrundlage.

Wenngleich die psychischen und physischen Auswirkungen in der vorliegenden Arbeit getrennt behandelt werden, um einen besseren Überblick zu erlangen, gehe ich davon aus, dass alle Symptome psychosomatischer Natur sind und sich lediglich in ihren unterschiedlichen psychischen und physischen Anteilen unterscheiden. Ein Beinbruch kann so als eindeutiges physisches Symptom behandelt werden, berücksichtigt man jedoch, dass er aufgrund „einer irren Fluchttendenz" entstanden ist, um die Situation nicht weiter ertragen zu müssen, so muss man zweifelsohne diesem auch psychische Ursachen zusprechen.

14.1.1 Psychische Manifestationen von Mobbinghandlungen

Konflikte beinhalten ein enormes Stresspotential, mit denen die Betroffenen umgehen müssen. Werden die Konflikte nicht ausgetragen und beendet, so erhöht sich der Stress, und es kann zu psychischen Störungen kommen. Diese haben ein vielfältiges Erscheinungsbild. Sie sind wesentlich von der psychischen und physischen Konstitution der Betroffenen, den zur Verfügung stehenden möglichen Handlungsalternativen, ihren sozialen Kontakten und der Konfliktdauer abhängig.

Die häufigsten psychischen Reaktionen bestehen im Auftreten von Ängsten und Verzweiflung über die Situation. „Es war oft so eher eine Verzweiflung, sodass ich geweint habe." Lotte geht bereits täglich mit „Angstgefühl im Bauch" in den Betrieb. Sie hat Angst, dass sie in eine Intrige hineingezogen wird, indem man von ihr verlangt, gegen unlieb gewordene KollegInnen zu unterschreiben, damit diese gekündigt werden können. „Wo wird man wieder hineingejagt, wo wird man wieder gezwungen zu unterschreiben, weil man sonst fürchten muss, den Job zu verlieren." Hält dieser Angstzustand an, können die psychischen Belastungen vom Organismus nicht mehr ausgeglichen werden, und es kann zu schwerwiegenden psychischen und physischen Folgen kommen.

> Meine Psychologin stellte Erschöpfungsdepressionen fest, das heißt, es war nicht nur, dass ich über meine Kraft gearbeitet habe, sondern die Krämpfe in der Wirbelsäule sind durch meine Angstzustände entstanden.

Physisch führen die empfundenen Ängste bei Lotte zu Anspannungen des Körpers, sie kann sich nicht mehr entspannen und entwickelt Krämpfe. Psychisch können die Belastungen nicht mehr verarbeitet werden. Sie reagiert mit Depressionen. Eine mögliche Regeneration in der Freizeit entfällt aufgrund der Generalisierung von Ängsten. Häufige Erscheinungsform der Generalisierung der Ängste sind Alpträume, in denen die Betroffenen die Mobbingsituation erneut durchleben. Werner berichtet von Träumen, in denen er die Konfliktsituation mit seinen KontrahentInnen wieder erlebte.

> Ich habe sehr viel davon geträumt. Sie sind irgendwie immer in derselben Art vorgekommen. Ja, eigentlich immer der Chef, ja gut, das habe ich noch nicht gesagt, wir waren früher sehr befreundet und haben miteinander die Krankenpflegeschule gemacht. Es war wurscht was, aber er kam halt einfach vor. Aber nicht als dominant, er war halt einfach immer dabei. Das hat mich gestört. Keine schlimmen Träume, aber die Personen kamen halt vor. Ein totales Durcheinander, meistens ein totales Durcheinander.

Werner ist mit seinem Chef, der lange Zeit ein guter Freund für ihn war, in Konflikt geraten. Der Konflikt besteht so für ihn nicht nur auf der beruflichen Ebene, sondern auch sein Privatleben ist davon betroffen. Dies intensiviert den Leidensdruck. Das Wiederkehren der Träume verdeutlicht die enorme Belastung, die die Mobbingsituation für den Betroffenen hat. Häufig kommt es dann zu massiven Schlafstörungen, die es den Betroffenen nicht mehr erlauben, sich zu regenerieren. „Ich habe nicht mehr schlafen können, nichts. Wie soll ich das jetzt sagen, das geht dir einfach nicht aus dem Kopf." Die Betroffenen sind durch die Schikanen am Arbeitsplatz so sehr in ihrem psychischen Wohlbefinden beeinträchtigt, dass sie ständig mit diesen beschäftigt sind. Dies führt dazu, dass sie sich auch in ihrer Freizeit nicht mehr regenerieren können. Toni schildert diesen Prozess anschaulich, wenn er beschreibt wie es ihm nicht mehr gelang, seiner liebsten Freizeitbeschäftigung, dem Lesen, nachzugehen.

> Ich habe nicht mehr lesen können, ich lese sehr viel, das ist für mich einer der wichtigsten Bestandteile, auf einmal habe ich kein Buch mehr lesen können, ich habe bei einer Zeile zum Lesen angefangen und ich bin dann nach einer Seite darauf gekommen, dass ich leer lese. Es war abgeschalten, und ich habe einfach das nicht in den Kopf hineinbekommen, weil der Gedanke von der Arbeit automatisch dazugekommen ist.

Deutlich zeigt sich der psychische Prozess, der sich aufgrund der Mobbingattacken bei Toni entwickelt. Ein wichtiger Bestandteil seines Lebens, das Lesen, geht für ihn verloren. Er verliert den Zugang zu seiner bislang praktizierten Entspannungsmöglichkeit. Hält die Konfliktsituation an, so kann es zu Kreisgedanken kommen, in denen sich die Gedanken ständig um die am Arbeitsplatz erlebten Schikanen drehen. Äußere Erscheinung dieser psychischen Entwicklung ist das wiederkehrende Erzählen desselben Konfliktinhaltes, das einem kommunizierten inneren Dialog gleicht.

> Die Situationen habe ich mit meiner Frau durchgesprochen. Ja, sie hat sich viel anhorchen müssen, wahrscheinlich 10-mal oder 20-mal dasselbe. Das hat es aber auch gebraucht, deshalb habe ich das wahrscheinlich so lange ausgehalten.

Es kommt zu keinem Austausch und keiner Reflexion der erlebten Situationen zwischen ihm und seiner Umgebung. Er erzählt „10mal oder 20mal dasselbe“. Psychische Phänomene haben in ihrer Existenz eine Funktion für die Betroffenen. Die psychohygienische Funktion von Kreisgedanken verdeutlicht sich daran, dass Werner nur hierdurch die Situation „so lange ausgehalten“ hat. Er kann oder will die Situation, die ihn psychisch massiv beeinträchtigt, nicht verlassen, und die Reproduktion der erlebten Demütigungen entlastet ihn. Zudem symbolisiert das oftmalige Erzählen desselben Sachverhaltes die verzweifelte Suche nach Lösungen im Konflikt, diese kann jedoch nicht hergestellt werden, da Kreisgedanken die hierfür notwendige Distanzierung zum Geschehen verhindern. Es etabliert sich eine innerpsychische Double-bind-Situation, die mit der äußeren Double-bind-Situation der Mobbinghandlungen korrespondiert und längerfristig zu psychischem und physischem Zusammenbruch führt.

> Ja, ich war echt schon knapp am Zusammenklappen. Also das hat echt schon schwerwiegende Auswirkungen gehabt. Obwohl ich also zu dieser Zeit gar nicht im Betrieb war, hat es mir den Magen umgedreht. Ich habe schon alle Zustände bekommen, wenn ich nur davon gehört habe. Jesus na, und schon wieder und so. Ich war also schon so weit, dass ich gesagt habe, aus, nein, ich schmeiße das Hangerl.

Der Stress und die individuelle Betroffenheit ist bei Paul bereits so groß, dass er Angstzustände aufgrund von Erzählungen entwickelt. Situationen, in denen er weder beteiligt noch betroffen ist, führen zu psychischem Stress. Paul kann die Distanz zum Geschehen selbst in seiner Freizeit nicht mehr halten. Es kommt zur Generalisierung der Ängste ohne unmittelbar angstauslösendes Moment. Dies führt zu einer derart hohen Stressbelastung, dass er nahe dem psychischen Zusammenbruch steht. Er sucht die angstauslösende Situation zu vermeiden, indem er seine Arbeit kündigen will.

Auch Siegfried ist von dem Wunsch getragen, der Situation zu entkommen. Er berichtet von „irren Fluchttendenzen,“ die sich in Unfällen ausdrücken.

> Wohl, das habe ich gemerkt, als die ganze Situation schon schlimmer geworden ist, dass ich mir halt irgendwo so ein Bein gebrochen habe, oder solche Dinge hat es schon gegeben, so als Unterbrechungen.

Die Situation ist bereits so erdrückend geworden, dass sich Siegfried über einen Unfall die Regeneration verschafft, die er braucht, um die Situation überhaupt noch ertragen zu können. Er bricht sich ein Bein „so als Unterbrechung". Nur über den Umweg einer physischen Erkrankung kann er sich die Regeneration von der destruktiven Arbeitssituation verschaffen.

Auch Rainer reagiert mit der Somatisierung psychischer Stresszustände. Aufgrund der Mobbingattacken bekommt er einen Schlaganfall. Die Funktion, die seine Krankheit für ihn hat, beschreibt er anschaulich in folgender Passage:

> Da geht nichts mehr, da geht sicher nichts mehr ... Ich muss Folgendes sagen, die ganze Zeit war es so schlimm, ich war im Krankenhaus, und da habe ich eigentlich den Abstand gefunden, das war für mich in der ersten Zeit eigentlich die Rettung, weil im Krankenhaus war ich weg von dem ganzen Zeug.

Die Krankheit hat eine existentielle Funktion im doppelten Sinn für Rainer. Sie ist für ihn lebensbedrohlich und befreit ihn trotzdem aus einer existentiellen Bedrohung. Er gewinnt durch sie die Distanz zum Mobbinggeschehen. Er selbst kann den Mobbingprozess und seine eigenen psychischen Reaktionen nicht mehr beeinflussen. Die Krankheit stellt für ihn die letzte Rettung dar, um Abstand zu gewinnen. Sie ermöglicht ihm, was er selbst für sich nicht mehr zu tun vermag: sich aus der Situation zu begeben und Distanz zu dieser herzustellen.

Häufig treten in der Phase des extremsten psychischen Druckes Selbstmordgedanken auf. Die Situation scheint den Betroffenen zu entgleiten, sie verlieren immer mehr den Zugang zu einer Mitgestaltung und fühlen sich dieser ausgeliefert. Alfred beschreibt diesen psychischen Zustand folgendermaßen. „Unter dem psychischen Druck, warten die jetzt eh nur, bis sie mich hinauswerfen können. Das war so schwer, dass ich wie gelähmt war." Alfred ist unter dem ständigen Stress, dass er seinen Arbeitsplatz verliert. Jeden außergewöhnlichen Zustand innerhalb der Firma bezieht er auf sich und bekommt Angstzustände. „Ich weiß es nicht und das macht mir heute noch zu schaffen, weil ich nicht weiß, was die längerfristig mit mir vorhaben. Das ist für mich das Schmerzhafte." Seine betriebliche Situation ist von einer ständigen Unsicherheit für ihn getragen. Er hat keinerlei Übersicht über das Geschehen, wodurch sein Handlungsspielraum maßgeblich eingeschränkt ist. Er fühlt sich der Situation ausgeliefert. Der Mangel an Handlungsalternativen und sozialen Austauschmöglichkeiten führt zu Selbstmordgedanken. „Ob du es glaubst oder nicht, ja ich hatte Selbstmordgedanken. Weil ich ja die ganzen Details niemandem habe erzählen können."

Auch anhand von Monikas Schilderungen veranschaulicht sich das erste Auftreten von Selbstmordgedanken und die dahinterstehende Motivation.

> Damals habe ich auch Selbstmordgedanken gehabt, die ich zwar nicht wahrhaben wollte, weil ich mir gedacht habe: Ich bringe mich doch nicht um. Da tue ich doch den anderen so quasi den Gefallen, dass ich da jetzt weggehe. Und irgendwann habe ich mir gedacht, wie komme ich überhaupt auf die Idee. Wieso beschäftigt mich das, dass ich mir sage, ich bringe mich doch nicht um. Also muss das irgendwie in mir schon eine Rolle spielen, der Gedanke. Also dass er doch da war, der Gedanke.

Deutlich zeigt sich der innere Widerspruch, in dem sich Monika befindet. Sie entwickelt Selbstmordgedanken aufgrund der massiven psychischen Beeinträchtigungen durch die Mobbinghandlungen und will „weggehen". Auf der anderen Seite jedoch will sie den anderen „den Gefallen nicht tun". Sie befindet sich im Widerspruch bezüglich ihrer psychischen und rationalen Situation. Letztendlich muss sie sich jedoch eingestehen, dass es ein Bedürfnis ihrerseits gibt, die Situation zu verlassen, indem sie an Selbstmord denkt. Wenngleich sie dies glücklicherweise nicht umsetzt, so muss an dieser Stelle leider gesagt werden, dass zahlreiche Fälle von Mobbing mit dem Selbstmord der Betroffenen enden. Nach Hesse und Schrader (1995) haben 10 bis 20 % aller Suizide Psychoterror am Arbeitsplatz als Hauptursache.

Für die Betroffenen haben lang anhaltende Mobbinghandlungen schwerwiegende psychische und physische Folgen. Betroffene beschreiben die psychische Situation, in der sie sich befinden, als „Trauma", „tiefen Schock" oder als „innerlichen Bruch". Oft kommt es zu massiven Folgeerscheinungen wie Beeinträchtigungen des seelischen Gleichgewichtes, Persönlichkeitsveränderungen und neurotischen Störungen. Die andauernde Infragestellung der Person und ihrer Handlungen kann zum vollkommenen Verlust der Selbsteinschätzung führen.

> weil ich mir oft gedacht habe, ich bin verrückt. Ja, mit wem ich auch rede oder was ich auch tue, ich komme nicht an. Alle sagen was anderes als ich denke oder als ich sage, also muss es an mir liegen.

Monikas Wahrnehmung wird von ihrer Umgebung in keiner Weise gespiegelt. Gleich welche Handlungen sie tätigt, sie werden von ihrer Umgebung kritisiert oder ignoriert. „Ja, mit wem ich auch rede oder was ich auch tue, ich komme nicht an. Alle sagen was anderes als ich denke oder als ich sage, also muss es an mir liegen." Die Betroffenen werden isoliert und haben so keine Möglichkeit, ihre Wahrnehmung des Geschehens mit anderen auszutauschen und zu festigen. Dies führt zur absoluten Handlungsunfähigkeit der Betroffenen. Sie können sich selbst nicht mehr einschätzen und beginnen, sich selbst in Frage zu stellen. „Ich bin verrückt." Auch bei Toni führt die ständige Infragestellung seiner Person und Handlungen zur völligen Handlungsunfähigkeit.

In dieser Phase bin ich nur im Bett gelegen, und den ganzen Tag ist der Film vor mir abgelaufen. Ich habe mir das und jenes vorgenommen, ich habe aber nichts gemacht, ich habe lesen wollen, habe aber nichts gemacht, es ist nichts weitergegangen. Ich habe auf einmal die Fresssucht gehabt, es war furchtbar. Und da hat mir der Arzt den Vorwurf gemacht: In Selbstmitleid hineinschwelgen, das bringt nichts, entweder Du machst etwas, oder du machst eben nichts. Was hindert dich, dass du etwas machst?

Toni kann nichts mehr von dem, was für ihn wichtig ist, durchführen. Er liegt nur noch im Bett und ist mit den Gedanken an die Demütigungen in der Arbeit beschäftigt. Es kommt zu massiven psychischen und physischen Symptomen. Er befindet sich in einem Zustand der völligen Lethargie. Erst die Provokation seines Arztes, der ihm seine Untätigkeit vorwirft, lässt ihn wieder zu sich selbst finden. Aufgrund des Verlustes der Selbsteinschätzung beschließt er, sich einer freiwilligen psychologischen Testung zu unterziehen.

Dann bin ich ins Allgemeine Krankenhaus gegangen und habe einen Psychotest über mich machen lassen. Ich wollte wissen, wo meine Grenzen sind. Und wie ich den Befund gelesen habe, habe ich mir gesagt: So, und jetzt werde ich aktiv, jetzt machst du was.

Aufgrund der massiven Schikanen, denen er über einen langen Zeitraum allein ausgesetzt war, kann er sich selbst nicht mehr einschätzen. Er will wissen, wo seine „Grenzen" sind. Die Wahrnehmung eigener und fremder Grenzen sind elementar, um sich selbst in der Umgebung einschätzen und orten zu können. Verschwimmen diese, kommt es zu Irrationalitäten und zum Verlust des Selbstwertgefühls. Erst durch den psychologischen Test, der ihm seine psychische Gesundheit attestiert, erlangt er die Handlungsfähigkeit wieder zurück und kann sich aktiv zur Wehr setzen. Diese Schilderung veranschaulicht den elementaren Charakter des Erhaltes der Handlungsfähigkeit seitens der Betroffenen. Gerade der Verlust derselben über einen längeren Zeitraum hat schwerwiegende Folgen für das psychische und physische Wohlbefinden. Toni beschreibt diesen Prozess als „innerlichen Bruch", der sein Zugehen auf Menschen maßgeblich verändert hat.

Also, das ist der große Bruch, das Vertrauen ist nicht mehr da, das ich vorher gehabt habe, ich bin misstrauisch geworden. Ich habe die Tragödie miterlebt, und ich konnte nichts dagegen machen, das war das Furchtbarste an der Sache.

Die Folgen des Mobbingprozesses sind für Toni äußerst schwerwiegend. Er hat sich als handlungsunfähig erlebt und das Gefühl verloren, seine Welt mitgestalten zu können. Wenngleich er seine Handlungskompetenzen wiedererlangte, kommt es zur Generalisierung der negativen Erlebnisse auf andere Lebensbereiche. „Ich bin misstrauisch geworden." Die längerfristigen Auswirkungen des Mobbinggeschehens und die Bedeutung, die dieses Ereignis in seinem Leben einnimmt, sucht Toni durch einen Vergleich zu beschreiben.

> Ich würde das so vergleichen, wenn ein junges Mädchen mit 12 oder 13 Jahren heute vergewaltigt wird, passiert ein gewisser Bruch, wenn das Mädchen vorher noch keinen Mann gehabt hat und zwei, drei Jahren später, wenn sie ins Reden kommt, dann würde man zu ihr sagen: Na ja, irgendwann musst du ja anfangen, so schlimm ist es schon nicht gewesen und so weiter. Die Seele wird ihr ganzes Leben, bis sie stirbt, nicht mehr heilen, und so ähnlich ist es mir wahrscheinlich gegangen. Ich kann einiges vergessen, aber das Grausame nicht mehr.

14.1.2 Physische Manifestationen von Mobbinghandlungen

Mobbinghandlungen variieren in ihrer Häufigkeit und ihrem Vorkommen und sind deshalb für die Betroffenen schwer einschätzbar. Es kommt zu einer allgemeinen Erhöhung der alltäglichen Stressbelastung, die sich in der Beeinträchtigung des psychischen und physischen Wohlbefindens ausdrücken kann.

> Da geht man schon jeden Tag mit ein bisschen einem Bauchweh in den Dienst, weil man nicht weiß, na, was für eine Intrige ist jetzt wieder, dass man aufpassen muss, dass man nicht hineinschlittert, ja, man ist ja immer irgendwie in einer Unsicherheit. Das bekomme ich nicht los.

Die Angst vor den Intrigen, in die sie geraten kann, bestimmt schon den Weg zur Arbeit. Die Betroffene ist „irgendwie in einer Unsicherheit“, die sie nicht mehr losbekommt. Erste somatische Anzeichen stellen sich ein, indem sie mit ein „bisschen Bauchweh in den Dienst“ geht. Die morgendliche Angst vor dem beruflichen Alltag ist eine häufige Erscheinungsform bei Mobbing. Auch Alexander somatisiert diese Angst in Form einer morgendlichen Übelkeit und Erbrechen.

> Mir war fast täglich in der Früh schlecht, und manchmal ist es dann halt so weit gegangen, dass ich beim Haustor hinaus gegangen bin und dass ich das Frühstück, das ich gerade gegessen habe, wieder gebrochen habe.

Toni ist „täglich in der Früh schlecht“, er erbricht aus Angst vor den Schikanen, die er nicht zu beeinflussen vermag. Deutlich zeigt sich auch hier, dass einer der wesentlichsten Stressfaktoren im Mobbinggeschehen die Angst vor unbeeinflussbaren Situationen ist. „Um Gottes willen, was wird jetzt kommen.“

Auch Hannes reagiert auf die Mobbingsituation mit körperlichen Symptomen. Deutlich zeigt sich auch bei ihm der Zusammenhang zwischen psychischem Leid und physischen Auswirkungen.

> Ich habe dann psychosomatische Magenbeschwerden bekommen. Bei solchen Anstrengungen wirkt sich das bei mir im Magen aus, und ich habe so eine Art Herzflimmern, wenn es also intensiv wird.

Indem Hannes seine Magenbeschwerden als psychosomatisch tituliert, weist er selbst auf den Zusammenhang zu der Mobbingsituation und dem damit verbundenen Stress hin. Zugleich verdeutlicht sich, dass sich bei Intensivierung der Stressbelastung die körperlichen Reaktionen steigern und er Herzflimmern bekommt.

Der anhaltende Stress innerhalb des Arbeitsbereiches kann sich auf die gesamte Lebenssituation auswirken. Häufige Erscheinungsformen sind Ein- und Durchschlafstörungen, die es verhindern, dass sich die Betroffenen in ihrer Freizeit von den Mobbingattacken regenerieren können.

> Mein ganzes Leben ist durcheinander gekommen, ich musste Medikamente nehmen, damit ich überhaupt schlafen konnte, ich habe total nach allen Richtungen abgebaut.

Aufgrund der massiven Belastungen, denen Toni ausgesetzt ist, kommt es zu Schlafstörungen. Dies hat maßgeblichen Einfluss auf sein restliches Leben, da er „nach allen Richtungen" abbaut. Er hat Konzentrationsprobleme und kann keine neuen Inhalte aufnehmen, weil er ständig mit den erlebten Demütigungen beschäftigt ist. „Es war abgeschaltet, und ich habe einfach das nicht in den Kopf bekommen, weil der Gedanke von der Arbeit automatisch dazugekommen ist." Werden solche Symptome nicht als Alarmsignale gedeutet, kommt es zur Chronifizierung. Irreversible körperliche Schädigungen sind die Folge.

> Was aber sich jetzt im Nachhinein herauskristallisiert hat, ich habe vor einem Vierteljahr Gallenoperation gehabt, weil man drei Steine gefunden hat. Und ich bin sicher, die sind in der Zeit gewachsen. Ja, wo ich ständig Magenschmerzen gehabt habe, nichts mehr essen konnte und man halt vermutet hat, vielleicht ist es ein Magengeschwür, Gastritis, oder aber es ist nichts.

Monika hatte während der Mobbingphasen starke Beschwerden in der Magengegend und sie konnte nicht mehr essen. Aufgrund einer nicht ausreichenden ärztlichen Untersuchung wird weder den psychischen noch den physischen Ursachen ihrer Beschwerden nachgegangen. „Abgetastet, nicht und nichts weiter. Hat gesagt, ach nein, das wird schon wieder vergehen." Aufgrund der mangelnden Reaktion auf ihre psychischen und physischen Alarmsignale entwickelt sich bei Monika eine schwerwiegende Erkrankung. Sie muss sich einer Gallensteinoperation unterziehen. Anschaulich beschreibt auch Lotte den Weg von psychischen Stresszuständen zu physiologischen Symptomen.

> Ein gewisses flaues Gefühl, ein Schmerz in der Bauchgegend, und ich habe auch sehr häufig Gallenbeschwerden von dem Stress, also es kommt auch dann der gesundheitliche Zustand, das frisst sich irgendwie hinein.

Lotte hat ein „gewisses flaues Gefühl in der Bauchgegend". Die Arbeitssituation, in der sie steht, ist von der Angst vor Intrigen gekennzeichnet, in denen sie nur „überlebt", indem sie sich „die ganzen Jahre ruhig verhalten" hat. Die psychische Stresssituation setzt sich nach Jahren in Form von Gallenbeschwerden physisch fest. Durch den Mangel an Handlungsmöglichkeiten und das Verharren in der psychisch wie physisch krankmachenden Situation „frisst sich das irgendwie hinein". Auch Friedrich findet keine Möglichkeit, die im Betrieb bestehenden Konflikte auszutragen. Dies führt zu schwerwiegenden psychischen und physischen Problemen.

> Ich habe dann wieder eine Ruhe gegeben, wie man sagt, hineingefressen. Das kam dann mit den Jahren so weit, dass ich nervliche Probleme, Kreislaufprobleme und Herzprobleme, ich war neun Monate im Krankenhaus, also krank, bekommen habe.

Deutlich zeigen sich die eklatanten Reaktionen auf die Mobbingsituation. Friedrich sieht keine Möglichkeit, den Konflikt auszutragen, er beginnt „eine Ruhe" zu geben und internalisiert die Probleme. Als Konsequenz dieses lang anhaltenden Konfliktvermeidungsprozesses bekommt er nervliche Probleme, Kreislaufprobleme und letztendlich massive Herzprobleme, die ihn zwingen, neun Monate im Krankenhaus zu verbringen.

Eine ähnlich schwere Problematik weist auch Rainer auf, der im Zusammenhang mit einer Mobbingproblematik einen Schlaganfall erleidet. Bereits gefährdet durch einen erlittenen Schlaganfall, bekommt er einen Rückfall aufgrund der massiv gegen ihn gerichteten Schikanen.

> Nein, ich habe schon früher einen Schlaganfall gehabt, und dann habe ich logischerweise wieder eine Attacke gehabt, weil das ist dann so, dass man es nicht mehr kontrollieren kann, da hat man keine Chance mehr sich zu regenerieren, da kann man sich nicht mehr entspannen, da kann man die Notbremse auch nicht mehr ziehen.

Rainer ist massiven Attacken an seinem Arbeitsplatz ausgesetzt. Die erlebten Situationen und Schikanen beschäftigen ihn derart, dass er sich von ihnen nicht mehr lösen kann. Sie belasten ihn ständig. Nun setzt eine Dynamik ein, die in die direkte Eskalation führt. Mangelnde Regenerations- und Reflexionsphasen führen zu einem immerwährenden Reaktionskreislauf, ohne Reflexion über die individuellen Handlungen zwischen den Beteiligten. Rainer kann sich nicht mehr entspannen. Er bekommt einen weiteren Schlaganfall, den er selbst auf die erlittenen Situationen zurückführt. „Das war sicherlich schon ein bisschen auf die ganzen Attacken zurückzuführen, weil man hat mich immer nur in die Enge getrieben, nur um mich loszuwerden." Bedeutend ist in diesem Zusammenhang auch seine Wortwahl, er ist ständigen Mobbingattacken am Arbeitsplatz ausgesetzt und bekommt dann auch eine „Attacke", deretwegen er ins Krankenhaus muss. Die Krankheit korrespondiert auch sprachlich mit den erlittenen Demütigungen.

Häufige Folgeerscheinung massiver Mobbingattacken sind Medikamenten- und Drogenabhängigkeiten. Sei es, dass Medikamente aufgrund massiver psychischer und physischer Beeinträchtigung ärztlich verschrieben werden oder die Betroffenen selbst Drogen zu sich nehmen, um der destruktiven Situation zu entfliehen. Hierbei ist vor allem der übermäßige Konsum von Alkohol zu erwähnen. Franz berichtet, dass er seine Probleme „zugeschüttet" hat, um dem Druck standhalten zu können.

Norbert schildert die Gefahr einer Medikamentenabhängigkeit, wenn er über die Entwicklung nach der Beendigung der Mobbinghandlungen auf seine psychische und physische Konstitution berichtet.

> Jetzt bin ich wieder in der Ausklinkphase von meinen Medikamenten, und ich hoffe, dass das nicht irgendwie chronisch geworden ist. Das sehe ich spätestens im Herbst oder wenn wieder eine Kleinigkeit passiert, ob mich das wieder so aus dem Tritt bringt.

Norbert lebt in der ständigen Angst, auch nach der Beendigung des Mobbingprozesses, dass er gekündigt werden könnte. Er hat das Vertrauen in seine Umgebung verloren und kann diese nicht einschätzen. Jede „Kleinigkeit" wird für ihn zum Auslöser massiver psychischer und physischer Probleme, die er mittels Medikamenten behandeln lässt. Eine mögliche Medikamentenabhängigkeit kann auch er selbst nicht mehr ausschließen.

14.2 Auswirkungen auf das Privatleben

Das Privatleben ist ein wichtiger Faktor bei der psychischen und physischen Regeneration. Gerade bei Mobbinggeschehen hat das Privatleben und die dort gelebten Beziehungen eine elementare Bedeutung für die Gesunderhaltung des Individuums. Aber gerade hier sind die Familien und der Freundeskreis enormen Belastungen und Anforderungen ausgesetzt.

> Den Konflikt habe ich nicht in die Familie getragen, aber die Frau hat mir ziemlich viel zuhorchen müssen. Es war für mich fein, also ich habe da viel abladen können.

Dadurch dass Walter seine aufgestauten Aggressionen nicht unreflektiert in der Familie ablässt, überträgt er den Konflikt nicht dorthin. Seine Frau bietet ihm jedoch die Möglichkeit, die aufgestauten Aggressionen durch Erzählungen über die erlebten Demütigungen abladen zu können. Für die Familie selbst ist die Situation zumeist mit enormen Belastungen verbunden. Sie muss mit den Betroffenen und den Folgeerscheinungen des Mobbingprozesses umgehen lernen. Inge verdeutlicht die Veränderungen, mit denen ihre Familie konfrontiert ist, anschaulich, wenn sie die ersten Auswirkungen des Mobbinggeschehens beschreibt.

> Ich meine, ich war zu Hause grantig, ich war angefressen, ich war ständig müde. Ich habe sehr häufig Kopfschmerzen gehabt, und ich war einfach für meine Familie ... ich meine, ich habe eine erwachsene Tochter, ich habe einen Mann, und meine Familie hat einfach darunter gelitten, dass ich daheim erstens keinen Unternehmungsgeist mehr gehabt habe und auch kein Ansprechpartner mehr war.

Inge ist aufgrund der massiven Schikanen auch zuhause „grantig, angefressen" und „müde". Sie leidet unter Kopfschmerzen und hat dementsprechend keinen Unternehmungsgeist. Beschäftigt mit den massiven Problemen, denen sie in der Arbeit ausgesetzt ist, hat sie keine Kapazitäten mehr, um für ihre Familienmitglieder als Ansprechpartnerin fungieren zu können. Übertragungsreaktionen, in denen die aufgestauten Aggressionen in die Familie getragen werden, können den Familienzusammenhalt maßgeblich stören. Der immense Druck, unter dem Monika steht, führt zu ihr scheinbar unbegreiflichen Reaktionen innerhalb ihrer Beziehung.

> Ich kann mich erinnern, ich bin mit meinem Mann beim Frühstück gesessen. Und ich habe wieder so den Widerwillen gehabt, habe ich mir gedacht, jetzt wieder da hineingehen. Und ich weiß nicht, was los ist. Es ist wieder irgendein Gespräch ausständig gewesen. Ich war fix und fertig und wollte absolut nicht hineingehen. Und mein Mann sagt irgend etwas zu mir; sagt er, naja, so quasi, jetzt geh hinein und es wird schon irgendwie gehen und reiß dich zusammen oder irgend etwas. In dem Moment fliegt der Honigtiegel in die Luft. Ich habe ihn geworfen. Ja, und ich bin da gesessen und habe mir gedacht, um Gottes Willen, da bin ich in Tränen ausgebrochen und habe mir gedacht, so weit bin ich schon. Ja also ich war über die Reaktion, über diese Überschießreaktion war ich so entsetzt. Habe ich mir gedacht, na also, jetzt bin ich schon so weit, dass ich überhaupt nicht mehr weiß, was ich mache.

Monika hat bereits einen „Widerwillen", in den Betrieb zu gehen. Die Situation ist für sie nicht beeinflussbar, ein ausstehendes Gespräch macht ihr Angst und sie ist „fix und fertig", weil sie nicht weiß, was los ist. Ihr Mann beschwichtigt sie, worauf es zu einer „Überschießreaktion" kommt, sie wirft mit dem Honigtiegel. Die Unterdrückung von Aggressionen und Wut innerhalb des Arbeitsprozesses überträgt sich so auf den familiären Kreis, eine beiläufige Bemerkung ihres Mannes führt zur Überreaktion. Sie kann sich nicht mehr kontrollieren. All ihre Aggressionen und Ängste, für die sie kein Verständnis und keine Aussprache gefunden hat, machen sich Luft. Ihre Reaktion macht ihr Angst, sie denkt „na also, jetzt bin ich so weit, dass ich überhaupt nicht mehr weiß, was ich mache". Monika kann in der für sie so schweren Situation keine Unterstützung innerhalb ihrer Familie und ihres Freundeskreises finden. „Mein Mann war nicht da, der ist oft im Ausland beschäftigt. Eine Freundin von mir, die war damals hochschwanger, die wollte ich nicht belasten damit. Somit sind die engsten Beziehungen weggefallen." Der Mangel an Austausch und Reflexionsmöglichkeiten bei ihren engsten Beziehungen führt so für sie zu scheinbar unbegreiflichen Reaktionen.

Eine wesentliche Verschärfung erfährt die Situation noch durch die Berufstätigkeit zweier PartnerInnen oder Familienmitglieder innerhalb eines Betriebes. Oft wird auch der/die PartnerIn in die Schikanen miteinbezogen, was zu schwerwiegenden Problemen innerhalb der Beziehung führen kann. Werner, der aufgrund einer Konkurrenzsituation um eine freie Führungsposition innerhalb der Schule in einen Mobbingkonflikt gerät, schildert die Auswirkungen des Konfliktes auf seine Frau folgendermaßen:

Zuerst haben sie meine Frau betroffen. Man hat sie so ein bisschen demontiert. Man hat ihr einfach nicht mehr das gegeben, was sie gern gehabt hätte, sondern man hat diese Aufgaben eben anderen übertragen.

Der Konflikt, der eigentlich zwischen Werner und seinem Kontrahenten besteht, wird über Werners Frau ausgetragen. Sie ist die Leidtragende der Situation. Sie wird boykottiert, und ihr werden wichtige Aufgaben entzogen. Dies hat schwerwiegende Auswirkungen auf die Beziehungsdynamik zwischen Werner und seiner Frau.

Ich habe das Gefühl gehabt, na, das werden wir schon durchstehen. Sie wollte hingegen schon viel früher weg. Das ist natürlich als Vorwurf irgendwo auch hängengeblieben, dass ich damals nicht schneller diese Entscheidung gefällt habe, die sich nachträglich als richtig herausgestellt hat. Irgendwo hat sie das an mir festgemacht, dass ich also daran schuld war, dass das eben so lange angehalten hat, weil ich sie auch bestärkt habe, na, das wird schon werden oder so. So hatte das also damals da noch seine Auswirkungen. Ich habe es nur gespürt, dass es einfach immer wieder von ihrer Seite her in denselben Situationen oder so ein Argument ist. Aber damals hast du mich nicht unterstützt ... faktisch gehen wir gleich weg und machen wir das ... weil das hat sich doch längere Zeit, so etwa über zwei Jahre, hingezogen.

Die Mobbingsituation, in die Werner geraten war, beeinflusste das Leben seiner Frau maßgeblich. Selbst Jahre nach dem Mobbingprozess wirkt die Situation auf die Beziehungsdynamik zurück. Aufgrund seiner Entscheidung, in der Situation zu bleiben, macht seine Frau ihn für das Geschehen verantwortlich. „Irgendwo hat sie das an mir festgemacht, dass ich also daran schuld war, dass das eben so lange angehalten hat." Es kommt zu einer Generalisierung des Geschehens, da seine Frau ihn aufgrund seiner Entscheidung auch für das Mobbinggeschehen selbst verantwortlich macht. Wesentlich hierbei ist auch, dass die Frau sich in ihrer Position nicht unterstützt gefühlt und keine wirkliche Auseinandersetzung über die Situation stattgefunden hat. Die aufgestaute Trauer und das Gefühl der Hilflosigkeit werden im zwischenmenschlichen Kontakt ausagiert.

14.3 Auswirkungen auf das Berufsergebnis

Hat sich Mobbing innerhalb eines Betriebes etabliert, so müssen die MitarbeiterInnen ihre Energien, die ihrer Arbeit gelten sollten, zu einem großen Teil dem Schutz vor Intrigen widmen.

Ich bin vor dem nicht gefeit, dass ich ausgefragt werde, und dann wartet man ab, ein falsches Wort würde genügen, und ich wäre in der Falle. Sobald man was sagt, wird man immer mehr gefragt und immer mehr hineingezogen, also man muss wirklich sehr aufpassen. Ich muss mich mit solchen Intrigen mehr anstrengen als mit der Arbeit selber. Bei den Kollegen muss man schon sehr aufpassen, also man ist vor nichts gefeit. Ich muss mich wirklich geistig damit befassen, in keine Intrige hineinzugeraten.

Deutlich zeigen sich die Auswirkungen von Mobbing auf die zur Verfügung stehenden Arbeitsenergien. Lotte muss ständig auf der Hut sein, dass sie nicht in eine Intrige hineingezogen wird. Sie kann zum einen keine entspannten Beziehungen mit ihren KollegInnen aufbauen, weil immer die Angst vor einer möglichen Intrige im Vordergrund steht. Zum anderen muss sie sich damit auseinander setzen, nicht in eine Intrige zu geraten. Dies zieht Energien von ihrer eigentlichen Tätigkeit ab und kann bis zur vollkommenen Pervertierung der Situation führen, indem die Konzentration auf der Vermeidung von Intrigen und nicht auf der Arbeit liegt. „Ich muss mich mit solchen Intrigen mehr anstrengen als mit der Arbeit selber." Ein solches Arbeitsklima wirkt sich dementsprechend negativ auf das Betriebsergebnis aus.

> Na klar, ich meine das ist natürlich eine Wechselwirkung, die sich da ergeben hat. Wenn du natürlich einen Frust hast, wie willst du das dem Fahrschüler plausibel beibringen? Den Fahrschüler interessiert das nicht, was du für einen Frust hast. Jetzt kommst aber wieder einmal geladen dorthin und bist ungeduldig mit den Fahrschülern und herrschst sie an.

Paul berichtet von einer Wechselwirkung zwischen seinem Berufsergebnis und den Mobbingsituationen innerhalb des Betriebes. Es kommt zur Übertragung der Aggressionen auf die KundInnen, die er „anherrscht". Der immense Druck, der auf den MitarbeiterInnen lastet und der sich nicht in konstruktiver Weise entladen kann, impliziert die Gefahr von innerbetrieblichen Fehlerquellen. Mobbingbetroffene berichten, dass sie Angst vor Fehlentscheidungen haben. „Hoffentlich mache ich die richtigen Entscheidungen." Exemplarisch hierfür seien Walters Aussagen herangezogen, der in einem Krankenhaus arbeitet und in eine Mobbingsituation als Betroffener geriet.

> Nur, natürlich ein totales Unbehagen, ein totales Unbehagen und auch nicht mehr aufnahmefähig für medizinische Dinge sein. Man hat einem das Gefühl gegeben, du kennst dich in der modernen Anästhesie nicht mehr aus. Also es war fast schon eine Angst dahinter, dass man medizinisch irgendeinen Fehler macht. Ich habe mich fast nicht mehr konzentrieren können. Es hat einfach keinen Spaß mehr gemacht, Narkose zu machen, außer es waren gewisse Leute nicht da.

Nicht anschaulicher könnte man die schwerwiegenden Folgen von Mobbing für das betriebliche Ergebnis schildern. Aufgrund der subtilen Abqualifizierung seitens seiner KollegInnen beginnt Walter, seine Qualifikationen in Frage zu stellen, kann sich nicht mehr „konzentrieren" und ist dementsprechend „nicht mehr aufnahmefähig für medizinische Dinge". Er bekommt Angst, einen „medizinischen Fehler" zu begehen. Seine Arbeitstätigkeit ist maßgeblich eingeschränkt, und Spaß an seiner Arbeit kann er nur empfinden, wenn „gewisse Leute nicht da sind".

Eine andere Reaktion auf ein Mobbinggeschehen ist die Kompensation durch einen kurzfristig erhöhten Arbeitseinsatz.

> Ja, diese Unzufriedenheit, wenn ich gearbeitet habe, ich habe immer nur gehört die anderen, wie sie sich unterhalten, wie sie reden und, kaum geh ich hin, Schweigen. Also bin ich wieder zu meiner Arbeit gegangen, habe da noch mehr verstärkt weitergearbeitet, noch mehr gearbeitet und hab das in mich hineingefressen. Ja, ich habe sehr viel gearbeitet, habe geschaut, dass das wenigstens in Ordnung ist, dass das alles erledigt ist. Ich habe meinen ganzen Ärger halt wieder in die Arbeit hineingesteckt. Ja, bis ich dann nicht mehr konnte. Aber ich weiß nur, dass ich dann einmal beim Arzt war und dort in Tränen ausgebrochen bin, weil ich einfach nicht mehr konnte.

Monika versucht, die Unzufriedenheit und den Ärger über das ausschließende Verhalten ihrer ArbeitskollegInnen durch ihre Arbeit zu kompensieren. Diese soll „wenigstens in Ordnung" sein. Dies führt kurzfristig zu einer verstärkten Arbeitstätigkeit ihrerseits. Längerfristig endet die Kompensation von Ärger und Unzufriedenheit im totalen Zusammenbruch, da der Konflikt „hineingefressen" wird. Monika muss sich in ärztliche Behandlung begeben und kann ihrer Arbeit nicht mehr nachgehen. Bei lang anhaltendem Mobbinggeschehen kommt es dementsprechend zu massiven psychischen und physischen Folgeerscheinungen, die ein Fernbleiben vom Betrieb unbedingt notwendig machen. Für den Betrieb bedeutet dies lange Krankenstände und Ausfälle von MitarbeiterInnen. Bei der Rückkehr von Monika in den Arbeitsprozess hat sich die Situation für sie nicht verändert. Das Mobbingverhalten ihrer KollegInnen besteht weiter und Monika zieht sich in die innere Emigration zurück. Diese führt dazu, dass sie sich für nichts mehr einsetzen kann. „Ich habe mich für nichts mehr engagiert. Ich habe absolut keinen Ehrgeiz mehr gehabt, keinen Einsatz, dass ich mehr arbeite als notwendig."

Auch bei Inge führen die massiven Mobbingattacken zur inneren Kündigung. Sie ist demotiviert und versucht, so gut es geht der Arbeit fernzubleiben.

> Ich tue meine Arbeit gerne, und ich bin bis jetzt immer gerne schaffen gegangen. Aber jetzt war ich in der Situation, dass ich bei jeder Gelegenheit geschaut habe, ob ich nicht frei haben kann und dass ich einfach am Morgen, wenn ich aufgestanden bin … hm, schon wieder in das Ding hinein.

Ist Inge früher gern in die Arbeit gegangen, versucht sie nun, aufgrund der Arbeitssituation den Arbeitsplatz so oft wie möglich zu meiden. Sie nutzt jede Gelegenheit, um frei zu bekommen. Resultat eines solchen innerbetrieblichen Unbehagens sind hohe Krankenstandsraten. In einem Unternehmen mit gutem Betriebsklima suchen die MitarbeiterInnen den Arbeitsplatz auch dann auf, wenn sie sich nicht wohl fühlen. Erst bei schwerwiegenden physischen und psychischen Erkrankungen nehmen sie einen Krankenstand in Anspruch (vgl. Leymann 1993). In mobbinggeschädigten Betrieben, in denen die MitarbeiterInnen bereits mit einem Unbehagen in die Firma gehen, suchen sie den Arbeitsplatz zu meiden. Dies führt dazu, dass wesentliche Ressourcen für die innerbetriebliche Arbeit verloren gehen.

> Ich bin teilweise, weil ich dort den Frust gehabt habe, ausgestiegen und in die Erwachsenenbildung und in die Trainerausbildung gegangen. Zusätzlich habe ich das gemacht. Ich bin dann eben nicht mehr, wie ich das eben vorher zehn Jahre umsonst gemacht habe, an den Wochenenden im Stadion gewesen und habe Kinder betreut, sondern habe dann einen Kurs gehalten und habe selber etwas verdient.

Deutlich zeigen sich die Auswirkungen des Mobbinggeschehens auf Siegfrieds Verhalten. Hat er über zehn Jahre in seiner Freizeit Schüler kostenlos auch am Wochenende betreut, verlagert er nun seine Interessen auf die Erwachsenenbildung und die Trainerausbildung. Durch das Mobbinggeschehen werden freiwillige Aktivitäten und Energien, die sonst dem Betrieb zugute gekommen wären, abgezogen und in die Freizeit verlagert.

Kann der Mobbingprozess nicht gestoppt werden, so kommt es letztendlich häufig zur Kündigung. Diese wird sowohl von Betroffenen, Beteiligten, Nichtbeteiligten als auch von Vorgesetzten ausgesprochen. Walter berichtet, dass nicht nur er, der unmittelbar von Mobbingattacken betroffen war, gekündigt hat, sondern auch ein nicht beteiligter Kollege die Dienststelle verlassen hat.

> Gut, dann hat der Mitarbeiter, dem wurde das auch zuviel, der hat gekündigt, und ich bin dann eigentlich auch drei Monate später gegangen. Und zwar habe ich nicht gesagt, ich lasse mich jetzt freistellen, weil ich überarbeitet bin, sondern ich lasse mich freistellen, weil man mit euch nicht mehr arbeiten kann.

Deutlich zeigen sich die Zusammenhänge zwischen dem Mobbinggeschehen und den Kündigungen sowohl bei Walter als auch bei seinem Kollegen. Walter lässt sich nicht aufgrund einer Überarbeitung freistellen, sondern explizit wegen der KollegInnen, die ihn über ein Jahr lang schikanierten. Für den Betrieb sind Kündigungen mit einem hohen Kostenaufwand verbunden, da eine bewährte Arbeitskraft das Unternehmen verlässt und erneute Einstellungs- und Einschulungskosten aufgewendet werden müssen.

14.4 Resümee

Das betriebliche Mobbinggeschehen führt u. a. zu Beeinträchtigungen der physischen Gesundheit in Form von Kopf- und Magenbeschwerden, Übelkeit, Ein- und Durchschlafstörungen oder auch Herz- und Kreislaufproblemen. Häufigste psychische Erscheinungsformen sind Konzentrationsprobleme, Schlafstörungen, Gefühle der Verzweiflung, Ängste und gereizte, aggressive Stimmung. Bei lang anhaltenden Mobbingproblematiken kann es zur Generalisierung des Misstrauens auch in anderen Lebensbereichen kommen und eine grundlegende Einstellungsveränderung herbeiführen. Zudem kommt es zu Kreisgedanken, die sich immerwährend um erlittene Demütigungen drehen und hierdurch eine Distanzierung zum Geschehen und individuelle Regenerations- und Reflexionsmöglichkeiten drastisch vermindern. Dies kann zu völliger physischer und psychischer Erschöpfung, starken Depressionen bis zu Selbstmordgedanken führen. Darüber hinaus ist das familiäre Umfeld durch die massiven Mobbingfolgen des/der Betroffenen enormen Belastungen und Anforderungen ausgesetzt.

Die Folgen für den Betrieb sind eine Verminderung der Produktivität durch vermehrte Krankenstände, innere Kündigung der MitarbeiterInnen, Leistungsabfall, Kündigungen und die dadurch notwendigen Neueinschulungen.

15 Bewältigungshilfen und Interventionen bei Mobbing

Das war dann ein bisschen eine entscheidende Wendung in der Geschichte.

15.1 Die Bedeutung bewusstseinsbildender Maßnahmen für die Bewältigung von Mobbing

Bewusstseinsbildende Maßnahmen haben einen hohen Stellenwert bei der Prävention und Intervention von Mobbing. Der Besuch einschlägiger Mobbinginformationsveranstaltungen und Vorträge, die Lektüre von Texten und Büchern, juristische und psychologische Fort- und Weiterbildungsmaßnahmen oder auch die Unterstützung und Wissensvermittlung durch Selbsthilfegruppen und Seminare wurden in den Gesprächen als wesentliche Hilfe erwähnt. So schildert Monika ihre Reaktion auf einen Zeitungsartikel zum Thema Mobbing wie folgt:

> Ich habe aufgeschrien, wie ich das Thema gehört habe. Ja, es war irgendwie, ja eine Erleichterung ist zu viel, weil ich war nicht mehr in der akuten Phase, wo ich wirklich darunter gelitten habe. Aber ich habe mir gesagt, aha, siehst, das ist zumindest ein Phänomen, das es gibt. Ja, das ist nicht etwas, was ich mir eingebildet habe oder woran ich schuld war, weil ich vielleicht da geistig verwirrt war oder vielleicht irgendwie psychisch, sondern das gibt es wirklich, diese Strategien.

Für Monika hat die Vermittlung des Wissens über die Existenz und Funktionsweisen von Mobbing eine selbstwertstabilisierende Funktion. Nun kann sie das Phänomen einordnen und sich ein Bild ihrer eigenen Situation schaffen. Sie ist nicht mehr nur auf ihre eigenen Erfahrungen angewiesen, sondern kann diese in die anderer einbetten und beurteilen. Von besonderer Bedeutung ist dies deshalb, weil Mobbingdynamiken zumeist mit der Isolation der Betroffenen einhergehen. Ihnen wird jegliche Möglichkeit des Austausches über die Situation mit involvierten Personen verwehrt. Bleibt die eigene Erfahrung jedoch über einen längeren Zeitraum ungespiegelt und von allen anderen Beteiligten in Frage gestellt und abgewertet, so kann es bei den Betroffenen zu Selbstzweifeln und Infragestellungen der eigenen Wahrnehmung kommen, wie dies auch von Monika geschildert wird, indem sie sich fragte, ob sie „geistig verwirrt" und „schuld" an der Situation sei. Die Auseinandersetzung mit dem Thema Mobbing kommt einer Bestätigung ihrer Erfahrungen gleich und relativiert zugleich ihre Verantwortung für das Geschehen. Erst hierdurch kann sie sich wieder ihrer psychischen Gesundheit versichern. In diesem Zusammenhang sei noch einmal auf die theoretischen Auseinandersetzungen von Watzlawick zurückgegriffen, der die Bedeutung des sozialen Umfeldes für die Beurteilung von psychischen Prozessen veranschaulicht. „Vom Standpunkt der Kommunikationswissenschaft ist die Einsicht unvermeidbar, daß jede Verhaltensform nur in ihrem zwischenmenschlichen Kontext verstanden werden kann und daß damit die Begriffe von Normalität oder Abnormalität ihren Sinn als Eigenschaft von Individuen verlieren." (1990, S. 48) Erst durch den gelesenen Text, der das Wissen zu vermitteln vermochte, dass die erfahrenen Demütigungen und Schikanen eine systematische Form des Psychoterrors darstellten, erlangte Monika ihre Handlungskompetenzen zurück und konnte aktiv werden. Sie begann, mit Menschen, die ähnliche Erfahrungen gemacht hatten, gemeinsam Strategien gegen Mobbing zu entwickeln. Die enorme Bedeutung von Selbsthilfegruppen, in denen Erfahrungen ausgetauscht und gegenseitige Hilfestellungen entwickelt werden können, verdeutlicht sich auch in den Erzählungen von Toni. Er begann sich aufgrund seiner Mobbingerlebnisse mit anderen Betroffenen zu solidarisieren und gründete eine Selbsthilfegruppe für Betroffene von Mobbing.

> Ja, in dem Augenblick, in dem ich die Selbsthilfegruppe gegründet habe und als ich dann die ersten drei Menschen gesehen habe, dass sie noch schlimmerem Psychoterror ausgesetzt waren, da habe ich die Medikamente aufgegeben. Also, ich habe gewusst, das ist kein Einzelschicksal, das passiert an allen Ecken und Enden und mit jedem Erfolg, den ich gehabt habe, hat mich das aufgebaut.

Die Einordnung der individuell geglaubten Erfahrungen in den Gesamtkontext des Phänomens Mobbing eröffnete auch ihm die Möglichkeit, sein Leben wieder aktiv zu gestalten. Er ist nun nicht mehr auf sich und seine Selbstzweifel zurückgeworfen, da er sich durch die Erfahrungen anderer Betroffener individuell orientieren kann. Hilfe zur Selbsthilfe gibt ihm die Kraft, sein eigenes Schicksal wieder in die Hand zu nehmen und anderen, die schwächer als er sind, zur Seite zu stehen.

Die wichtige Bedeutung von Informationen und bewusstseinsbildenden Maßnahmen bei der Bewältigung von Mobbingerfahrungen verdeutlicht sich auch in den Schilderungen von Paul. Aufgrund der von ihm erfahrenen Schikanen am Arbeitsplatz beginnt er, sich psychologisches Wissen anzueignen.

> Ich habe mir im Eigenstudium ein bisschen psychologisches Wissen angeeignet, und das hat mir über das Ganze hinweggeholfen. Dass ich das Ganze analysiert habe und überlegt habe, was kann ich dagegen machen, welche Ursachen hat es, und dass ich eigentlich draufgekommen bin, was das für unheimliche Führungsschwächen sind, die sich da auftun.

Die psychologische Auseinandersetzung mit der Thematik ermöglicht Paul die Analyse des Phänomens mit seinen Wirkungsweisen und verhilft ihm zur Bewältigung. So kann er das Geschehen in sein individuelles Lebenskonzept einordnen. Die Analyse ermöglicht es ihm, darüber hinaus individuelle Erklärungen für das Geschehen zu finden. Nun steht er dem Phänomen nicht mehr hilflos gegenüber, er kennt seine Funktionsweisen, entwickelt Gegenstrategien und erklärt sich seine Ursachen. Das Phänomen Mobbing ist für ihn greifbar und handhabbar geworden. „Eine Mobbingsituation, die neu ist, deren Verlauf für das Opfer nicht vorhersagbar ist, in der das Opfer die Geschehnisse schwerlich deuten kann und die es darum außerordentlich verunsichert, in der zudem zeitliche Faktoren überhaupt nicht abgeschätzt werden können (man weiß absolut nicht, ob und wann es aufhört), stellt eine außerordentlich hohe Anforderung an das Bewältigungsvermögen dar" (Leymann 1993, S. 74).

Die Erweiterung bzw. die Wiederherstellung individueller Handlungsmöglichkeiten hat einen enorm wichtigen Stellenwert bei allen bewusstseinsbildenden Maßnahmen, da nur hierdurch eskalierende Prozesse in ihrer Dynamik beeinflusst werden können. In diesem Zusammenhang sind die Erzählungen von Monika von besonderem Interesse, die sich, bevor sie in die Mobbingsituation involviert war, zu einem Seminar „Positives Denken" angemeldet hatte. In ihren Reflexionen darüber schildert sie, dass sie aufgrund der Situation das Seminar nicht besuchen wollte, „weil mir das gar nicht gepasst hat. Ich habe mir gedacht, was soll ich positiv denken in der Situation, in der ich jetzt bin. Wenn mir jetzt einer kommt und sagt, ich soll positiv denken, schrei ich den nur an." Sie entschloss sich dann doch, das Seminar zu besuchen, und schildert seine Wirkungsweise wie folgt:

> Es hat sehr viel bewirkt bei mir. Weil ich gedacht habe, vielleicht sehe ich das Ganze wirklich viel schlimmer als es ist. Ja, ich bin dann wieder zurückgekommen, eigentlich sehr zuversichtlich, und da ist es mir sogar gelungen, wieder ein bisschen das Rad herumzudrehen. Ich habe zumindest mit der einen Sekretärin wieder Kontakt bekommen. (...) Ich war viel besserer Laune, und ich habe mit anderen Leuten aus anderen Abteilungen geredet. Ja, die noch nicht so vorbelastet waren, und habe mit denen gelacht und gescherzt, und plötzlich kommt sie zu mir und sagt: Du, was ist denn los, ich habe dich schon lange nicht mehr lachen gehört. Sag ich, ja, das hat auch seinen Grund gehabt, aber jetzt geht es mir wieder besser. Dann haben wir halt miteinander ein bisschen geredet, und von da an war das Eis gebrochen.

Die Distanz zum Geschehen, verbunden mit einer Stärkung des Selbstwertgefühls, relativiert die Beurteilung der Arbeitssituation. Monika hat das Seminar „Positives Denken" dazu verholfen, die Situation neu zu sehen und neue Handlungsmöglichkeiten zu erproben. Ihr Verhalten wiederum bewirkte eine Veränderung ihrer Umgebung, die, erstaunt darüber, neu reagierte. Dass sie erneuten Kontakt zu ihren KollegInnen fand, führte zur Lockerung der verfahrenen und eskalierenden Situation. Sie entging der Gefahr der Isolierung, indem sie sich zusätzlich um diejenigen aktiv bemühte, die in das Geschehen nicht unmittelbar eingebunden waren. Auch dieses Beispiel verdeutlicht die enorme Bedeutung von handlungserweiternden Maßnahmen für Mobbingbetroffene. Sinnvoll sind all jene Maßnahmen, die die Situation neu betrachten helfen und hierdurch den Eskalationskreislauf zu durchbrechen vermögen.

15.2 Die Bedeutung außerbetrieblicher Aktivitäten für die Bewältigung von Mobbing

Um ein Mobbingerlebnis psychisch und physisch unbeschadet zu überstehen, bedarf es mehrerer unterstützender Faktoren, wobei die Freizeitgestaltung eine wichtige Rolle spielt. Die Analyse der Interviews verdeutlicht, dass außerbetriebliche Kompensationsmöglichkeiten einen enormen Stellenwert für die Gesunderhaltung der Betroffenen haben. Eine bewusste Freizeitgestaltung hat die wichtige Funktion der Regeneration. So beschreibt Friedrich, dass er sich aufgrund der Mobbingsituation verstärkt außerbetriebliche Regenerationsmöglichkeiten gesucht hat und sich im Zuge dessen eine Hobbylandwirtschaft aufbaute.

> Na, ich habe mich halt selber ein bisschen geistig und körperlich erholt. Da habe ich mit den Tieren angefangen. Da war ich mehr oder weniger wirklich unten, habe auch viele Probleme gehabt, weil die Frau gesagt hat, du hast einen Vogel. Auf der einen Seite kannst du nicht arbeiten, weil es dir zuviel ist, weil du nervlich kaputt bist, auf das Herz musst du aufpassen, der Kreislauf ist kaputt, und jetzt fängst du mir da dieses Theater an. Habe ich gesagt, es nutzt mir nichts, ich muss irgendetwas tun.

Gleichwie im ersten Augenschein eine zusätzliche Arbeitstätigkeit für seine Frau als Belastung erscheint, hat sie für den Betroffenen selbst den gegenteiligen Effekt. Durch seine neuen Freizeitaktivitäten kann er sich von seiner Arbeitssituation ablenken. Er hat sich eine Situation geschaffen, in der er sich wohl fühlt, keinerlei Bedrohung oder Angriffe fürchten muss und sich entspannen kann. „Ich fühle mich in der Situation sehr wohl, weil ich mich dabei wahnsinnig entspannen kann." Außerdem bietet ihm die Hobbylandwirtschaft die Möglichkeit einer zweiten Interessens- und Engagementmöglichkeit, über die er sich identifizieren kann. Der besonderen Bedeutung außerbetrieblicher Aktivitäten als Kompensationsmöglichkeit von Mobbing verleiht auch Elisabeth Ausdruck, wenn sie sagt: „Man kann sich nicht nur auf eines komplett verlassen, weil das kann schief gehen, es kann alles schief gehen, auch wenn du noch so eine gute Position hast, es kann alles schief gehen." Aus dieser Lebenserfahrung heraus schildert sie ihre Einstellung, die ihr geholfen hat, ihre Mobbingsituation unbeschadet zu bewältigen, wie folgt:

> Es muss etwas in meinem Leben geben, zusätzlich zum Job, zu der Schule, zu sonst etwas, was mich ausfüllt, was mich befriedigt. Das war halt im Großen und Ganzen die Kultur und der Sport. Das heißt, ich habe vielleicht aus dieser Richtung Kraft geschöpft. Ich habe gesagt, da fühle ich mich wohl, da kann mir nichts passieren. Das hat mir Kraft gegeben. Vielleicht habe ich mir aus diesen beiden ... aus der Kultur, aus dem Klavier spielen, aus dem aktiven Irgendetwas-Machen eine Kraft geholt, wo ich begonnen habe, mir ein System aufzustellen, wie ich mich aus der ganzen Geschichte befreien kann.

Elisabeth schöpft aus ihren Hobbys Kraft und Befriedigung. Sie fühlt sich im Rahmen ihrer Freizeitaktivitäten geschützt und wohl. Diese bieten ihr die

Möglichkeit, sich aktiv handelnd zu erleben. Sie macht die Erfahrung, dass sie ihre Umgebung aktiv mitgestalten kann und dieser nicht hilflos ausgeliefert ist. Gerade diese Erfahrungen ermöglichen es ihr, Handlungsweisen zu entwickeln, um mit der Mobbingsituation, in die sie geraten ist, konstruktiv umzugehen. Wesentlich hierbei ist, dass es zu einem Transfer der Erfahrungen, die sie durch ihre Freizeitgestaltung gemacht hatte, auf die Arbeitssituation gekommen ist. So konnte sie ihre Handlungsfähigkeit auch in der destruktiven Arbeitssituation wiedererlangen. Gerade bei eskalierenden Mobbingprozessen ist der Erhalt von Lebensbereichen, in denen sich die Betroffenen als aktiv handelnd erleben können, von elementarer Bedeutung, weil in der Mobbingsituation selbst zumeist jegliches Gefühl von individuellen Handlungs- und Veränderungsmöglichkeiten für die Betroffenen verloren geht. Dies kann sich handlungsverstärkend und lösend auf den Mobbingprozess auswirken, da schon verloren geglaubte Eigenkompetenzen wieder bewusst erlebt und eingesetzt werden können. Elisabeth beschreibt die Funktion ihrer außerbetrieblichen Aktivität eindringlich, indem sie veranschaulicht, dass sie durch diese ein System aufbauen konnte, das ihr half, den Mobbingprozess zu beenden. Auch Monika beschreibt eine ähnliche Dynamik. Aufgrund ihrer sehr intensiven Mobbingerfahrung entscheidet sie sich, ihre berufliche Tätigkeit zu reduzieren, um in der ihr verbliebenen Freizeit ein Pädagogikstudium zu beginnen.

> Am Nachmittag war ich auf der Pädagogik, und das hat mir sehr viel gebracht. Das hat mir wieder Selbstvertrauen gegeben. Ja, ich habe erstens wieder andere Interessen gehabt. Und ich habe gemerkt, ich bin nicht so verrückt, wie sie glauben oder wie sie mich machen möchten. Ich habe da einen ganz normalen Zugang gehabt zu anderen Leuten. Ich habe Prüfungen machen können, wo ich mir gedacht habe, ja, es geht ja wieder etwas. Ja, das hat mir ein irrsinniges Selbstvertrauen oder Zuversicht gegeben. Und irgendwann war es dann auch so, dass ich mir gedacht habe, na ja, jetzt finde ich das Arbeiten auch nimmermehr so schlimm, bleibe ich jetzt dann weiter dort oder höre ich auf.

Monika konnte sich durch ihre außerbetrieblichen Aktivitäten in einem anderen Umfeld erleben und die Erfahrung machen, dass ihre Handlungen und Aktivitäten dem sozialen Umfeld entsprachen. Dies führte zur Stabilisation ihres psychischen Wohlbefindens und zur Steigerung ihres Selbstwertgefühls. Zudem kann sie in ihrem neuen Umfeld Bestätigung und Anerkennung gewinnen, was zu einer Steigerung ihres Selbstvertrauens führt. Daraus folgt eine Neubeurteilung der Arbeitssituation, die sich durch die Interessenserweiterung relativiert. Diese Entwicklung vermag ihr „Zuversicht" zu verleihen. Das Wort Zuversicht bedeutet, ein „feste(s) Vertrauen auf eine Lösung" zu haben (Duden 1985, S. 789). Durch ihre zusätzlichen Aktivitäten erweitert sich Monikas Sichtweise der Konfliktsituation, und es eröffnen sich für sie neue Handlungsmöglichkeiten. Es zeigt sich, dass unterschiedliche Interessen, die sowohl auf Beruf als auch auf Freizeit verlagert sind, eskalationsvermindernd auf die

Mobbingdynamik wirken, da durch sie eine kritische Distanzierung vorgenommen werden kann. Durch sie erfolgt eine Stabilisierung der psychischen Verfassung, die es ermöglicht, neue Strategien im Umgang mit der Mobbingsituation zu entwickeln. Gerade für die Gesunderhaltung der Betroffenen sind Tätigkeiten mit kompensatorischem Charakter, die eine ausschließliche Fixierung auf den Beruf verhindern, von enormer Bedeutung.

Bekräftigt wird diese Aussage auch durch eine Längsschnittuntersuchung, die der Frage nachging, welche Mechanismen und Verhaltensweisen in extremen Krisen dazu führen, dass diese von den Betroffenen unbeschadet bewältigt werden können. Im Zeitrahmen von 30 Jahren wurden 689 Kinder in kontinuierlichen Abständen auf der Hawaii-Insel Kauai hierzu befragt. Untersucht wurde, wieso einige von ihnen trotz widrigster Sozialisationsbedingungen, wie z. B. Alkoholabhängigkeit oder schwere psychische Erkrankungen und daraus resultierende lang dauernde stationäre Klinikaufenthalte der Eltern, „eine gesunde Persönlichkeit entwickelten, zielgerichtet ihren beruflichen Weg machten und stabile zwischenmenschliche Beziehungen eingingen: Wir wollten herausbekommen, was die Widerstandskraft gerade dieser Kinder gestärkt hat" (Werner 1989, S. 118). Höchst interessant für die Krisenforschung sind die Ergebnisse, die darauf hinweisen, dass die Fähigkeit, sich Kompensationsmöglichkeiten zu schaffen, widrigste Umstände ausgleichen kann. Diese Erkenntnisse unterstützen die vorliegenden Ergebnisse, die eindeutig darauf hinweisen, dass ein Mobbingerlebnis zumeist dann psychisch und physisch unbeschadet überstanden werden kann, wenn die Betroffenen Kompensationsmöglichkeiten für sich in Anspruch nehmen konnten oder wenn sie diese zumindest in Erwägung zogen.

Zudem kommt der Möglichkeit, unterschiedliche berufliche Alternativmöglichkeiten wählen zu können, eine bedeutende Rolle im Umgang mit individuell erlebter Mobbingdynamik zu. Rainer, der als Betriebsrat mit einem Mobbingprozess konfrontiert ist, schildert die Reaktion seines Kollegen auf die Schikanen, denen dieser ausgesetzt war, wie folgt:

> Also, nicht direkt, sondern eher unterschwellig, und er hat gespürt, jetzt kommt er massiv unter Druck. Und er ist so ein Mensch, der sich selber nicht so artikuliert und Hilfe holt, er hat eigentlich nur als Einziges gesagt: Du, ich bin eh noch jung, im Grunde ist es mir egal, dann gehe ich halt, ich meine, er wäre nicht in eine ganz enge Gasse gekommen, also ein Selbstmord wäre in so einem Fall überhaupt nicht in Frage gekommen, weil der hätte dann gesagt: Du, hilf mir, dass ich die Abfertigung bekomme, und ich gehe.

Bei extrem eskalierenden Mobbingprozessen besteht die Gefahr eines Selbstmordes, da keine wie auch immer geartete Handlungsmöglichkeit gesehen werden kann. Eine wesentliche Frage hierbei ist, ob man sich selbst Handlungsmöglichkeiten offen lässt oder ob das Lebenskonzept mit seinen Zielen so eng gesteckt ist, dass jeweils nur eine Möglichkeit wählbar erscheint. Zerbricht diese, so zerbricht auch der Mensch, der dahinter steht. In der Textpassage wird Selbstmord als letzter Ausweg aus der „engen Gasse“ geschildert, die im beschriebenen Fall nicht gegangen werden musste, weil die Handlungsmöglichkeiten nicht auf einen einzigen Weg beschränkt waren. Eine elementare Rolle spielen in diesem Zusammenhang die politische und wirtschaftliche Lage sowie die individuellen Lebensumstände der Betroffenen. Alter, finanzielle Rückversicherungen, Bildungsstand oder Familienstand haben einen enormen Einfluss auf die Freiheit der Entscheidung. Oftmals gestalten sich diese so, dass die Person unter einen enormen existentiellen Druck gerät, der sie Situationen erdulden und ertragen lässt, die er/sie kaum psychisch und physisch bewältigen kann. So fühlte sich Monika existentiell an ihren Arbeitsplatz gebunden, da sie die Familie allein finanzierte. „Weil mein Mann jahrelang keine Arbeit gehabt hat und ich praktisch Alleinverdienerin war. Das war der hauptsächliche Grund, warum ich mich so an die Arbeit geklammert habe.“ Auch Rainer stand unter enormem existentiellen Druck als Alleinverdiener in einer zehnköpfigen Familie und aufgrund seines für den Arbeitsmarkt relativ hohen Alters von 49 Jahren.

> Wenn es nicht gut ausgegangen wäre, wäre es einmal für mich das Ende in der Firma gewesen, ich bin Alleinverdiener und habe eine große Familie zuhaus, ich weiß nicht, was ich gemacht hätte, finanziell, und wo suche ich mir etwas, weil so jung bin ich nicht mehr.

15.3 Die Bedeutung sozialer Unterstützung für die Bewältigung von Mobbing

Soziale Unterstützung meint, „daß man jemanden hat, mit dem man über die Probleme reden kann, daß man Hilfe bekommt bei der Suche nach Lösungen, daß man fühlt, da ist jemand, der sich um einen kümmert, dem man vertrauen kann.“ (Leymann 1993, S. 27) In der Literatur zum Thema wird zwischen der psychologischen und instrumentellen Unterstützung unterschieden. Unter der psychologischen Unterstützung werden all jene Verhaltensweisen subsumiert, die emotionelle Zuwendung signalisieren, wie zum Beispiel Interesse und Verständnis, Präsenz, Empathie, Bestätigung oder Zuhören. Instrumentelle Unterstützung erfolgt durch direkte konkrete Hilfsmaßnahmen wie zum Beispiel Ratschläge und Informationen, Berichte eigener Erfahrungen, Problembewertungen oder die Hilfe durch Versorgungsleistungen (vgl. Laireiter 1993; Pfingstmann/Baumann 1987). Wenngleich oftmals beide Hilfsstrategien miteinander einhergehen und individuell genau abgeschätzt werden muss, welche Hilfsstrategien notwendig sind, so wird nach den Untersuchungen von Himmelbauer (1994) die Hilfe durch psychologische Unterstützung von den Betroffenen selbst als effizienter eingeschätzt.

Anhand der analysierten Interviews zeigt sich deutlich, dass die Unterstützung von PartnerInnen, FreundInnen, Bekannten, der Familie oder ArbeitskollegInnen einen der wichtigsten Bewältigungsfaktoren bei Mobbing darstellt. Aber auch professionelle Hilfe wurde immer dann in Anspruch genommen, wenn der Prozess bereits so weit fortgeschritten war, dass es zu psychischen und physischen gesundheitlichen Beeinträchtigungen bei den Betroffenen kam oder ihr soziales Umfeld ihnen nicht die nötige Unterstützung gab oder geben konnte. „Gerade in akuten Krisen stoßen die Betroffenen oftmals an die Grenze eigener Bewältigungsmöglichkeiten und werden somit für eine Hilfestellung durch Angehörige des unmittelbaren sozialen Umfeldes (Familie, Freunde, etc.), aber auch durch professionelle HelferInnen empfänglich. Unterstützung von außen kann in dieser Situation Halt geben und zur Wiedererlangung der individuellen Handlungsfähigkeit beitragen" (Himmelbauer 1994, S. 1). Über die Funktion von sozialer Unterstützung geben House und Wells (1978) Auskunft. Sie postulieren, dass bestimmte Stressoren mit sozialer Unterstützung inkompatibel sind und deshalb nicht gleichzeitig auftreten können. Zudem führt soziale Unterstützung dazu, dass eine erlebte Stresssituation als weniger belastend empfunden wird. Durch soziale Unterstützung kommt es nicht oder nur in geringerem Ausmaß zu krankheitsfördernden Verhaltensweisen und die belastende Situation wird von der betroffenen Person als weniger relevant empfunden (vgl. House/Wells 1978; Bamberg 1981). Es zeigt sich, dass soziale Unterstützung bei der Bewältigung von Krisen und konflikthaften Situationen einen bedeutenden Stellenwert einnehmen kann.

15.3.1 Unterstützung durch das soziale Umfeld

Die Anwesenheit von Menschen, die Interesse, Verständnis und Einfühlungsvermögen zeigen und die bei akuten Krisen spontane Hilfestellung geben, mag es ein Gespräch, die eigene Erfahrung oder auch nur die richtige Information sein, stellt eine der wichtigsten Voraussetzungen zur Bewältigung von Mobbing dar. Margit verdeutlicht dies, wenn sie von einem Seminarleiter berichtet, der sie in der akuten Mobbingphase unterstützte. „Eigentlich ein fremder, außen stehender Mensch, aber der doch irgendwo so als Stütze da war, wo ich gewusst habe, ja, der kennt mich zwar erst seit kurzem, aber der hebt mich wieder, wenn ich ganz tief unten bin. Der ist da." Das Gespräch als entlastender Moment hat hierbei einen elementaren Charakter. Inge konnte dies bei ihrer Tochter finden.

> Wir sind danach zusammengesessen und haben einfach miteinander geredet, und sie hat halt dann mitgefühlt. Sie hat dann auch gesagt, ja, Mama dann bleibst du einfach zu Hause, oder der Mann hat gesagt, ja, dann gehst du halt in ein anderes Krankenhaus. Dann lässt du das halt sausen.

Durch das einfühlende Zuhören und Verständnis ihrer Tochter bekam sie Unterstützung zur Bewältigung ihrer betrieblichen Schwierigkeiten. Zudem vermochten die Tochter und der Ehemann die verengte Lebensperspektive zu erweitern, indem sie ihr aufzeigten, dass es auch noch andere Berufsperspektiven für sie gab. Dies hatte eine wichtige druckmindernde Funktion für Inge, da sie hierdurch zumindest potentiell unterschiedliche Handlungsmöglichkeiten erhielt. Sowohl bei einem Arbeitskollegen als auch bei ihrer Chefin konnte sie Unterstützung bekommen, indem sie die Situation mit diesen gemeinsam reflektierte.

> Er hat mich sehr bestärkt, dass ich das ausfechten soll. Und eben der andere Abteilungspfleger, der hat auch gesagt: Du, das packst du schon, und denk nicht immer darüber nach, ob du nicht fähig bist, sondern denk darüber nach, was du tun könntest, oder rede einmal mit ihr oder halt so auf diese Art und Weise.

Eine wichtige Funktion der sozialen Unterstützung von Mobbingbetroffenen ist das Aufzeigen oder Wiedererlangen von Handlungsmöglichkeiten. Dies erfolgt dadurch, dass der Arbeitskollege sie auf lösungsorientierte Perspektiven verweist. Dieser Prozess muss jedoch mit einer Stabilisation des Selbstwertgefühls der Betroffenen einhergehen. Inge war über einen längeren Zeitraum ununterbrochener Kritik und Herabwürdigung ihrer Arbeit ausgesetzt, so dass sie sich zuletzt selbst nicht mehr einschätzen konnte. In ihrer Irritation erbat sie von ihrer Chefin eine Einschätzung ihres Arbeitsvermögens.

> Ich habe sie gefragt, wie das eigentlich ist, was sie für einen Eindruck hat. Bin ich wirklich nicht fähig, so einen Posten zu leiten, oder wie sie die Sache sieht. Sie war eigentlich ganz überrascht. Sie hat mich ziemlich aufgebaut und hat gesagt, sie findet mich sehr geeignet, und ich soll um Gottes willen nicht gehen. Das war vielleicht dann der Anlass, warum ich mich dann doch dazu aufraffen habe können, mit ihr (Anm. d. A.: ihrer Kontrahentin) zu reden.

Die Infragestellung der beruflichen Kompetenzen stellt eine wesentliche Mobbingstrategie dar, der durch den Austausch mit KollegInnen und FreundInnen entgegengewirkt werden kann. Dies bewirkt die nötige Stabilisation des Selbstwertgefühls bei den Betroffenen, um eine konstruktive Konfliktlösung zu entwickeln.

Erst die Bestätigung der individuellen Kompetenzen ermöglicht es Inge, ein Gespräch mit ihrer Kontrahentin zu initiieren. Sowohl die Chefin als auch ein anderer Kollege übernahmen bei diesem Gespräch Vermittlungspositionen zwischen ihr und ihrer Kollegin, die maßgeblich dazu beitrugen, die Situation konstruktiv zu beenden, sodass beide wieder produktiv zusammenarbeiten konnten. KollegInnen, die Vermittlungspositionen übernehmen, sind im Mobbingprozess darum so wichtig, weil sie allen Beteiligten die Chance der Versöhnung ohne Gesichtsverlust ermöglichen. Für die Betroffenen bedeuten solche Personen die Chance der Wiedereingliederung in die Restgruppe, da ihre eigenen Worte zumeist kein Gehör mehr finden und abgewertet werden. Auch Monika und ihre KonfliktpartnerInnen hatten das Glück, eine neue Assistentin zu bekommen, die Monika Verständnis entgegenbrachte und sich nicht in das FreundIn-FeindIn-Schema involvieren ließ.

> Es hat sich insofern gelöst, als ich erstens nicht mehr diesen enormen Stress gehabt habe. Ich habe zweitens eben sie, diese neue Assistentin, gehabt, mit der ich reden konnte, und sie war irgendwie so ein Bindeglied. Ja, sie hat sich mit allen gut verstanden, und dadurch bin ich wieder mit den anderen, mit der Sekretärin in Kontakt gekommen. Dadurch waren wir einmal zu zweit. Sie hat mich auch oft bestärkt. Sie hat dann oft zu mir gesagt, wissen Sie, jetzt kann ich verstehen, was man mir alles über Sie erzählt hat. Weil man kann es da nicht aushalten. Entweder man dreht durch oder man wird krank oder man muss gehen. Also sie hat die Situation eigentlich auch so kennengelernt, wie ich sie gesehen habe. Das hat mir irrsinnig geholfen, weil ich mir oft gedacht habe, ich bin verrückt.

Durch das Verständnis der neu gekommenen Kollegin kann Monika Stress abbauen. Nun steht sie der Situation nicht mehr allein gegenüber. „Dadurch waren wir einmal zu zweit." Auch an diesem Beispiel veranschaulicht sich die wichtige Bedeutung von KollegInnen, die durch die Spiegelung der Wahrnehmungen der Betroffenen selbstwertstabilisierende Funktion haben. Ihre Sichtweise wird von der neuen Assistentin geteilt. Monika muss sich nicht mehr ständig in Frage stellen. Die neue Assistentin solidarisiert sich mit der Betroffenen, und die gleichzeitige Aufrechterhaltung der guten Beziehungen mit allen anderen Beteiligten führt zur Strukturveränderung des Konflikts. Die festgefahrenen Fronten verändern und entspannen sich. Auch bei Rainer kam es zu einer Beruhigung durch solidarisch vermittelnde ArbeitskollegInnen:

> Dann habe ich eigentlich Leute gehabt, auch von anderen Fraktionen, das waren Einzelpersonen, die gesagt haben: Nein, so ist das nicht, wir wissen, dass das nicht stimmt. Das war dann ein bisschen eine entscheidende Wendung in dieser Geschichte.

Menschen mit Zivilcourage, die Unrecht als solches erkennen und sich dagegen einsetzen, auch und gerade wenn dies eine Distanzierung von der Mehrheitsmeinung bedeutet, ohne dadurch die bestehenden Fronten zu verhärten, haben auch in Rainers Fall dazu beigetragen, die Mobbingsituation zu beenden. Zivilcourage ist „die Wahrnehmung von Verantwortung im überschaubaren, unmittelbaren persönlichen Wirkungs- und Gestaltungsbereich". Ihr liegt „die Selbstverständlichkeit des Sich-Kümmerns ebenso zugrunde wie ein sehr berechtigtes Mißtrauen gegenüber dem wohltönenden Pathos und der großen Phrase" (Bastian 1996, S. 100).

15.3.2 Unterstützung durch professionelle Hilfe

Anhand der Interviews zeigt sich, dass betriebsrätliche, juristische, medizinische und psychosoziale Hilfe von den Betroffenen in Anspruch genommen wurde.

Der Betriebsrat, als institutionalisierte Beschwerdestelle, stellt für viele Betroffene eine erste Anlaufstelle bei Mobbing dar. Hierbei können vom Betriebsrat die vielfältigsten Interventionen getätigt werden. Zumeist wirkt die Unterstützung der Gewerkschaft dem Isolationsprozess entgegen.

> Die Lobby ist aber vom Betriebsrat da, von den ersten drei. Die haben mich nicht im Stich gelassen, die haben mir, so gut es gegangen ist, den Halt gegeben und die Sicherheit. Und einer hat ziemlich stark interveniert. Ja, und das war es eigentlich dann, und so bin ich aus dem ganzen Teufelskreis herausgekommen.

Durch den Betriebsrat hat Paul eine Lobby. Durch ihn bekommt er „Sicherheit" und „Halt". Hier kann der Betriebsrat wichtige psychische Unterstützung durch sein Engagement und seinen Beistand geben. Margarete, in deren Betrieb sich ein Mobbingkonflikt entwickelt hat, beschreibt die soziale Komponente ihrer Funktion als Betriebsrätin wie folgt: „Mit irgendeinem Vorwand laufe ich da durch das Labor und klopfe ihnen einmal hinauf und sag ihnen, dass wir das schaffen. Das brauchen sie ja."

Zudem kann der/die BetriebsrätIn eine Abklärung der arbeitsgerichtlichen Tatbestände vornehmen und die Betroffenen im Rahmen der Gesetze darüber aufklären, inwiefern rechtliche Schritte eingeleitet werden können. „Von der Gewerkschaft her haben wir die Sache durchgecheckt, was ist möglich, und was ist nicht möglich. Also arbeitsgerichtliche Sachen, die haben wir schon beraten."

Neben der wichtigen Funktion der Aufklärung über die Rechtsbestimmungen kann der/die BetriebsrätIn auch Schlichtungsfunktion übernehmen, so er/sie nicht selbst am Konflikt beteiligt und als Vertrauensperson akzeptiert ist. In Peters Betrieb kommt es aufgrund einer Betriebsfeier, in der sich ein Mitarbeiter gegenüber seinem Chef im Ton vergreift, zu massiven Mobbingattacken gegen diesen, indem ihm jegliche Arbeit entzogen wird.

> Das ist dann so weit gegangen, dass also Fahrstunden abgesagt worden sind, weil sie nicht wollten, dass er mit dem Lastwagen fährt. Der ist also komplett hinausgeflogen. Wir haben dann versucht, ihm sofort Hilfestellungen zu geben. Wir haben mit der Firmenleitung geredet, dass das eine besoffene Geschichte war und so weiter. Wir haben das dann ein bisschen abgeschwächt. Der ist also echt vor der Kündigung gestanden, und da haben wir es geschafft, dass wir den wieder zurückholen.

Im Betrieb ist es zu einer massiven Konfliktsituation gekommen, die zu einem Mobbingprozess führte. Der betroffene Arbeitnehmer steht kurz vor der Kündigung. Es beginnen rechtzeitige Schlichtungsversuche, die die Kündigung verhindern können, und der Kollege wird dank der betriebsrätlichen Intervention wieder in das betriebliche Geschehen integriert. In diesem Zusammenhang ist zu erwähnen, dass es unbedingt notwendig ist, dass der/die BetriebsrätIn durch entsprechende Schulungen über das Phänomen Mobbing, seine Ursachen und Wirkungen, sowie Interventionsmöglichkeiten informiert sein muss, um effiziente Hilfestellungen leisten zu können. Zudem gestaltet sich ein Eingreifen unbeteiligter HelferInnen umso effizienterer, je früher diese herangezogen werden. Susanne, die als Betriebsrätin in ihrem Betrieb tätig ist, verdeutlicht dies durch einen anschaulichen Vergleich.

> Ich meine, man kann uns nicht erst mit einbeziehen, wenn es schon zu spät ist oder wenn es brennt, sondern man muss uns eigentlich auch schon holen, wenn es anfängt, irgendwo zu glimmen, oder alleine schon ein bisschen Brandgeruch da ist. Nur dann können wir von vornherein initiativ werden, und dann kann man wirklich vieles abblocken. Ich meine, wenn einmal das Ganze brennt, dann ist es schwierig, etwas zu unternehmen.

Weitere Hilfestellung erhielten die Betroffenen durch juristische Aufklärung und Interventionen. Wenngleich in Österreich noch kein einschlägiger Paragraph gegen Mobbing existiert, so besteht doch die Möglichkeit, einige Mobbinghandlungen juristisch zu verfolgen (siehe hierzu 8.1.1.4). Ein juristischer Rückhalt ist für die Betroffenen von Bedeutung, um sich zur Wehr setzen zu können, indem schwerwiegende Vergehen eingeklagt werden. So nimmt Rainer rechtliche Hilfe in Anspruch. Aufgrund der Anschuldigungen seiner KollegInnen, fälschlich Betriebsratsstunden verrechnet und hinterzogen zu haben, die diese mittels eines Schreibens innerhalb des Betriebes verbreiteten, zieht er einen Rechtsanwalt zu Hilfe. „In der Früh haben sie das Blatt herausgegeben, und eine Stunde später war ich bei meinem Rechtsanwalt und habe das geregelt, dass die Klage eingebracht wird, und dann nahmen die Dinge ihren Lauf." Mobbingdynamiken, die sich über einen längeren Zeitraum hinziehen und trotz unterschiedlichster Lösungsversuche nicht beendet werden können, müssen einem Schlichtungsverfahren zugeführt werden. Die gerichtliche Aushandlung stellt hierbei die letztmögliche Alternative dar (siehe hierzu 8.2). Rainers Fall wurde vor Gericht ausgetragen.

> Ich war bei Gericht, und da war unser Personalchef da, der hat den Dingen eine Wendung gegeben insofern, dass er ganz klar gesagt hat, wie das war und dass auch nicht in geringster Weise eine Schädigung der Firma vorliegt. Das war für mich mein erster Erfolg, der Erfolg einmal auf gerichtlicher Ebene.

Den im Betrieb kursierenden Gerüchten über die Unterschlagung von Betriebsgeldern wurden innerhalb des Gerichtsverfahren tatsächliche Fakten gegenübergestellt. Da Mobbingprozesse zum Großteil durch Gerüchte vorangetrieben werden, denen die Betroffenen zumeist hilflos ausgesetzt sind, stellt es eine äußerst wichtige Gegenstrategie dar, sich der nachweisbaren Tatsachen zu vergewissern und die Ebene der Fakten von allen Beteiligten in ihrer Argumentation einzufordern. Eine solche Vorgangsweise kann die Situation früh beenden helfen, sodass es nicht zu einem gerichtlichen Prozess kommen muss. Bei Rainer konnte diese Ebene der Austragung erst durch das Gericht erfolgen. Der quälende Mobbingprozess, der sich über mehr als ein Jahr hinzog und zu einem mehrwöchigen Krankenhausaufenthalt führte, wurde hierdurch beendet.

Eine weitere wichtige Anlaufstelle für Mobbingbetroffene stellen medizinisch-psychosoziale HelferInnen dar. Hierbei zeigt es sich deutlich, dass diejenigen ExpertInnen, die das Phänomen Mobbing und seine Wirkungsweisen kannten, effiziente Unterstützung geben konnten. Diejenigen HelferInnen hingegen, die sich bislang nicht mit der Thematik auseinander gesetzt hatten, konnten den Betroffenen keinerlei Hilfestellungen geben. Monika berichtet von einem Arztbesuch, nachdem sie einen nervlichen Zusammenbruch aufgrund ihrer betrieblichen Situation erlitten hatte und unter ständigen physischen Beschwerden litt.

> Bin ich zum Arzt gegangen und habe ich ihm eben das geschildert, und der sagt: Nein, in Krankenstand kann ich Sie aber nicht schicken. Er hat dann abgetastet und hat gesagt, naja, es kann sein ein Magengeschwür, und es ist eine Gastritis und ein nervöser Reizzustand. Aber in Krankenstand kann ich Sie nicht schicken, weil es ist ja psychisch verursacht durch Probleme am Arbeitsplatz. Aber das ist ja keine Krankheit, die die Krankenkasse anrechnet. Ja und der hat immer gesagt, es liegt kein Befund vor. Er hat mich auch nicht untersucht.

Verdeutlicht wird, dass durch den Mangel an individuellem Wissen und gesellschaftlichem Bewusstsein über die physischen und psychischen Auswirkungen von Mobbing die Symptomatik nicht ernst genug genommen wird, was in weiterer Konsequenz dazu führt, dass Monika wiederum in die Arbeitssituation zurückkehren muss, ohne psychische und physische Hilfe durch ihren Arzt oder durch eine Überweisung an eine/einen TherapeutIn bekommen zu haben.

> Ja, ich bin halt meine zwei oder drei Tage zu Hause geblieben, die ich halt ohne Krankschreibung zu Hause bleiben kann, und wie ich halt wieder gekommen bin, bin ich zum Chef zitiert worden. Der hat gesagt, immer wenn es Probleme gibt, bleiben Sie zu Hause, das geht natürlich nicht. Also habe ich wieder eine auf den Deckel bekommen. Ja, dann habe ich mich halt wieder zusammengerissen und habe mir gedacht, also beiß durch, du kannst nicht krank bleiben.

Der Weg in die Krankheit durch mangelnde Regeneration und Aufarbeitung der betrieblichen Situation führte zu immer schwerwiegenderen physischen Problemen bei Monika. Monika versucht, die ihr unerträgliche Situation zu ertragen, da sie keine Möglichkeit der Regeneration durch eine ärztliche Intervention erhält und zudem aufgrund ihrer gehäuften Krankheitstage unter massive Vorwürfen ihres Chefs gerät. Dies führt zu einem Kreislauf ohne jegliche

Möglichkeit der Entspannung. Nur ein Jahr, nachdem die akute Mobbingphase beendet war, musste sie sich einer Gallenoperation unterziehen. „Und ich bin sicher, die sind in der Zeit gewachsen. Also es war sicher etwas, nur der Arzt hat sich halt keine Mühe damit gemacht." Toni hingegen hatte das Glück, auf einen Arzt zu treffen, der die schwerwiegende Symptomatik erkannte und richtig zu reagieren vermochte.

> Der Arzt hat zu mir gesagt, dass das eben ein Trauma ist, das man bekämpfen muss, man hat zuerst mit Medikamenten angefangen, und dann hat er gesagt: Also, jetzt musst du dich entscheiden. Machst du was oder wirfst du dich weg, tust du für dich etwas oder tust du dahinvegetieren. Er hat mir direkt einen Vorwurf gemacht. Er hat zu mir gesagt: Du machst ja nichts.

Toni hatte sich vollkommen in die Lethargie geflüchtet. „In dieser Phase bin ich nur im Bett gelegen, und den ganzen Tag ist der Film vor mir abgelaufen." Durch den Arzt provoziert, gelingt ihm der erste Schritt seines Genesungsprozesses, indem er wieder Aktivitäten setzt und zusätzlich zur medizinischen psychologische Hilfe in Anspruch nimmt. Auch Norbert gerät an einen Arzt, der die Auswirkungen des Mobbingprozesses erkennt und ihn sowohl medizinisch als auch therapeutisch in der Bewältigung seiner Erfahrungen unterstützt. Diese Hilfe ermöglicht ihm die Aufarbeitung seiner Mobbingerlebnisse. „Ich habe das im Gespräch mit meinem Arzt bewältigt. Der verschreibt nicht nur Pulverl, sondern macht auch so ein Gespräch, wie wir zwei es jetzt machen. Er arbeitet das mit mir auf."

15.4 Bereitschaft zum Kompromiss und zur kritischen Reflexion des eigenen Handelns

Um Konflikte in konstruktiver Weise lösen zu können, bedarf es einer grundsätzlichen Bereitschaft zur gemeinsamen Problemlösung und zum Kompromiss. Kluge und Schmitz beschreiben Konfliktfähigkeit dementsprechend als „Fähigkeit, eigene Bedürfnisse und Interessen mit gegensätzlichen Erwartungen seines Interaktionspartners gewaltlos auszubalancieren." (1982, S. 26) Anhand der Interviews zeigt sich deutlich, dass mangelnde Kompromissbereitschaft einen wesentlichen Anlass zum Konflikt darstellt. Siegfried beschreibt sein Verhalten als wenig kooperativ und kompromissbereit. Nachträglich betrachtet, sieht er hierin seinen Anteil an der entstandenen Mobbingsituation. Er war als Lehrer an einer Hauptschule tätig und ist begeistert von den neuen pädagogischen Ideen, die er in seinem Unterricht umsetzen will. Bei seinen KollegInnen trifft er hierin auf Widerstand.

> Ja, jetzt, nachträglich gesehen, habe mit den Kollegen natürlich auch ich Fehler gemacht, ganz sicher. Zum einen, dass ich damals noch im jugendlichen Überschwang zu sehr ... einfach von dem, was ich gelesen gehabt habe, und der Umsetzung all der pädagogischen

> Dinge, die ich mir da vorgestellt habe, und es mir nicht gelungen ist, sie dazu zu bringen, dass sie mit mir solidarisch sind und das Konzept mittragen. Das heißt, ich war, so wie ich es halt früher als Leichtathlet war, als Einzelkämpfer teilweise zu stark unterwegs.

In seiner Reflexion über seine Eigenanteile an dem Konflikt verdeutlicht Siegfried, dass er seine KollegInnen zu wenig in sein Denken und Handeln miteinbezogen hat. Er beschreibt sich als Einzelkämpfer, der die anderen Lehrer nicht davon überzeugen kann, seine Ideen mitzutragen, und der deshalb versucht, diese mit der „Brechstange" durchzusetzen. Heute gelingt es ihm besser, im Kreise seiner KollegInnen integriert zu bleiben und diesen seine Ideen zu vermitteln.

> Jetzt gelingt es mir besser, an anderen Lehrern wirklich Verbündete oder Freunde zu haben, nicht alleine dazustehen, sondern wirklich den Kontakt mit vielen zu pflegen. Es gelingt mir auch besser, mit denen, die jetzt unter Anführungszeichen meine Gegner sind, zu reden, mit denen in Kontakt zu bleiben, denen wieder irgend ein Video oder was zu bringen und so bei aller Distanz, die auch besteht, oder einfach so, im Umgang jetzt die Kluft nicht so schnell aufbrechen zu lassen.

Siegfried bleibt jetzt in Kontakt „mit vielen". Er stellt sich nicht mehr als Einzelkämpfer dar, sondern baut sich ein soziales Netz von Verbündeten und FreundInnen auf. Dies hat mobbingpräventiven Charakter, weil es im Mobbingprozess zur sozialen Isolierung der Betroffenen kommt, indem es keinerlei direkten Meinungsaustausch mehr gibt. Siegfried hingegen vermag nun auch mit seinen sogenannten „Gegnern" in Kontakt zu bleiben, indem er ihnen seine Ideen durch Videos oder andere Informationsmaterialien näher bringt. Hierdurch vermeidet er, dass die „Klüfte" zwischen den unterschiedlichen Meinungen aufbrechen. „Ich komme jetzt mit mehr einfach besser aus, dass es sich nicht so polarisiert."

Der direkte Kontakt mit den KontrahentInnen ist konfliktpräventiv von großer Bedeutung, da hierdurch die Etablierung von Gerüchten, die dem Konflikt eine Eigendynamik verleihen, entgegengewirkt wird. Durch das Wissen um die Beweggründe können die Handlungen der KontrahentInnen in einem anderen Licht gesehen werden. Verständnis fördert die Kompromissbereitschaft. Hierbei stellt die direkte Auseinandersetzung mit den unterschiedlichen Konfliktparteien eine wesentliche Voraussetzung zur konstruktiven Konfliktlösung dar. Werden individuelle Meinungen über die Köpfe der KollegInnen hinweg durchgesetzt, so führt dies zu latenten Konflikten, die in eine Mobbingsituation eskalieren können. Norbert ist Stellvertreter des Betriebsratsvorsitzenden. Er möchte ein Anliegen beim Arbeitsinspektorat vorbringen. Dies ist jedoch nur mit der Einwilligung des Betriebsratsvorsitzenden möglich. Der hingegen stimmt mit dieser Vorgangsweise nicht überein und lehnt sie ab. Als der Betriebsratsvorsitzende im Urlaub ist und Norbert seine Stellvertretung übernimmt, wendet sich Norbert an das Arbeitsinspektorat.

Wobei ich im Nachhinein sagen muss, vielleicht habe ich das zu engagiert gemacht. Ich habe die vielleicht zu viel überfahren, was auch Spannungen ergeben hat. Vielleicht hat der das auch als Mobbing empfunden, was ich gemacht habe, dass ich den Antrag gestellt habe, obwohl er nicht da war. Aber vielleicht hätte ich da einen anderen Weg finden müssen, obwohl er dagegen war, ihn vorher überzeugen.

Norbert kann sich mit seinen Ansichten in der Gruppe nicht durchsetzen. Er ist bezüglich seiner Vorhabens so „engagiert", dass er den Antrag ohne Einwilligung des Betriebsratsvorsitzenden im Arbeitsinspektorat einbringt. Dies führt zu Spannungen, zum massiven Konflikt innerhalb der gesamten Betriebsratsbelegschaft und letztendlich zu Mobbingattacken gegen ihn. In seiner Reflexion der Situation stellt sich der Weg, seine KollegInnen von seiner Idee zu überzeugen, als gangbare Alternative dar. „Aber vielleicht hätte ich da einen anderen Weg finden müssen, obwohl er dagegen war, ihn vorher überzeugen." Auch Hannes beschreibt seine eigenen Anteile, die er an dem Mobbingkonflikt sieht. Durch den massiven Druck, dem er innerhalb des Konfliktes ausgesetzt ist, beginnt er, den Druck unreflektiert weiterzugeben.

Weil ich ab und zu meinen Mund zu weit aufreiße. Ich meine, weil ich manches Mal natürlich auch provokant bin, aber ich glaube, das ist natürlich, wenn du spürst, du bekommst einen Druck, dass du einen Gegendruck erzeugst, und wenn du die Möglichkeit hast, dass du einfach reagierst.

Hannes erfährt Druck und gibt diesen in gleicher Form weiter. Er reagiert, ohne über seine Handlungen und ihre Auswirkungen zu reflektieren. Er ist „provokant" in seinen Äußerungen. Die Eskalationsspirale wird durch unentwegte Reaktionen und Gegenreaktionen vorangetrieben, ohne dass die KontrahentInnen sich ihre Handlungen und deren Auswirkungen bewusst machen. Es entwickelt sich eine Eigendynamik, in der es immer schwieriger für alle Beteiligten wird, sich zu distanzieren. Für die konstruktive Auseinandersetzung mit Konflikten bedarf es jedoch der zeitweiligen kritischen Distanz zum Geschehen. Ruhe und Regenerationsphasen sind hierfür unbedingt notwendig.

Auch Margarete, die in Konflikt mit ihrer Chefin geraten ist, schildert ein ähnlich konfliktförderndes Verhalten. Sie ist der Meinung, dass diese ihren Vorgesetzten mutwillig falsche Informationen über einen Kollegen zukommen lässt. Ihre Kritik an dem Verhalten der Chefin formuliert sie derart heftig, dass sich hierdurch die Konfliktsituation verschärft.

Sie soll ihm sonst in das Gesicht sagen, dass sie das nicht will, aber nicht auf so eine Art, dass man einfach dem Vorgesetzten sagt, dass er etwas freigegeben hat, was nicht in Ordnung war. Das hat nicht gestimmt, und das ist des Öfteren passiert. Nach außen hin, wenn irgendetwas schiefgegangen ist, dann hat sie immer gelogen. Das mag ich nicht. Das habe ich ihr immer in das Gesicht gesagt. Habe ich gesagt, können Sie nicht einmal die Wahrheit sagen oder irgendetwas. Dann sind wir eigentlich immer mehr auseinander.

Margarete konfrontiert ihre Chefin mit massiven Vorwürfen, die eine Eskalation des Konfliktes fördern. Ihre Kritik ist nicht auf ein spezifisches Verhalten bezogen, das die Kontrahentin verändern könnte, sondern auf die Charaktereigenschaft ihrer Chefin, die „nicht einmal die Wahrheit sagen kann". Die Kluft zwischen den beiden Kontrahentinnen wird immer größer, und es kommt zu massiven Mobbingattacken gegen Margarete. Anders reagiert Inge, die ebenfalls in Konflikt mit ihrer Chefin geraten ist. Auch sie beklagt das Verhalten ihrer Chefin, die sie ständig kritisiert und vor ihren anderen Kolleginnen herabsetzt. Sie sucht den Konflikt mit ihr anzusprechen und bittet zudem neutrale Beobachter, dem Gespräch als Vermittler beizuwohnen.

> Dann haben wir eine Besprechung gehabt. Meine Abteilungsleitung und von der chirurgischen Ambulanz ein Stationspfleger, und dann haben wir da ein Gespräch gehabt. Das heißt, ich habe gesagt, du Gabi, kannst du mir einmal sagen, was dir an mir nicht passt? Hast du das Gefühl, dass ich nicht fähig bin dazu? Dann hat sie mich ganz entsetzt angesehen, und ihr war das gar nicht bewusst. Also für sie war das total unbewusst, was sie da gemacht hat. Dass sie mich eigentlich total demoralisiert hat. Das Gespräch ist im Endeffekt recht gut geworden, und seitdem haben wir ein sehr gutes Verhältnis. Seitdem macht es mir wieder Spaß.

Inge sucht die Auseinandersetzung mit ihrer unmittelbaren Kontrahentin. Außerdem zieht sie Personen hinzu, die als Vermittler in einer für beide emotional angespannten Situation dienen. Nicht Vorwürfe und Anschuldigungen stehen im Zentrum ihrer Argumentation, sondern der Versuch, die Situation zu verstehen, indem sie ihrer Chefin mit Fragen begegnet. Inge vermittelt darüber hinaus ihre subjektiven Eindrücke und Gefühle und die Auswirkungen, die das Verhalten der Chefin auf ihre konkrete Arbeitsmotivation hat. Es beginnt ein Prozess der Klärung und des gegenseitigen Verständnisses, der zu einer Lösung des Konfliktes führt.

15.5 Intervention durch Re-Individualisierung

Mobbing ist ein Prozess, der sich in Gruppen entwickelt. Wesentlich hierbei sind die Gruppenprozesse, in denen sich die einzelnen Gruppenmitglieder der Gruppenmeinung angleichen. „In Gruppen sind enthemmte, irrationale und destruktive Verhaltensweisen möglich, die normalerweise von den meisten Menschen – auch von den Gruppenmitgliedern selbst, wenn man sie einzeln befragt – negativ bewertet und abgelehnt werden würden" (Hesse/Schrader 1995, S. 128). Diese Erkenntnis birgt die Möglichkeit einer Mobbingintervention in sich, indem den einzelnen Gruppenmitgliedern die Divergenz zwischen ihren individuellen Meinungen und den Handlungen, die sie in der Gruppe mitvertreten oder ausüben, verdeutlicht wird. Je früher die Interventionen erfolgen, desto wahrscheinlicher ist eine konstruktive Auflösung des Konfliktes. Hierbei können sowohl Außenstehende als auch Betriebsmitglieder und die

Beteiligten selbst die Handlungstragenden sein. Im Folgenden soll anhand eines exemplarischen Falls der gesamte Prozess einer geglückten Re-Individualisierung veranschaulicht werden. Der Mobbingkonflikt entwickelt sich aufgrund eines Positionswechsels innerhalb des Betriebes, durch den eine Stelle frei wird. Eine Untergebene von Elisabeth macht sich Hoffnung auf die freigewordene Position. Sie bekommt diese jedoch nicht, weil sie weder die Qualifikation noch genügend Dienstjahre hierfür hat. Der Posten wird an eine andere Kollegin vergeben, die neu in den Betrieb kommt. Elisabeth wird von ihrem Vorgesetzten gebeten, die neue Mitarbeiterin zu protegieren, und willigt diesem Ansinnen gegenüber ihrem Chef aus Angst vor Sanktionen ein. Die Mobbingsituation beginnt, weil sich ihre KollegInnen von ihr „verraten“ fühlen. „Ich war die Verräterin am Amt, ich habe quasi mein Nest beschmutzt. Ja, das war es sicher. Ich wollte es ja nicht tun. Ich bin halt zwischen zwei Sesseln gesessen und habe gerade die Position neu übernommen und war noch unsicher.“ Es entspinnt sich ein massiver Mobbingkonflikt. Als sie erkennt, dass sich der Konflikt nicht von selbst löst, beginnt sie Konfliktlösungen zu suchen.

> Ich habe mir dann ganz genau die einzelnen Personen, die gemobbt haben, angesehen, also es waren sage und schreibe vier. Von einer wusste ich, das war von vornherein klar, die älteste, die war der Rädelsführer, die zweite, die also den Platz haben wollte, die hat komplett mitgemischt, und die anderen zwei wollten eigentlich nicht so richtig, die haben aber mit der Schar mitgetan, die haben das einfach opportun gefunden, mich da irgendwie hinauszudrängen und mich da fertig zu machen.

Elisabeth beginnt, aufgrund der Mobbinghandlungen die Situation zu analysieren. Die Gruppe, die gegen sie opponiert, besteht aus vier Personen. Zwei der vier Personen sind intensiv am Konflikt beteiligt, hierzu zählen die älteste Arbeitnehmerin und die Kollegin, die den zu vergebenden Posten einnehmen wollte. Zwei der Beteiligten kann Elisabeth als „Mitläufer“, die mit der „Schar mitgetan“ haben, identifizieren. Aufgrund ihrer Analyse beginnt Elisabeth nun den Prozess der Re-Individualisierung, indem sie die einzelnen Personen von den anderen isoliert auf ihre Mobbinghandlungen anspricht.

> Ich habe mich einmal an die Person gewandt, das war der Kanzleileiter, von dem ich das Gefühl gehabt habe, der schwimmt nur in der Schar mit, der will eigentlich gar nicht so recht. Und mit dem habe ich dann ein Gespräch geführt, ich habe gesehen, das läuft eigentlich ganz gut, ich habe seine Verblüffung bemerkt. Er war verblüfft, dass ich auf ihn zugehe und sage: Du, das, was da abläuft, das gefällt mir gar nicht, das kannst du dir vorstellen, ich sehe ein, dass ich einen Fehler gemacht habe, und ich habe ihm halt die Sache auseinander gesetzt.

Elisabeth sucht das Gespräch mit dem Kanzleileiter, der am wenigsten am Konflikt beteiligt ist. Durch das Gespräch kann Elisabeth erste Irritationen bei ihren KontrahentInnen auslösen, indem ihre Handlungen nicht den von ihrem Kontrahenten erwarteten Reaktionen entsprechen. Dieser ist „verblüfft“. Eingefahrene Sichtweisen werden gelockert. Dies ermöglicht ein erstes Aufeinander-

Zugehen. Sie setzt ihm den Konflikt aus ihrer Sicht der Dinge auseinander und verdeutlicht nicht nur das Fehlverhalten ihrer KontrahentInnen, sondern thematisiert auch ihre eigenen Fehler. Verstärkt werden die eigenen Bedenken des Kanzleileiters, der „eigentlich nicht so recht" will und „nur" mit der Schar mitläuft. Dies ermöglicht eine Lockerung seines Verhaltens, indem er sich aus der Mobbinggruppe zurückzieht und „sich zu den Neutralen stellt." In einem nächsten Schritt sucht sie ein individuelles Gespräch mit einer weiteren Kontrahentin, die ebenfalls eine periphere Rolle im Mobbingkonflikt spielt.

> Dann bin ich halt auf die nächste Person zugegangen, die also auch nicht so, die halt auch mit der Schar, mit den zwei anderen, halt ein bisschen mitgetan hat, aber die sich vielleicht so gedacht hat: Es ist eh nicht so ganz recht, was ich da mache, und ich habe mit ihr das Gleiche durchgezogen.

Gestärkt durch ihr erstes Gespräch sucht Elisabeth nun einen weiteren Gesprächspartner. Wiederum wählt Elisabeth eine Kontrahentin zum Gespräch, an der sie einen Widerspruch zwischen ihren individuellen Einstellungen und den Handlungen, die sie in der Gruppe mitträgt, erkennen kann. Auch hier hat ihr Gespräch die Wirkung, dass sie ihre Kontrahentin verblüfft und zum Nachdenken anregt.

> Es war eigentlich der gleiche Gesprächsverlauf. Ich habe mit der Sache angefangen, die Verblüffung auf der gegenüberliegenden Seite hast du gespürt, und das hat mir dann eigentlich eine Kraft gegeben. Dann habe ich mir gedacht: Ah, jetzt bist du der Stärkere, wenn der andere verblüfft ist und plötzlich nicht mehr weiß, was er sagen soll, dann hast du schon einmal eine stärkere Position, nicht.

Die Schaffung von Irritationen auf der Seite ihrer Kontrahentin gibt ihr Kraft. Sie erlebt sich wieder als handlungsfähig und kann die Situation mitgestalten, obgleich auch sie dem GewinnerInnen-VerliererInnen-Denken anheim fällt.

In weiterer Folge sucht sie die Auseinandersetzung mit den Hauptvertreterinnen des Konfliktes. Hierbei zieht sie die Hilfe ihres Chefs hinzu, der bei einem Treffen mit allen am Konflikt Beteiligten teilnimmt.

> Ich habe halt versucht, das so genau wie möglich darzulegen, so genau wie möglich meine Situation zu schildern, und wie unangenehm das Ganze ist, nicht nur für mich, sondern für den ganzen Dienstbetrieb. Dann habe ich halt versucht, Teamgeist und diese Dinge hineinzupressen, dass das halt das Wichtigste bei uns sein soll.

Elisabeth legt die Sachlage bei einem Treffen mit allen Beteiligten so differenziert wie möglich dar und veranschaulicht auch ihre Fehler im Konflikt. Zudem verdeutlicht sie ihren KontrahentInnen, dass auch diese unter dem so entstandenen Konflikt leiden und somit einen Gewinn durch die Beendigung des Konfliktes haben. Auch hier wendet sie eine Individualisierungsstrategie an, indem sie die Vorteile, die die einzelnen Beteiligten von einer Konfliktlösung haben, herausarbeitet. Dies kann deshalb wirksam sein, da nicht nur die Betroffenen unter Stress stehen, sondern auch die MobberInnen selbst durch die ständig eskalierenden Konflikthandlungen unter Druck geraten. Durch die zusätzliche Hervorhebung der Vorteile von Teamarbeit und die Präsenz ihres Vorgesetzten gelingt es ihr letztendlich, die Situation langsam aufzulösen. „Im Endeffekt war es ein großes Erfolgserlebnis, dass ich das umgedreht habe. Dass ich den Konflikt so gut gemeistert habe."

15.6 Resümee

Soziale Unterstützung in Form von Gesprächen, in denen man verstanden wird und vertrauen kann, in denen lösungsorientierte Perspektiven aufgezeigt werden oder aber auch Vermittlungs- und Schlichtungspositionen eingenommen werden, ohne dadurch die bestehenden Fronten zu verhärten, stellt einen der wichtigsten Bewältigungsfaktoren bei Mobbing dar. Durch sie kommt es nicht oder in geringerem Ausmaß zu krankheitsfördernden Verhaltensweisen, und die belastende Situation wird von den Mobbingbetroffenen als weniger gravierend erlebt. Betriebsrätliche, juristische, medizinische und psychosoziale HelferInnen, die mit der Mobbingproblematik vertraut sind, können zudem die psychosoziale Genesung und konstruktive Interventionsschritte begleiten.

Darüber hinaus zeigt sich, dass die Fähigkeit der Mobbingbetroffenen, sich Kompensationsmöglichkeiten zu schaffen, maßgeblich dazu beiträgt, Mobbingerlebnisse psychisch und physisch unbeschadet zu bewältigen. Beispielhaft erwähnt sei die enorme Bedeutung von bewusstseinsbildenden Maßnahmen oder außerbetrieblichen Aktivitäten für die Stabilisation der psychischen und physischen Gesundheit, die Stärkung des Selbstwertgefühls, die Wiedererlangung individueller Regenerations- und Entspannungsmöglichkeiten, die Erfahrung sozialer Integration und Akzeptanz, die Erweiterung neuer Lebens- und Interessensperspektiven, aber vor allem der Erhalt bzw. die Wiedererlangung individueller Handlungsmöglichkeiten.

Wichtig ist außerdem, dass die Betroffenen ihr eigenes Verhalten kritisch reflektieren, sich unter Umständen neue Fähigkeiten wie z. B. das Setzen von Grenzen aneignen und sich ein differenziertes Bild ihrer Umgebung erhalten. Hierdurch bleibt die Möglichkeit bestehen, soziale Unterstützungspotentiale wahrzunehmen und zu nutzen sowie entsprechende Interventionen zu setzen.

16 Literaturliste*

Adams, A. (1992): Bullying at Work. How to confront and overcome it. London: Virago Press.

Ahlemeyer, H. W. (1992): Systemische Organisationsberatung und Soziologie. In: Alemann, H. von/Vogel, A. (Hrsg.): Soziologische Beratung. Praxisfelder und Perspektiven. IX. Tagung angewandter Soziologie. Opladen: Leske & Budrich.

Andolfi, M. (1985): Familientherapie. Das systemische Modell und seine Anwendungen. Freiburg im Breisgau: Lambertus-Verlag.

Antonovsky, A. (1987): Health, Stress and Coping. San Francisco: Jossey-Bass.

Ardelt, E./Buchner, R./Gattinger, E. (1993): Mobbing aus psychologischer Sicht. In: Liepold, W./Priewasser, R. (1997): Mobbing: Psychoterror am Arbeitsplatz und wie man sich dagegen wehren kann. Mobbing und arbeitsrechtliche Aspekte. Salzburg: Kammer für Arbeiter und Angestellte für Salzburg, S. 27–31.

Asch, S. (1952): Studies of Independence and Submisson to Group Pressure. Psychological Monographs 70, Nr. 416.

Bamberg, E. (1981): Arbeit und Freizeit. Weinheim: Beltz.

Bastian, T. (1996): Zivilcourage. Von der Banalität des Guten. Hamburg: Rotbuch Verlag.

Bateson, G. (1990): Ökologie des Geistes. Anthropologische, psychologische, biologische und epistemiologische Perspektiven. Frankfurt am Main: Suhrkamp.

Bauriedl, T. (1993): Wege aus der Gewalt. Freiburg, Basel, Wien: Verlag Herder.

Becker, M. (1993): Die stationäre Behandlung psychisch und psychosomatisch erkrankter Menschen aufgrund von Arbeitsplatzbelastungen. In: Liepold, W./Priewasser, R. (1997): Mobbing: Psychoterror am Arbeitsplatz und wie man sich dagegen wehren kann. Mobbing und arbeitsrechtliche Aspekte. Salzburg: Kammer für Arbeiter und Angestellte für Salzburg, S. 17–21.

Berger, G. (1994): Die innere Kündigung im Wandel der Verhältnisse. In: Personal, Heft 1/1994, 46. Jg., S. 8–9.

Berkel, K. (1984): Konfliktforschung und Konfliktbewältigung. Ein organisations-psychologischer Ansatz. Berlin: Duncker & Humblot.

Berkel, K. (1985): Konfliktverlauf. In: Neske, F./Wiener, M. (Hrsg.): Management-Lexikon, Bd. 2. Gernsbach, S. 659–660.

Berkel, K. (1995): Konflikte in und zwischen Gruppen. In: Rosenstiel, L. v./Regnet E./Domsch, M. (Hrsg.): Führung von Mitarbeitern: Handbuch für erfolgreiches Personalmanagement (3. Aufl.). Stuttgart: Schäffer.

Berkel, K. (1991): Konflikttraining: Konflikte verstehen und bewältigen. Heidelberg: Sauer.

Biallo, H. (1988): Kalkulierte Wut. In: Die Wirtschaftswoche D, Nr. 26, 24.6.1988, S. 58–59.

Biallo, H. (1989): Frauen im Beruf: Neid und Mißgunst. In: Die Wirtschaftswoche D, Nr. 26, 23.6.1989, S. 66.

Biallo, H. (1990): Gezielte Aufklärung. In: Die Wirtschaftswoche D, Nr. 24, 8.6.1990, S. 58–61.

Bing, S. (1992): Crazy Bosses. In: Across the board, Nr. 7–8, S. 22–25.

Bitzer, B. (1994): Fehlzeiten: Ein Stufenplan für Rückkehrgespräche. In: Personal, Heft 2/1994, 46. Jg., S. 72–73.

Brinkmann, R. D. (1995): Mobbing, bullying, bossing: Treibjagd am Arbeitsplatz. Erkennen, Beeinflussen und Vermeiden systematischer Feindseligkeiten. Heidelberg: J. H. Sauer-Verlag.

Brockhaus (1984): dtv-Brockhaus Lexikon. Band 6. Wiesbaden, München: Deutscher Taschenbuch Verlag.

Brodsky, C. (1976): Harassed Worker. Lexington, MA: Heath and Company.

---

* Die durch Kursive hervorgehobene Literatur empfiehlt sich für PraktikerInnen besonders.

Brommer, U. (1994): Konfliktmanagement statt Unternehmenskrise. Zürich: Orell Füssli.

Brommer, U. (1995): Psycho-Krieg am Arbeitsplatz und was man dagegen tun kann. München: Wilhelm Heyne Verlag.

Burns, D. D. (1988): Perfekt! Der Zwang zur vollkommenen Leistung. In: Psychologie heute (Hrsg.): Die seelischen Kosten. Thema: Arbeit und Psychologie. Weinheim, Basel, S. 109–139.

Busch, H.-W. (1992): Nachfrage nach Beratung aus der Sicht der Wirtschaft. In: Ahlemeyer H. W./Vogel A. (Hrsg.): Soziologische Beratung. Praxisfelder und Perspektiven. IX. Tagung angewandter Soziologie. Opladen: Leske & Budrich.

Collins, E./Blodgett, T. (1981): Sexual harassment: Some see it ... some won't. In: Harvard Business Review, March–April, S. 76–95.

Conditions of Work Digest (1992): Combating sexual harassment at work. Volume 11, Number 1. Geneva: International Labour Office.

Crawford, N. (1992): Organisational Responsibility. In: Adams, A. (1992): Bullying at Work. How to confront and overcome it. London: Virago Press.

Crisand, E. (1995): Methodik der Konfliktlösung: Eine Handanleitung mit Fallbeispielen. Heidelberg: Sauer.

Dell, F. P. (1990): Klinische Erkenntnis. Zu den Grundlagen systemischer Therapie. Dortmund: verlag modernes lernen.

Diergarten, E. (1994): Mobbing – Wenn der Arbeitsalltag zum Alptraum wird. Von Tätern und Opfern, Schuld und Mitverantwortung. Köln: Bund-Verlag.

Dollard, J./Miller-Neal, E./Doob, L./Mowrer, O./Sears, R. (1986): Frustration und Agression. Weinheim, Berlin, Basel: Beltz.

Domsch, M./Regnet, E. (Hrsg.) (1990): Weibliche Fach- und Führungskräfte. Wege zur Chancengleichheit. Stuttgart: Schäffer.

Dorsch, F. (1982): Psychologisches Wörterbuch (10. Aufl.). Bern, Stuttgart, Wien: Huber.

DSM-IV (1996): Diagnostisches und Statistisches Manual Psychischer Störungen DSM-4. Göttingen, Bern, Toronto, Seattle: Verlag für Psychologie.

Duden (1989): Das Herkunftswörterbuch. Band 10. Mannheim, Wien, Zürich: Dudenverlag.

Dunckel, H./Zapf, D. (1996): Psychischer Streß am Arbeitsplatz. Belastungen, gesundheitliche Folgen, Gegenmaßnahmen. Köln: Bund.

Ebbecke-Nohlen, A. (1994): Auftrag und Spiel im Interaktionsprozeß von Supervision. In: Pühl, H. (Hrsg.): Handbuch der Supervision. Berlin: Ed. Marhold im Wiss.-Verl. Spiess, S. 37–51.

Eckardstein, D. von/Lueger, G./Niedl K./Schuster B. (1995): Psychische Befindensbeeinträchtigung und Gesundheit im Betrieb. München, Mering: Rainer Hampp Verlag.

Einarsen, St./Skogstad, A (1996): Bullying at work: Epidemiological findings in public and private organizations. In: European Journal of Work and Organizational Psychology: Mobbing and victimization at work. London, S. 185–201.

Einarsen, St. et al. (o. J.): Bullying and harassment at work and its relationships to work environment quality. An explanatory study, a paper presented at the seventh European Congress on Work and Organizational Psychology.

Elias, N. (1978): Die Gesellschaft der Individuen. Frankfurt am Main: Suhrkamp Verlag.

Ernst, H. (1988): Herz und Streß. In: Psychologie heute (Hrsg.): Arbeit: Die seelischen Kosten. Thema: Arbeit und Psychologie. Weinheim, Basel, S. 95–108.

Esser, A./Wolmerath, M. (1997): Mobbing: Der Ratgeber für Betroffene und ihre Interessensvertretung. Köln: Bund-Verlag.

Esser, W. M. (1972): Konfliktverhalten in Organisationen. Unveröffentlichte Dissertation, Universität Mannheim.

Faix, W. G./Laier, A. (1991): Soziale Kompetenz: Das Potential zum unternehmerischen und persönlichen Erfolg. Wiesbaden: Gabler.

Forgas, J. P. (1992): Soziale Interaktion und Kommunikation: Eine Einführung in die Sozialpsychologie. Weinheim: Psychologie Verlags Union.

Foster Reed, S. (1994): Kollege Querulant. Vom Miesmacher zum Mit-Arbeiter. Freiburg i. Br.: Rudolf Haufe Verlag.

Franz, A. (1996): Schöne neurotische Arbeitswelt. In: Die Welt, 3.2.1996, S. 1–2.

Frey, D./Hoyos, C. G./Stahlberg, D. (1988): Angewandte Psychologie. Ein Lehrbuch. München, Weinheim: Psychologie Verlags Union.

Friedrichs, J. (1980): Methoden empirischer Sozialforschung. Opladen: Westdeutscher Verlag.

Frommann, A./Schramm, D./Thiersch, F. (1976): Sozialpädagogische Beratung. Zeitschrift für Pädagogik, 22 (5), S. 715–741.

Fuchs, W. (1973): Lexikon der Soziologie. Opladen: Westdeutscher Verlag.

Gamber, P. (1995): Konflikte und Aggressionen im Betrieb (2. Aufl.). Landsberg am Lech: Mvg.

Gasteiger, L. (1995): Mobbing. Kritische Auseinandersetzung mit dem Mobbingmodell von Leymann. Unveröffentlichte Diplomarbeit, Salzburg.

Gerhart, U./Heiliger, A./Stehr, A. (1992): Tatort Arbeitsplatz. Sexuelle Belästigung von Frauen. München: Verlag Frauenoffensive.

Gerhart, U. (1992):Vom Schweigen zur aktiven Abwehr. In: Gerhart, U./Heiliger, A./Stehr, A. (1992): Tatort Arbeitsplatz. Sexuelle Belästigung von Frauen. München: Verlag Frauenoffensive, S. 105–108.

Glasl, F. (1992): Konfliktmanagment. Ein Handbuch für Führungskräfte und Berater (3. Aufl.). Bern, Stuttgart: Verlag Paul Haupt Bern & Verlag Freies Geistesleben Stuttgart.

Glasl, F. (2002): Selbsthilfe bei Konflikten. Stuttgart: Verlag Paul Haupt, Bern 8, Verlag Freies Geistesleben, Stuttgart.

Godenzi, A. (1992): Männerlogik am Arbeitsplatz. In: Gerhart, U./Heiliger, A./Stehr, A. (Hrsg.): Tatort Arbeitsplatz. Sexuelle Belästigung von Frauen. München: Verlag Frauenoffensive, S. 39–47.

Gold, D./Unger, B. (1993): What is the definition of sexual harassment and what steps can a company take to maintain a work enviroment that is free from sexual harassment? In: Employment Relations Today, Vol. 20, Nr. 1, S. 129–132.

Greif, S./Bamberg, E./Semmer, N. (1991): Psychischer Streß am Arbeitsplatz. Göttingen: Hogrefe.

Gutek, B. (1981). Experiences of sexual harassment: Results from a representative survey. Paper presented at the American Psychological Convention, Los Angeles, CA.

Hartmann, C. (1995): Angst, Kosten und Controlling – Eine Analyse des Angstphänomens als wirtschaftlicher Kostenfaktor und als Herausforderung für ganzheitlich orientiertes Controlling. Unveröffentlichte Diplomarbeit, Fachhochschule Köln, Fachbereich Wirtschaft.

Hartmann M./Rieger, M./Pajonk, B. (1997): Zielgerichtet moderieren. Ein Handbuch für Führungskräfte, Berater und Trainer. Weinheim, Basel: Beltz Verlag.

Hatch M. J. (1997): Organization Theory. Modern Symbolic and Postmodern Perspectives. Oxford, New York: Oxford University Press.

Hatzelmann, E. (1988): Was kommt nach der Arbeit? In: Psychologie Heute (Hrsg.): Die seelischen Kosten. Thema: Arbeit und Psychologie. Weinheim, Basel, S. 131–151.

Haubl, R./Lamott, F.(Hrsg.) (1994): Handbuch Gruppenanalyse. Berlin, München: Quintessenz Verlags-GmbH.

Heigl-Evers, A. (1979): Die Psychologie des 20. Jahrhunderts. Lewin und die Folgen. Sozialpsychologie – Gruppendynamik – Gruppentherapie. Band III. Göttingen: Verlag für Psychologie, Dr. C. J. Hargrefe, S. 436–486.

Heiliger, A. (1992): Gewalt gegen Frauen hat viele Gesichter. In: Gerhart, U./Heiliger, A./Stehr, A. (Hrsg.): Tatort Arbeitsplatz, München: Verlag Frauenoffensive.

Heinemann, P. (1972): Mobbing – gruppvald bland barn och vuxna. Stockholm: Natur och Kultur.

Heinze, T. (1992): Qualitative Sozialforschung: Erfahrungen, Probleme und Perspektiven (2. Aufl.). Opladen: Westdeutscher Verlag.

Henry, W. (1993): Mobbing: Kleinkrieg am Arbeitsplatz. Konflikte erkennen, offenlegen und lösen. Frankfurt am Main, New York: Campus Verlag.

Hesse, J./Schrader, H. C. (1995): Krieg im Büro. Konflikte am Arbeitsplatz und wie man sie löst. Frankfurt am Main: Fischer Taschenbuch Verlag.

Hillmann, H. (1982): Wörterbuch der Soziologie. Stuttgart: Kröner.

Himmelbauer, S. (1994): Die Bedeutung sozialer Unterstützung im Prozeß der Krisenbewältigung. Unveröffentlichte Diplomarbeit, Salzburg.

Hochstätter, D. (1990a): Gefährliche Gefühle. In: Die Wirtschaftswoche D, Nr. 42, 12.10.1990, S. 126–129.

Hochstätter, D. (1990b): Karriereknick: Kaltstellen und Rausekeln. In: Die Wirtschaftswoche D, Nr. 45, 2.11.1990, S. 98–104.

Hochstätter, D. (1991): Menschlicher Faktor. In: Die Wirtschaftswoche D, Nr. 53, 27.12. 1991, S. 61–63.

Holroyd, K. A./Lazarus, R. S. (1982): Stress, coping and somatic adaptation. In: Goldberger, L./Breznitz, S. (Hrsg.): Handbook of stress. New York: Free Press, S. 21–35.

Hopf, H. (2004): Belästigung in der Arbeitswelt. In: Festschrift Bauer/Maier/Petrag. Wien: Manz Verlag.

Hopf, C./Weingarter, E. (Hrsg.) (1984): Qualitative Sozialforschung (3. Aufl.). Stuttgart: Klett-Cotta.

Hopfgartner, A. (1988): Sexuelle Übergriffe auf Frauen am Arbeitsplatz – Individuelle und öffentliche Wahrnehmung einer Arbeitsbelastung. Unveröffentlichte Dissertation, Wirtschaftsuniversität Wien.

Hopfgartner, A./Zeichen, M. M. (1988): Sexuelle Belästigung am Arbeitsplatz. Bundesministerium für Arbeit und Soziales, Frankfurt am Main, Bundesministerium für Arbeit und Soziales/Frauenreferat, Wien.

Huber, B. (1994): Mobbing: Psychoterror am Arbeitsplatz. Niederhausen/Ts.: Falken-Verlag GmbH.

Hugo-Becker, A./Becker, H. (1996): Psychologisches Konfliktmanagement. Frankfurt am Main: Deutscher Taschenbuch Verlag.

Hummel, H. P. (1996): Mobbing bewältigen und seine Ziele erreichen durch Einstellungsänderungen. Aachen: Verlag Mainz.

Jahoda, M. (1983): Wieviel Arbeit braucht der Mensch? Arbeit und Arbeitslosigkeit im 20. Jahrhundert. Weinheim, Basel: Beltz Verlag.

Janda, F. (1995): Gefahren erkennen – Gefahren vermeiden. In: Kammer für Arbeiter und Angestellte für Wien (Hrsg.): Abteilung Arbeitnehmerschutz und Arbeitsgestaltung.

Kahn, H. (1965). Eskalation – Die Politik mit der Vernichtungsspirale. Frankfurt am Main, Berlin, Wien: Verlag Ullstein GmbH.

Karaciyan-Berndt, M. (1995): Mobbing – Psychoterror am Arbeitsplatz: Ursachen, Folgen, Gegenmaßnahmen. Unveröffentlichte Diplomarbeit, Fachhochschule für Sozialarbeit und Sozialpädagogik, Alice-Salomon, Berlin.

Katz, P./Schmidt, A. R. (1991): Wenn der Alltag zum Problem wird. Belastende Alltagsprobleme und Bewältigungsmechanismen. Stuttgart: Verlag für Angewandte Psychologie.

Kälin, K./Burkhardt, K./Mastronardi-Johner, G./Sager, O. (1995): Captain oder Coach? Neue Wege im Management. Thun: Ott Verlag.

Keupp, H. (1987): Psychologische Praxis in einer sich spaltenden Gesellschaft – Das Psychosoziale Projekt im Umbruch. In: Störfaktor 1, Zeitschrift kritischer Psychologen und Psychologinnen, Wien

Keupp, H. (1988): Soziale Netzwerke. In: Asanger, R./Wenninger, G. (Hrsg.): Handwörterbuch Psychologie. München, Weinheim: Psychologie Verlags Union.

Keupp, H. (1988): Normalität und psychische Störung. In: Asanger, R./Wenninger, G. (Hrsg.): Handwörterbuch Psychologie. München, Weinheim: Psychologie Verlags Union.

Kirchler, E. (1984): Arbeitslosigkeit und Alltagsbefinden. Eine sozialpsychologische Studie über die subjektiven Folgen von Arbeitslosigkeit. Linz: Rudolf Trauner Verlag.

Kleining, G. (1991): Methodologie und Geschichte qualitativer Sozialforschung. In: Flick et al. (Hrsg.): Handbuch qualitativer Sozialforschung (2. Aufl.). Weinheim: Beltz.

Klicpera, C./Gasteiger-Klicpera, B. (1996): Klinische Psychologie. Eine Einführung in die Syndrome psychischer Störungen. Wien: WUV.

Knorz, C./Zapf, D. (1996): Mobbing: Eine extreme Form sozialer Stressoren am Arbeitsplatz. In: Zeitschrift für Arbeits- und Organisationspsychologie. Heft 1. Göttingen, Stuttgart: Verlag für Angewandte Psychologie, S. 12–22.

Kohn, A. (1988): Konkurrenz kostet den Erfolg. In: Psychologie Heute (Hrsg.): Die seelischen Kosten. Thema: Arbeit und Psychologie. Weinheim, Basel, S. 35–44.

Kolodej, C. (1994): Konfliktverhalten unter Frauen im Arbeitszusammenhang. In: Störfaktor. Zeitschrift kritischer Psychologinnen und Psychologen, Heft 26, Wien.

Kolodej, C. (2003): Mediation bei Mobbing. In: Harald Pühl (Hrsg.): Mediation in Organisationen. Neue Wege des Konfliktmanagements: Grundlagen und Praxis. Berlin: Ulrich Leuter Verlag.

Kraus, W. D./Kraus, R. (1994): Mobbing: Die Zeitbombe am Arbeitsplatz. Renningen-Malmsheim: Expert-Verlag.

Krüger, W. (1972): Grundlagen, Probleme und Instrumente der Konflikthandhabung in der Unternehmung. Berlin: Duncker & Humblot.

Laireiter, A. (1993): Begriffe und Methoden der Netzwerk- und Unterstützungsforschung. In: Laireiter, A. (Hrsg.): Soziales Netzwerk und Soziale Unterstützung. Konzepte, Methoden und Befunde. Bern: Huber, S. 15–44.

Lazarus, R. S. (1980): The stress and coping paradigm. In: Eisdorfer, C./Cohen, D./Kleinmann, A./Maxim, P. (Hrsg.): Theoretical bases for psychopathology. New York: Spectrum.

Leymann, H. (1993): Mobbing: Psychoterror am Arbeitsplatz und wie man sich dagegen wehren kann. Reinbek bei Hamburg: Rowohlt Taschenbuch Verlag.

Leymann, H. (1993a): Krankheit und Rechtsprobleme als Folge von Mobbing am Arbeitsplatz. In: Liepold, W./Priewasser R.: Mobbing. Psychoterror am Arbeitsplatz und wie man sich dagegen wehren kann. Salzburg: Kammer für Arbeiter und Angestellte für Salzburg, S. 5–8.

Leymann, H. (1995): Der neue Mobbing-Bericht; Erfahrungen und Initiativen, Auswege und Hilfsangebote. Reinbek bei Hamburg: Rowohlt Taschenbuch Verlag.

Leymann, H./Niedl, K. (1994): Mobbing: Psychoterror am Arbeitsplatz. Ein Ratgeber für Betroffene. Wien: Verlag des Österreichischen Gewerkschaftsbundes.

Leymann, H. (1996): The content and development of mobbing at work. In: European Journal of Work and Organizational Psychology: Mobbing and victimization at work. London, S. 203–215.

Lichtenberger, B. (1988): Mit dem Chef zufrieden. In: Die Wirtschaftswoche D, Nr. 20, 13.5.1988, S. 74–77.

Liepold, W./Priewasser, R. (1997): Mobbing: Psychoterror am Arbeitsplatz und wie man sich dagegen wehren kann. Mobbing und arbeitsrechtliche Aspekte. Salzburg: Kammer für Arbeiter und Angestellte für Salzburg.

List, K. H. (1993): „Mobbing – ein alter Hut." In: Personal, Heft 11, S. 532–533.

Lievegoed, B. C. J. (1974): Organisation im Wandel. Bern. In: Lindenau, Christof: Die Keimkräfte der sozialen Hygiene und ihre Pflege. Sozial-hygienische Merkblätter zur Gesundheitspflege im persönlichen und sozialen Leben. Bad Liebenzell: Verein für ein erweitertes Heilwesen Bad Liebenzell.

Lorenz, K. (1991): Hier bin ich – wo bist Du? Ethologie der Graugans. München: Piper.

Luhmann, N. (1993): Soziale Systeme: Grundriß einer allgemeinen Theorie (4. Aufl.). Frankfurt am Main: Suhrkamp.

Lüders, E. (1993): Der tägliche Nervenkrieg. Wie das Büro uns krank macht. In: Psychologie Heute, August, S. 52–57.

Lütjen, R./Frey, R. (1988): Gesundheit und Medizin. In: Frey, D./Hoyos, C. G./Stahlberg, D. (Hrsg.): Angewandte Psychologie. Ein Lehrbuch. München, Weinheim: PsychologieVerlagsUnion.

Luthans, F. et al. (1985): What do successful managers really do? An observation study. In: Journal of Applied Behavioral Science, 21, S. 255–270.

Markhardt, G. (1997): Mobbing, Führung und Betriebsklima: Darstellung von Zusammenhängen anhand einer qualitativen Untersuchung. Unveröffentlichte Diplomarbeit, Wirtschaftsuniversität Wien.

Martindale, M. (1990): Sexual harassment in the military: 1988. Arlington, VA: Defense Manpower Data Center.

Mertens, W. (1978): Erziehung zur Konfliktfähigkeit. Vernachlässigte Dimension der Sozialisationsforschung (2. Aufl.). München: Ehrenwirth.

Meschkutat, B./Holzbecher, M./Richter, G. (1993): Strategien gegen sexuelle Belästigung am Arbeitsplatz. Konzeptionen – Materialien – Handlungshilfen. Köln: Bund-Verlag.

Meschkutat, B./Stackelbeck, M./Langenhoff, G. (2002): Der Mobbing-Report – Eine Repräsentativstudie für die Bundesrepublik Deutschland. Schriftenreihe der Bundesanstalt für Arbeitsschutz und Arbeitsmedizin. Bremerhaven: Wirtschaftsverlag NW.

Messinger, H./Rüdenberg, W. (1977): Langenscheidts Großes Schulwörterbuch. Englisch-Deutsch. Berlin, München: Langenscheidt Wien.

Meyers großes Taschenlexikon (1992): Mannheim, Leipzig, Wien, Zürich: B.I. Taschenbuchverlag.

Meyers kleines Lexikon Psychologie (1986): Mannheim, Wien, Zürich: B.I. Taschenbuchverlag.

Minuchin, S./Fishman, H. C. (1988): Praxis der strukturellen Familientherapie. Freiburg im Breisgau: Lambertus-Verlag.

Moebius, M. (1988): Psychoterror im Betrieb. In: Psychologie Heute, Januar, S. 32–39.

Montada, L./Kals, E. (2001): Mediation, Lehrbuch für Psychologen und Juristen. Weinheim: Psychologie Verlags Union.

Natter, E./Riedlsperger, A. (Hrsg.) (1988): Zweidrittelgesellschaft. Spalten, splittern – oder solidarisieren? Wien, Zürich: Europaverlag.

Neuberger, O. (1994): Mobbing: Übel mitspielen in Organisationen. München: Rainer Hampp Verlag.

Niedl, K. (1995): Mobbing/Bullying am Arbeitsplatz. Eine empirische Analyse zum Phänomen sowie zu personalwirtschaftlich relevanten Effekten von systematischen Feindseligkeiten. Personalwirtschaftliche Schriften, München, Mering: Rainer Hampp Verlag .

Niedl, K. (1993a): Mobbing in einem österreichischen Unternehmen – Gemeinsamkeiten und Unterschiede zu Schweden sowie betriebswirtschaftlich relevante Aspekte des Mobbinggeschehens. In: Liepold, W./Priewasser, R. (1997): Mobbing: Psychoterror am Arbeitsplatz und wie man sich dagegen wehren kann. Mobbing und arbeitsrechtliche Aspekte. Salzburg: Kammer für Arbeiter und Angestellte für Salzburg, S. 9–16.

Nolting, H. P. (1987): Konflikte. In: Grubitsch, G./Rexilius, G. (Hrsg.): Psychologische Grundbegriffe, Menschen und Gesellschaft in der Psychologie. Ein Handbuch. Reinbek bei Hamburg: Rowohlt Taschenbuch.

Nuber, U. (1988): Arbeitsfrust: Die Innere Kündigung. In: Psychologie Heute (Hrsg.): Die seelischen Kosten. Thema: Arbeit und Psychologie. Weinheim, Basel, S. 7–25.

Nuber, U. (1988): Gefühls-Arbeit. In: Psychologie Heute (Hrsg.): Die seelischen Kosten. Thema: Arbeit und Psychologie. Weinheim, Basel, S. 75–94.

Oechsler, W. A. (1979): Konfliktmanagement: Theorie und Praxis industrieller Arbeitskonflikte. Wiesbaden: Gabler.

Ottomeyer, K. (1982): Gesellschaftstheorien in der Sozialisationsforschung. In: Hurrelmann, K./Ulrich, D. (Hrsg.): Handbuch der Sozialisationsforschung. Weinheim: Beltz, S. 161–193.

Oevermann, U. (1974): Beobachtungen zur Struktur der sozialisatorischen Interaktion. In: Anwärter, M./Kirsch, E./Schröter, K. (Hrsg.): Seminar: Kommunikation, Interaktion, Identifikation. Frankfurt am Main: Suhrkamp.

Oevermann, U. (1979a): Sozialisationstherorie, Ansätze zu einer soziologischen Sozialisationstheorie und ihren Konsequenzen für die allgemeine soziologische Analyse. In: Lüschen, G. (Hrsg.): Deutsche Soziologie seit 1945. Opladen: Westdeutscher Verlag.

Oevermann, U. et al. (1979b): Die Methodologie einer „objektiven Hermeneutik“ und ihre allgemeine forschungslogische Bedeutung in den Sozialwissenschaften. In: Soeffner H.-G. (Hrsg.): Interpretative Verfahren in den Sozial- und Textwissenschaften. Stuttgart: Enke, S. 352–434.

Rahn, D. et al. (1993): Einführung in die Integrative Therapie. Grundlagen und Praxis. Paderborn: Junferman Verlag.

Pawlowsky, P. (1988): Aus Kollegen werden Konkurrenten. In: Psychologie Heute (Hrsg.): Die seelischen Kosten. Thema: Arbeit und Psychologie, Weinheim, Basel, S. 27–34.

Pfaffelmayer, K. (1994): Sexuelle Belästigung am Arbeitsplatz. Eine Analyse der Vorfälle und der Regelungen im Arbeitsrecht. Unveröffentlichte Diplomarbeit, Wirtschaftsuniversität Wien.

Pfingstmann, G./Baumann, U. (1987): Untersuchungsverfahren zum Sozialen Netzwerk und zur Sozialen Unterstützung. Zeitschrift für Differentielle und Diagnostische Psychologie, 8, S. 75–98.

Pikas, A: (1989): The Common Concern Method for the treatment of Mobbing. In: Roland, E./Munthe, E. (Hrsg.): Bullying: An International Perspective. London: David Fulton Publishers, S. 91–104.

Pourroy, G. A. (1986): Das Prinzip Intrige (2. Aufl.). Verlag A. Fromm.

Prosch, A. (1995): Mobbing am Arbeitsplatz. Literaturanalyse mit Fallstudie. Konstanz: Hartung-Gorre Verlag Konstanz.

Pryor, J./La Vite, C./Stoller, L. (1993): A Social Psychological Analysis of Sexual Harassment: The Person/Situation Interaction. In: Journal of Vocational Behavior, 42, S. 68–83.

Psychologie Heute (Hrsg.) (1988): Arbeit – Die seelischen Kosten. Weinheim, Basel: Beltz.

Rastetter, D. (1994): Sexualität und Herrschaft in Organisationen. Eine geschlechtervergleichende Analyse. Opladen: Westdeutscher Verlag.

Regnet, E. (1992): Konflikte in Organisationen. Göttingen, Stuttgart: Verlag für Angewandte Psychologie.

Reiter, L. (1988): Auf der Suche nach einer systemischen Sicht depressiver Störungen. In: Reiter, L./Brunner, E. J./Reiter-Theil, S. (Hrsg.): Von der Familientherapie zur systemischen Perspektive. Berlin, Heidelberg, New York, London, Paris, Tokyo: Springer-Verlag.

Robbins, S. P. (1991): Organizational behavior: Concepts, controversies, and applications. New Jersey: Prentice-Hall International Editions.

Rohrmann, B. (1988): Gestaltung von Umwelt. In: Frey, D./Hoyos, C. G./Stahlberg, D. (Hrsg.): Angewandte Psychologie. Ein Lehrbuch. München, Weinheim: PsychologieVerlagsUnion.

Rosenstiel, L. v. (1991): Grundlagen der Führung. In: Rosenstiel, L. v. (Hrsg.): Führung von Mitarbeitern. Stuttgart: Schäffer.

Rosner, L. (1991): Führungslehre: Grundlagen und Anwendungen; Führungspsychologie – Persönlichkeitsanalyse, Motivation und Konfliktlösung. Ehningen bei Böblingen: Expert-Verl.

Rothschild, B. (1994): Seele in Not – Was tun? Zürich: Fachverlag AG.

Ruess, A. (1991): Wurzel des Übels. In: Die Wirtschaftswoche D, Nr. 25, 14.6.1991, S. 58–59.

Rüttinger, B. (1977): Konflikt und Konfliktlösen. München: Wilhelm Goldmann.

Rundstedt, E. von (1994): Outplacement – Trennung ohne Konflikte. In: Dahlems, R. (Hrsg.): Handbuch des Führungskräfte-Managements. München: Beck, S. 458.

Scherer, K. (1979): Der agressive Mensch – Ursachen der Agression in unserer Gesellschaft. Königstein: Athenäum.

Schreyögg, A. (1996): Coaching: Eine Einführung für Praxis und Ausbildung (2. Aufl.). Frankfurt am Main, New York: Campus Verlag.

Schüpbach, K./Torre, R. (1996): Mobbing, Verstehen – Überwinden – Vermeiden. Ein Leitfaden für Führungskräfte und Personalverantwortliche. Zürich: Kaufmännischer Verband Zürich.

Schulz von Thun, F. (1996): Miteinander Reden. Störungen und Klärungen. Reinbek bei Hamburg: Rowohlt Taschenbuch Verlag.

Schwarz, G. (1990): Konflikte lassen sich managen: Welcher Sinn sich hinter Konflikten verbirgt. In: Gablers Magazin, Heft 10, S. 62–65.

Schwarz, G. (2003): Konfliktmanagement. Konflikte erkennen, analysieren, lösen. Wiesbaden: Gabler.

Schwarzer, R. (1981): Streß, Angst und Hilflosigkeit: Die Bedeutung von Kognition und Emotionen bei der Regulation von Belastungssituationen. Stuttgart, Berlin, Köln, Mainz: Kohlhammer.

Schwertfeger, B. (1992): Mobbingfieber. In: Die Wirtschaftswoche, 31 (24.7.92), S. 46–49.

Seewald, C. (1988): Organisationsentwicklung. In: Roland, A./Wenninger, G. (Hrsg.): Handwörterbuch Psychologie. München, Weinheim: Psychologie Verlags Union, S. 504–512.

Semmer, N. (1984): Streßbezogene Tätigkeitsanalyse: Psychologische Untersuchungen zur Analyse von Streß am Arbeitsplatz. Weinheim: Beltz.

Simon, F. B./Weber, G. (1990): Post aus der Werkstatt. In: Familiendynamik, Heft 15, S. 257–265.

Smith, P./Thompson, D. (1991): Effective Action against Bullying – the Key Problems. In: Smith, P./Thompson, D. (Hrsg.): Practical approaches to bullying. London: David Fulton Publishers.

Smutny, P./Hopf, H. (2003a): Ausgemobbt. Wirksame Reaktionen gegen Mobbing. Wien: Manz Verlag.

Smutny, P./Hopf, H. (2003b): Mobbing – auf dem Weg zum Rechtsbegriff? Eine Bestandsaufnahme, DRdA (Das Recht der Arbeit).

Sohm, H. (1995): Mobbing – ein Fall für den Vorgesetzten? Unveröffentlichte Diplomarbeit, Johannnes-Kepler-Universität, Linz.

Störfaktor. Zeitschrift kritischer Psychologinnen und Psychologen (Hrsg.) (1987): Arbeit & Identität. Heft 2, Wien.

Stumm, G./Brandl-Nebehay, A./Fehlinger, F. (1996): Handbuch für Psychotherapie und psychosoziale Einrichtungen. Wien: Falter-Verlag.

Stumm, G./Wirth, B. (1994): Psychotherapie. Schulen und Methoden. Eine Orientierungshilfe für Theorie und Praxis. Wien: Falter-Verlag .

Talos, E./Wiederschinger, M. (Hrsg.) (1987): Arbeitslosigkeit. Österreichs Vollbeschäftigungspolitik am Ende? Wien: Verlag für Gesellschaftskritik.

Tardy, J. (1988): Was der Kollege wirklich meinte. In: Psychologie Heute, Februar, S. 46–51.

Temml, C. (1997): Framing. Gefangen in sich selbst. Wien: Verlag des Österreichischen Gewerkschaftsbundes GesmbH.

Thomann, C./Schulz von Thun, F. (1997): Klärungshilfe. Handbuch für Therapeuten, Gesprächshelfer und Moderatoren in schwierigen Gesprächen. Reinbek bei Hamburg: Rowohlt Taschenbuch Verlag.

Thomas, R. F. (1993): Chefsache Mobbing: Souverän gegen Psychoterror am Arbeitsplatz. Wiesbaden: Gabler.

Thürmer-Rohr, C. (1989): Zur Streitkultur in der Frauenbewegung. Technische Universität Berlin.

Toohey, J. (1991): Occupational Stress: Managing a Metaphor. Dissertation, Sydney, Graduate School of Management, Macquarie University.

Udris, I./Frese, M./Frey, D./Hoyos, C. G./Stahlberg, D. (1988): Angewandte Psychologie. Ein Lehrbuch. München, Weinheim: PsychologieVerlagsUnion.

United States Merit Systems Protection Board (1988): Sexual harassment in the Federal Government: An update. Washington, DC: U.S. Government Printing Office.
Varga von Kibed, M./Sparrer, I. (2003): Ganz im Gegenteil. Heidelberg: Carl-Auer-Systeme.
Vartia, M. (1991): Bullying at workplaces. In: Towards the 21st Century. Work in the 1990's. International Symposium on Future Trends in the Changing Working Life. 13.–15. August 1991, Helsinki, Finland, S. 131–135.
Vartia, M. (1996): The sources of bullying – psychological work: enviroment and organizational climate. In: European Journal of Work and Organizational Psychology: Mobbing and victimization at work. London 1996, S. 203–215.
Wacker, A. (1983): Arbeitslosigkeit. Soziale und psychische Folgen. Frankfurt am Main: Europäische Verlagsanstalt.
Walter, H. (1993): Mobbing: Kleinkrieg am Arbeitsplatz. Konflikte erkennen, offenlegen und lösen. Frankfurt am Main, New York: Campus Verlag.
Waniorek, A./Waniorek, L. (1994): Mobbing: Wenn der Arbeitsplatz zur Hölle wird. München, Landsberg am Lech: mvg Verlag.
Watzke, E. (1997): Äquilibristischer Tanz zwischen Welten. Neue Methoden professioneller Konfliktmediation. Bonn: Forum Verlag Godesberg.
Watzlawick, P./Beavin, J./Jackson, D. D. (1990): Menschliche Kommunikation, Formen, Störungen, Paradoxien (8. Aufl.). Bern, Stuttgart, Toronto: Verlag Hans Huber.
Welt der Arbeit (1995): Mobbing: Der Stellungskrieg am Arbeitsplatz. Ausgabe 3, S. 11–13.
Werner, E. (1989): Sozialisation: Die Kinder von Kauai. In: Spektrum der Wissenschaft 6, S. 118.
Wickler, P. (Hrsg.) (2004): Handbuch Mobbing-Rechtsschutz. Heidelberg: C. F. Müller Verlag.
Willke, H. (1996): Systemtheorie II.: Interventionstheorie (2. bearbeitete Aufl.). Stuttgart: UTB, S. 273.
Wilson, T. (1991): U.S: Businesses Suffer from Workplace Trauma. In: Personnel Journal, July, S. 47–50.
Wittenzellner, C. (1993): Wenn sich Intrigen häufen. In: IQ Management Zeitschrift, 10/93, S. 41–44.
Witzel, A. (1982): Verfahren der qualitativen Sozialforschung. Frankfurt am Main, New York: Campus Verlag.
Wunderer, R. (1980): Führungslehre – Kooperative Führung. Berlin, New York: Poeschel.
Wuketits, F. M. (1988): Systemtheorie und Menschenbild. In: Reiter, L./Brunner, E. J./Reiter-Theil, S. (Hrsg.): Von der Familientherapie zur systemischen Perspektive. Berlin, Heidelberg, New York, London, Paris, Tokyo: Springer-Verlag.
Zapf, D./Warth, K. (1997): Mobbing. Subtile Kriegsführung am Arbeitsplatz. In: Psychologie Heute (Hrsg.), Heft 8, S. 20–26.
Zemke, R: (1987): Working with Jerks. In: Training, Nr.5, S. 27–38.
Zuschlag, B. (1994): Mobbing: Schikane am Arbeitsplatz. Göttingen: Verlag für angewandte Psychologie.

17 Anhang

Kernpunkte einer Betriebs- oder Dienstvereinbarung zum Thema Mobbing
(AK Wien; Prof. Leymann, Sveriges Rehabcenter, AB Violen)

1. Geltungsbereich
2. Definition
3. Erklärung der Betriebspartner zur Ächtung von Mobbing
4. Belästigungsverbot wird erlassen
5. Sanktionen (?)
6. Informationsverpflichtung gegenüber den Beschäftigten
7. Qualifizierung der Führungskräfte/der Personalverantwortlichen
8. Beschwerderechte von Betroffenen
9. Interventionsverpflichtung des Arbeitgebers
10. Einrichtung einer neutralen Clearingstelle (oder Einsatz eines betrieblichen Mobbing-Beauftragten)

Mobbing und betriebliche Schlichtung

Vorschlag
Im Arbeits-/Dienstvertrag wird für die Vertragsparteien verbindlich aufgenommen:

1. Recht des Arbeitnehmers auf betriebliche Schlichtung im Konfliktfall
2. Einlassungszwang der/des Arbeitnehmerin/s auf die betriebliche Schlichtung

Voraussetzung

1. Einrichtung einer neutralen Clearingstelle oder
2. Einschaltung eines/r externen neutralen Vermittlers/in/Schlichters/in

Mobbing – Der gewerkschaftliche Handlungsauftrag

1. Information, Information, Information (Betriebs-, Dienstversammlungen, Öffentlichkeitsarbeit, Diskussions-/Fachforen etc.)
2. „No Mobbing"-Kampagne starten
3. Präventionsarbeit im Betrieb leisten (Neue „Streitkultur", Betriebsvereinbarung)
4. Arbeitsmaterial erstellen und verbreiten (Leitfaden für Betriebs-/Personalräte, für Betroffene und Multiplikatoren)
5. Seminare für Betriebs-/Personalräte (aber eventuell auch für Führungskräfte öffnen)
6. Rechtsberatung und -vertretung für Betroffene
7. Selbsthilfegruppen unterstützen
8. Netzwerke aufbauen
9. Forschungsarbeit vorantreiben
10. Einwirkung auf den Gesetzgeber im Bereich Arbeits- und Gesundheitsschutz (nicht nur das körperliche Wohlergehen ist wichtig, sondern auch der Schutz vor psychischen Beeinträchtigungen)
11. Ärztliche und psychotherapeutische Ausbildung zum Thema Mobbing

VW-Betriebsvereinbarung „Partnerschaftliches Verhalten am Arbeitsplatz“ (Nr. 2/96 – Gültig ab 01.07.1996)

Präambel

Eine Unternehmenskultur, die sich durch ein partnerschaftliches Verhalten am Arbeitsplatz auszeichnet, bildet die Basis für ein positives innerbetriebliches Arbeitsklima und ist damit eine wichtige Voraussetzung für den wirtschaftlichen Erfolg eines Unternehmens.
Sexuelle Belästigung, die sich meist gegen Frauen richtet, und Mobbing gegen Einzelne sowie Diskriminierung nach Herkunft und Hautfarbe und der Religion, stellen am Arbeitsplatz eine schwerwiegende Störung des Arbeitsfriedens dar.
Sie gelten als Verstoß gegen die Menschenwürde sowie als eine Verletzung des Persönlichkeitsrechts. Solche Verhaltensweisen sind unvereinbar mit den Bestimmungen der Arbeitsordnung.
Sie schaffen im Unternehmen ein eingeengtes, streßbelastetes und entwürdigtes Arbeits- und Lernumfeld und begründen nicht zuletzt gesundheitliche Störungen.
Das Unternehmen verpflichtet sich, sexuelle Belästigung, Mobbing und Diskriminierung zu unterbinden und ein partnerschaftliches Klima zu fördern und aufrechtzuerhalten. Dies gilt auch für die Werbung und Darstellung in der Öffentlichkeit.

1. Geltungsbereich

persönlich: für alle Beschäftigten der Volkswagen AG,
räumlich: für alle Werke der Volkswagen AG.

2. Grundsätze

Gemäß der Arbeitsordnung ist jeder Werksangehörige verpflichtet, zur Einhaltung des Arbeitsfriedens und eines guten Arbeitsklimas beizutragen.
Hierzu gehört vor allem, die Persönlichkeit jedes Werksangehörigen zu respektieren.
Zur Verletzung dieser Würde des Einzelnen gehört insbesondere das bewußte, gezielte und fahrlässige Herabwürdigen bis hin zum/zur

- Sexuellen Belästigung, wie beispielsweise
  - unerwünschter Körperkontakt,
  - anzügliche Bemerkungen, Kommentare oder Witze zur Person,
  - Zeigen sexistischer und pornografischer Darstellungen (z. B. Pin-up-Kalender),
  - Aufforderungen zu sexuellen Handlungen,
  - Andeutungen, daß sexuelles Entgegenkommen berufliche Vorteile bringen könnte.

Was als sexuelle Belästigung empfunden wird, ist durch das subjektive Empfinden der Betroffenen bestimmt.

- Mobbing, wie beispielsweise
  - Verleumden von Werksangehörigen oder deren Familien,
  - Verbreiten von Gerüchten über Werksangehörige oder deren Familien,
  - absichtliches Zurückhalten von arbeitsnotwendigen Informationen oder sogar Desinformation,
  - Drohungen und Erniedrigungen,
  - Beschimpfung, verletzende Behandlung, Hohn und Aggressivität, unwürdige Behandlung durch Vorgesetzte, wie z. B. die Zuteilung kränkender, unlösbarer, sinnloser oder gar keiner Aufgaben.

- Diskriminierung, wie beispielsweise aus
  - rassistischen, ausländerfeindlichen oder religiösen Gründen, die in mündlicher oder schriftlicher Form geäußert werden sowie
  - diesbezügliche Handlungen gegenüber Werksangehörigen.

Die o.g. Grundsätze gelten gleichermaßen für das Verhalten von Werksangehörigen gegenüber im Unternehmen beschäftigten Fremdfirmenangehörigen.

3. Beschwerderecht

Wenn eine persönliche Zurechtweisung durch die belästigte Person im Einzelfall erfolglos ist oder unangebracht erscheint, können sich die betroffenen Werksangehörigen, die sich durch Mißachtung der unter Punkt 2 beschriebenen Grundsätze beeinträchtigt fühlen, an die nachfolgenden Stellen wenden.
Verantwortliche Stellen in diesem Sinne sind insbesondere

- der/die betrieblichen Vorgesetzten,
- der Betriebsrat,
- die Frauenbeauftragte,
- das Personalwesen,
- das Gesundheitswesen.

Diese haben die Aufgabe, unverzüglich, spätestens innerhalb einer Woche nach Kenntnis des Vorfalls:

- die Betroffenen zu beraten und zu unterstützen,
- in getrennten oder gemeinsamen Gesprächen mit den belästigenden und den belästigten Personen den Sachverhalt festzustellen und zu dokumentieren,
- die belästigende Person über die tatsächlichen und arbeitsrechtlichen Zusammenhänge und Folgen einer Belästigung im vorgenannten Sinne am Arbeitsplatz aufzuklären,
- den zuständigen Gremien Gegenmaßnahmen und ggf. arbeitsrechtliche Konsequenzen im Rahmen der bestehenden Verfahren vorzuschlagen,
- allen – auch vertraulichen – Hinweisen und Beschwerden von Belästigungen im vorgenannten Sinne nachzugehen,
- auf Wunsch die/den Betroffene/n zu/in allen Gesprächen und Besprechungen einschließlich zu Sitzungen des Personalausschusses zu begleiten, zu beraten und sie in ihrer Vertretung zu unterstützen.

Über die Teilnahme von Vertrauenspersonen an seinen Sitzungen entscheidet der Personalausschuß in Abwägung der Umstände des Einzelfalles.
Darüber hinaus können sich betroffene Werksangehorige auch jederzeit an Personen ihres Vertrauens sowie den Werkschutz wenden.
Die §§ 84 und 85 des Betriebsverfassungsgesetzes über das allgemeine Beschwerderecht bleiben unberührt.
Die Beschwerde darf nicht zu Benachteiligungen führen.

4. Vertraulichkeit

Über die Informationen und Vorkommnisse, persönliche Daten und Gespräche ist absolutes Stillschweigen gegenüber Dritten zu bewahren, die nicht am Verfahren beteiligt sind.

5. Maßnahmen

Das Unternehmen hat die dem Einzelfall angemessenen betrieblichen Maßnahmen gemäß § 32 der Arbeitsordnung, wie z. B.

- Belehrung,
- Verwarnung,
- Verweis,
- Geldbuße

oder arbeitsrechtliche Maßnahmen, wie z. B.

- Versetzung,
- Abmahnung oder
- Kündigung

zu ergreifen.
Die Durchführung erfolgt in Abstimmung mit dem Betriebsrat.
Zur Abhilfe kann auch ein Beratungs- und/oder Therapieangebot erfolgen.
Im übrigen gelten die einschlägigen gesetzlichen Bestimmungen, z. B. das Beschäftigungsgesetz.

6. Fördermaßnahmen

- Fortbildung
  Im Rahmen der beruflichen Fort- und Weiterbildung von Werksangehörigen wird die Problematik der sexuellen Belästigung am Arbeitsplatz, des Mobbings und der Diskriminierung, der Rechtsschutz für die Betroffenen und die Handlungsverpflichtungen der Vorgesetzten aufgenommen.
  Dies gilt insbesondere für
  - betriebliche Vorgesetzte,
  - Ausbilder/Ausbilderinnen,
  - betriebliche Ausbildungsbeauftragte
  - Beschäftigte des Personal- und Gesundheitswesens sowie den Betriebsrat.
- Seminare
  In Zusammenarbeit mit dem Gleichstellungsausschuß des Betriebsrates, der Frauenförderung und der VW-Coaching GmbH werden zielgruppenorientierte Seminare/Seminarbausteine erstellt.
- Information und Aufklärung
  Im Interesse einer umfassenden Informations- und Aufklärungskampagne innerhalb der Belegschaft werden die partnerschaftlichen Verhaltensgrundsätze in einer Broschüre der Belegschaft zugänglich gemacht. Darüber hinaus erfolgen unterstützend von Zeit zu Zeit Publikationen mit Vorschlägen/Hinweisen zur Verbesserung des Arbeitsklimas (z. B. Bekanntmachungsbretter).

7. Schlussbestimmungen

Die Betriebsvereinbarung tritt am 01.07.1996 in Kraft. Sie kann mit einer Frist von 3 Monaten zu Jahresende, erstmals zum 31.12.1997, gekündigt werden. Wird diese Betriebsvereinbarung gekündigt, z. B. im Falle einer Änderung einschlägiger gesetzlicher Vorschriften oder Rechtsprechung, gelten die Festlegungen dieser Betriebsvereinbarung bis zum Abschluß einer neuen Vereinbarung weiter.

Wolfsburg, 27.06.96
VOLKSWAGEN AG
Gesamtbetriebsrat Unternehmensleitung

Muster zur Vereinbarung für eine würdevolle Zusammenarbeit „Fair Play“
(Mobbingpräventionsstrategie im Bundesministerium für soziale Sicherheit, Generationen und Konsumentenschutz (BMSG))

Präambel

Mobbing stellt eine schwerwiegende Störung des Arbeitsklimas dar und schafft ein stressbelastetes und entwürdigendes Arbeitsumfeld. Mobbing kommt sowohl bei privaten ArbeitgeberInnen als auch im öffentlichen Dienst vor.
Das BMSG hat sich als erstes Ministerium Österreichs zum Ziel gesetzt, eine Mobbingpräventionsstrategie festzulegen und Schritte für eine aktive Prävention einzuleiten. Teil dieser Strategie ist eine schriftlich abgefasste und partnerschaftlich verhandelte Vereinbarung zum Thema.
Die Vereinbarung wird zwischen der Ressortleitung und den im BMSG zuständigen Personalvertretungsorganen geschlossen.

Zur Mobbingprävention gehört vor allem, den Grad der Informiertheit zum Thema möglichst hoch zu halten und Bewusstseinsbildung zu fördern. Wissen über Mobbing auf der Seite der Personalverantwortlichen, Führungskräfte wie auf Seite der Personalvertretung und der MitarbeiterInnen ist deswegen ein wichtiger Schritt.

Inhalte dieser Vereinbarung sind neben allgemeinen Strategien der Information, Sensibilisierung und Prävention auch die Implementierung eines „Fair Play“-Modus für den Konfliktfall.
Die Beschreibung der Fördermaßnahmen wie z. B. Fortbildung und die Festlegung von Unterstützungsangeboten wie z. B. Supervision und Coaching sind Teile dieser Vereinbarung.
Strategien der Mobbingprävention festzulegen ist leicht und schwierig zugleich, denn eigentlich bedeutet Mobbingprävention:
gegenseitige Wertschätzung, offene Kommunikation, Transparenz, gute Führungsqualität, Ethik in der Dienststelle, Partizipation der MitarbeiterInnen ...
Ein gutes Arbeitsklima ist ein wesentlicher Bestandteil einer erfolgreichen Mobbingprävention.

Mobbing ist ein Verstoß gegen die Menschenwürde sowie eine Verletzung des Persönlichkeitsrechts und verursacht nicht zuletzt auch gesundheitliche Störungen. Mittels dieser Vereinbarung setzt sich das BMSG das Ziel, Mobbing zu unterbinden und ein partnerschaftliches Klima zu fördern und aufrechtzuerhalten.

§ 1 Begriffsbestimmungen/Definition von Mobbing

(1) Mobbing stellt eine Spezialform der Aggression dar. „Unter Mobbing wird eine konfliktbelastete Kommunikation am Arbeitsplatz unter KollegInnen oder zwischen Vorgesetzten und MitarbeiterInnen verstanden, bei der die angegriffene Person unterlegen* ist und von einer oder einigen Personen systematisch, oft und während längerer Zeit

* nicht im hierarchischen Verständnis

mit dem Ziel und/oder Effekt des Ausstoßes aus dem Arbeitsverhältnis direkt oder indirekt angegriffen wird und dies als Diskriminierung empfindet." (Leymann 1995).
Im Unterschied zu anderen Konfliktsituationen:
- zielt Mobbing auf Ausgrenzung und/oder Entfernung der Betroffenen,
- werden psychische, biologische und soziale Grundlagen der Betroffenen gezielt attackiert um diese ausgrenzen und/oder entfernen zu können,
- kann Mobbing krank machen.
- Daher ist von TäterInnen und Opfer(n) und MittäterInnen auszugehen.

(2) Typische Mobbinghandlungen:
- Angriffe auf Möglichkeiten sich mitzuteilen (ständiges Unterbrechen, ständige Kritik)
- Angriffe auf die sozialen Beziehungen (wie Luft behandeln ...)
- Auswirkungen auf das soziale Ansehen (Gerüchte verbreiten, hinterrücks schlecht sprechen)
- Angriffe auf die Qualität der Berufs- und Lebenssituation (keine Arbeitsaufgaben, sinnlose Aufgaben)
- Angriffe auf die Gesundheit (psychischer Druck, Zwang zu gesundheitsschädlichen Arbeiten, Androhen körperlicher Gewalt ...)

(3) Mobbing ist aber nicht nur durch Handlungen, sondern vor allem durch ein typisches Verlaufsschema gekennzeichnet (nach Björnquist).
- Erste Phase: indirekte, schwer fassbare Methoden der Aggression. Das auserwählte Opfer wird für die bestehende Lage verantwortlich gemacht und entwertet.
- Zweite Phase: direkte Aggression findet statt. Die vorangegangene Entwertung der betroffenen Person gibt die Möglichkeit, ohne Schuldgefühle aggressive Handlungen auszuführen. Direkte verbale Entwertung, Isolation, öffentliches Lächerlichmachen, Gewaltandrohung
- Dritte Phase: direktes Ausüben von Gewalt, Beschuldigungen psychisch krank zu sein und zwangsweise Begutachtungen oder auch direkte körperliche Attacken.

Mobbing tritt sowohl politisch, wirtschaftlich, als Gruppenmobbing oder als Einzelform auf.

§ 2 Geltungsbereich der Vereinbarung

Die Vereinbarung gilt für alle MitarbeiterInnen des BMSG in Ausübung ihrer beruflichen Tätigkeit.

§ 3 Grundsätze

(1) Jede/jeder MitarbeiterIn ist verpflichtet, den Arbeitsfrieden einzuhalten und zu einem guten Arbeitsklima beizutragen.
Hierzu gehört vor allem, die Würde und Persönlichkeit jeder/jedes Einzelnen zu respektieren.

(2) Zur Verletzung dieser Würde der/des Einzelnen gehört das bewusste, gezielte und fahrlässige Herabwürdigen bis hin zu Mobbing, welches beispielsweise durch typische Mobbinghandlungen (§ 1) zum Ausdruck kommt.

(3) Das BMSG verpflichtet sich, das Thema Mobbing im Sinne der Sensibilisierung und Aufklärung im Rahmen der beruflichen Aus- und Weiterbildung von MitarbeiterInnen zu thematisieren und auch weitere entsprechende Fördermaßnahmen zu setzen (Näheres siehe auch § 4).

§ 4 Fördermaßnahmen

(1) Information und Sensibilisierung
Im Interesse der Mobbingprävention wird laufend Informations- und Aufklärungsarbeit innerhalb des BMSG geleistet. Die partnerschaftlichen Verhaltensgrundsätze werden in einer MitarbeiterInnen-Broschüre zugänglich gemacht. Ziel ist es, den Wissensstand aller MitarbeiterInnen zu erhöhen und damit möglicher „MittäterInnenschaft" entgegen zu wirken.
Darüber hinaus erfolgen unterstützend bei Bedarf weitere Publikationen mit Vorschlägen und Hinweisen zur Mobbingprävention.

(2) Aus- und Weiterbildung
Im Rahmen der beruflichen Aus- und Weiterbildung von MitarbeiterInnen wird die Problematik des Mobbings und der Diskriminierung aufgenommen.
Dies gilt für:
- die Gesamtheit der MitarbeiterInnen des BMSG, insbesondere für
- Führungskräfte
- Mitglieder der Personalvertretungsorgane
- AusbildnerInnen
- Gleichbehandlungsbeauftragte und Kontaktfrauen
- Behindertenvertrauenspersonen
- Betriebsarzt/ärztin

(3) Seminare
Über allgemeine Informationsveranstaltungen und Vorträge hinausgehend sollen zielgruppenorientierte Seminarbausteine erstellt bzw. Seminare abgehalten werden, um die Aus- und Weiterbildung für die oben angeführten MitarbeiterInnen zu ermöglichen.

(4) Verknüpfung mit bestehenden Personal(entwicklungs)instrumenten
Es erfolgt die Aufnahme des Themas bzw. der Fragestellungen in bestehende Personalentwicklungsinstrumente, wie etwa das MitarbeiterInnengespräch.
Die Möglichkeiten von Einzelsupervision/Coaching im BMSG stehen im Falle von Mobbing zur Verfügung.

(5) Supervision/Coaching
Betroffene können auf Kosten des Dienstgebers eine fachliche Begleitung (Supervision, Coaching) in Anspruch nehmen. Eine Liste mit entsprechenden externen Fachkräften liegt dem BMSG vor.

§ 5 Beschwerderecht und Ansprechpersonen

(1) Fühlen sich MitarbeiterInnen gemäß der unter § 3 beschriebenen Grundsätze beeinträchtigt, können sie sich an die nachfolgenden Stellen wenden.
Erste Kontaktstellen bzw. verantwortliche Stellen in diesem Sinne können sein:
- Mobbing(präventions)beauftragte
- unmittelbare/r, nächsthöhere/r Vorgesetzte/r
- Mitglieder der Personalvertretung
- Gleichbehandlungsbeauftragte und Kontaktfrauen
- Behindertenvertrauenspersonen
- Personalabteilungen
- Betriebsarzt und ArbeitsmedizinerInnen

(2) Die Beschwerde darf nicht zu Benachteiligungen führen und wird gegenüber unbeteiligten Dritten vertraulich behandelt.

(3) Auf Wunsch des/der Betroffenen haben die Ansprechpersonen im Beschwerdefall die Aufgabe, unverzüglich, spätestens jedoch innerhalb von vier Wochen nach Kenntnis des Vorfalls, die Betroffenen zu beraten und zu unterstützen und auf Wunsch die/den Mobbing(präventions)beauftragte/n einzubeziehen.
Die Mobbing(präventions)beauftragten haben die Aufgabe,
1. auf Wunsch die Betroffenen zu beraten und zu unterstützen,
2. die dem Vorwurf des Mobbings ausgesetzten Personen über die Zusammenhänge und Folgen von Mobbing für Gesundheit, Arbeitsklima, Organisation und über die dienstrechtlichen Folgen von Mobbing aufzuklären,
3. in getrennten oder gemeinsamen Gesprächen mit den mobbenden und den gemobbten Personen den Sachverhalt festzustellen und zu dokumentieren,
4. auf Wunsch des/der Betroffenen in Zusammenarbeit mit dem/der nächsthöheren Vorgesetzten, die/der nicht am Konflikt beteiligt ist, eine Lösung zu erarbeiten.

Wenn eine einvernehmliche Lösung innerhalb von zwei Monaten erzielt wird, ist von der/dem Mobbing(präventions)beauftragten ein Protokoll über den Konflikt und seine Lösung zu verfassen.
Nach einem Zeitabstand von etwa drei Monaten wird der/die Mobbing(präventions)beauftragte ein Gespräch mit den Betroffenen suchen, um zu prüfen, ob die vorgeschlagenen Maßnahmen zielführend waren.
Wird keine Konfliktlösung innerhalb von zwei Monaten erzielt, ist eine externe Mediation anzubieten, die vom Dienstgeber bezahlt wird.

§ 6 Mobbing(präventions)beauftragte

(1) Im BMSG werden Mobbing(präventions)beauftragte und Stellvertretungen mit einer entsprechenden Ausbildung installiert.

(2) Mobbing(präventions)beauftragte sind nicht „AnwältInnen oder VertreterInnen" der/des Betroffenen, sondern VermittlerInnen zwischen allen Beteiligten. Das bedeutet, dass diese Personen auch von MitarbeiterInnen kontaktiert werden können, die sich zu Unrecht beschuldigt fühlen. Diese Personen sind der Vertraulichkeit verpflichtet (siehe § 7)

(3) Die Anrufung dieser Mobbing(präventions)beauftragten darf der/dem DienstnehmerIn in keiner Weise zum dienstlichen Nachteil gelangen.

(4) Den Beauftragten ist für ihre Tätigkeit im Rahmen dieser Vereinbarung die benötigte Ausbildung von der Personal- bzw. Ausbildungsabteilung und die benötigte Arbeitszeit von den zuständigen Vorgesetzten zur Verfügung zu stellen.

(5) Die Mobbing(präventions)beauftragten sind berechtigt, in Ausübung ihrer Funktion sämtliche ihnen zweckmäßig erscheinenden Informationen einzuholen. Führungskräfte und DienstnehmerInnen des BMSG haben die Beauftragten bei ihrer Arbeit zu unterstützen.

(6) Der Minister/die Ministerin bestellt die von den Personalvertretungsorganen namhaft gemachten Mobbing(präventions)beauftragten und Stellvertretungen für die Dauer von drei Jahren, wobei auf ein ausgewogenes Geschlechterverhältnis zu achten ist.
Die Abberufung der/des Mobbing(präventions)beauftragten erfolgt durch den/die MinisterIn:
- nach Ablauf der Periode,

- auf Wunsch des/der Mobbing(präventions)beauftragten unter Einhaltung einer Frist von 4 Wochen,
- auf Vorschlag der Personalvertretungsorgane.

(7) Bei Bedarf ist dem/der Mobbing(präventions)beauftragten eine externe Supervision zur Verfügung zu stellen.

§ 7 Vertraulichkeit

Über die Informationen und Vorkommnisse, persönlichen Daten und Gespräche ist absolutes Stillschweigen gegenüber Dritten, die nicht am Verfahren beteiligt sind, zu wahren.

§ 8 Maßnahmen im Falle von Mobbing bzw. bei Gefahr der Entwicklung von Mobbing

(1) Beratungsangebot
Als erster Schritt hat auf Wunsch eine Beratung durch den/die Mobbing(präventions)-beauftragte/n zu erfolgen, die auch die Informationen über Möglichkeiten externer Begleitungs- und Supervisionsangebote beinhaltet.

(2) Externe Mediation
Wenn keine Konfliktlösung möglich ist, wird auf Wunsch des/der Betroffenen externe Mediation angeboten.

(3) Supervision/Coaching
Das BMSG gewährt bei Bedarf eine anonyme Erstbegleitung der Mobbingopfer durch qualifizierte externe BeraterInnen.

(4) Coaching der Personen, die dem Vorwurf des Mobbens ausgesetzt sind.
Den MobberInnen wird ein Coaching angeboten.

§ 9 Schlussbestimmungen

Die auf Grund dieser Vereinbarung anfallenden Kosten trägt der Dienstgeber.

Es ist vorgesehen, die Vereinbarung begleitend zu evaluieren.

Die Vereinbarung tritt am 1. Juli 2004 in Kraft und wird von der Ressortleitung und den zuständigen Personalvertretungsorganen (Zentralausschüssen) abgeschlossen.

Muster zur Betriebsvereinbarung „Partnerschaftliches Verhalten am Arbeitsplatz“ (Jugend am Werk)

Zur Vorbeugung und zum Abbau von Mobbing, sexueller Belästigung, Diskriminierung sowie zur Förderung friedlicher Konfliktbearbeitung

Präambel

Eine Unternehmenskultur, die sich durch partnerschaftliches Verhalten am Arbeitsplatz auszeichnet, bildet die Basis für ein positives innerbetriebliches Arbeitsklima und ist damit eine wichtige Voraussetzung für ein professionelles, bedürfnisorientiertes Arbeiten innerhalb des Vereins.
Mobbing, Diskriminierung nach Geschlecht, Herkunft, Hautfarbe oder Religion, sowie sexuelle Belästigung am Arbeitsplatz stellen eine schwerwiegende Störung des Arbeitsfriedens dar und gelten als Verstöße gegen die Menschenwürde. Sie schaffen im Unternehmen ein eingeengtes, stressbelastetes und entwürdigendes Arbeits- und Lernumfeld und begründen häufig gesundheitliche Störungen.
Der Verein verpflichtet sich, Mobbing, Diskriminierung und sexuelle Belästigung zu unterbinden und ein partnerschaftliches Klima zu fördern und aufrechtzuerhalten. Dies gilt auch für die Werbung und Darstellung des Unternehmens in der Öffentlichkeit.

§ 1 Sprachliche Gleichbehandlung

Soweit im Folgenden personenbezogene Bezeichnungen in weiblicher oder männlicher Form angeführt sind, beziehen sie sich auf Männer und Frauen in gleicher Weise.

§ 2 Geltungsbereich

Die Betriebsvereinbarung gilt für alle Beschäftigten des Betriebes einschließlich aller Führungskräfte und der leitenden Angestellten.

§ 3 Begriffe

1. Unter Mobbing am Arbeitsplatz versteht man im Wesentlichen eine konfliktbelastete Kommunikation unter Kolleginnen oder zwischen Vorgesetzten und Beschäftigten, bei der die angegriffene Person unterlegen ist und von einer oder mehreren anderen Personen systematisch und während längerer Zeit mit dem Ziel und/oder Effekt sie auszugrenzen direkt oder indirekt angegriffen wird.
   Beispiel: Verleumden von Unternehmensangehörigen
   Absichtliches Zurückhalten von arbeitswichtigen Informationen
   Drohungen, Beschimpfungen
   Zuteilung kränkender, unlösbarer oder gar keiner Aufgaben durch Vorgesetzte
2. Bei sexueller Belästigung handelt es sich um nicht erwünschte, verbale oder körperliche Annäherungen sexueller Natur.
   Beispiel: unerwünschter Körperkontakt
   anzügliche Bemerkungen, Kommentare oder Witze
   Zeigen sexistischer und pornografischer Darstellungen (z. B. Pin-up-Kalender)
   Aufforderung zu sexuellen Handlungen
   Andeutungen, dass sexuelles Entgegenkommen berufliche Vorteile bringen könnte

3. Diskriminierung liegt vor, wenn sexistische, rassistische bzw. ausländerfeindliche Kommentare geäußert werden, sowie benachteiligende Handlungen gesetzt werden.
4. So im weiteren Text der Begriff Mobbing benutzt wird, sind damit auch gleichzeitig die Sachverhalte der sexuellen Belästigung und der Diskriminierung gemeint.

§ 4 Ziel der Vereinbarung

1. Die Geschäftsführung und der Betriebsrat haben sich zum Ziel gesetzt, im Betrieb entstehende Konflikte möglichst frühzeitig zu erkennen und auf eine friedliche Konfliktbearbeitung hinzuwirken. So soll auch ein gutes Betriebsklima sichergestellt werden.
2. Mobbing am Arbeitsplatz soll so weit wie möglich verhindert oder frühzeitig erkannt und durch geeignete Maßnahmen möglichst beendet werden. Betroffene sollen durch diese Vereinbarung geschützt und ermutigt werden, die Störungen des Arbeitsfriedens zu benennen und sich zu wehren.
3. Unternehmensleitung und Beschäftigte bemühen sich, Meinungsverschiedenheiten, Interessensgegensätze und sonstige Konflikte unmittelbar mit den anderen Konfliktbeteiligten anzusprechen und einvernehmlich zu regeln. Das Gespräch sollte möglichst bald nach Entstehen des Konfliktes gesucht werden. Die offene, konstruktive Aussprache wird als das beste Mittel gegen eine Eskalation von Konflikten und der Entstehung von Mobbing anerkannt.

§ 5 Konfliktlotse/in

1. Im Betrieb werden vier* Konfliktlotsinnen benannt bzw. gewählt. Je eine Konfliktlotsin ernennen die Betriebsratskörperschaften, zwei Konfliktlotsinnen werden von der Geschäftsführung ernannt. Über die Auswahl der Personen ist das gegenseitige Einvernehmen herzustellen.
2. Mindestens eine der Konfliktlotsinnen pro Bereich muss eine Frau sein.
3. Die Amtsdauer beträgt zwei Jahre, mit der Möglichkeit der Verlängerung. Eine Abberufung ist nur von dem Gremium möglich, das die Vertreterinnen entsandt hat.
4. Sollten die Konfliktlotsinnen nicht Betriebsratsmitglieder sein, so sind sie zu den Tagungsordnungspunkten in den Sitzungen des Betriebsrats als Sachverständige bzw. sachverständige Mitglieder beizuziehen, in denen Mobbing-Themen behandelt werden.
5. Die Konfliktlotsinnen haben über die für die Tätigkeit notwendigen Kenntnisse zu verfügen, oder diese zu erwerben. Die Übernahme der Ausbildungskosten und die Dienstfreistellung für Grundausbildung bzw. Weiterbildung werden im Einvernehmen festgelegt.
6. Die Konfliktlotsinnen haben ihre Tätigkeit tunlichst ohne Störung des Betriebes zu vollziehen. Sie sind nicht befugt, in die Führung und den Gang des Betriebes durch selbständige Anordnungen einzugreifen.
7. Den Konfliktlotsinnen ist die zur Erfüllung ihrer Obliegenheiten erforderliche Freizeit unter Fortzahlung des Entgeltes zu gewähren.
8. Die Konfliktlotsinnen haben jährlich einen Bericht über ihre Arbeit zu erstellen, der den Betriebsratskörperschaften und der Geschäftsführung zur Kenntnis zu bringen ist.
9. Eine Kündigung, die aufgrund der Ausübung der Tätigkeit als Konfliktlotsin ausgesprochen wird, kann bei Gericht angefochten werden. §105 Abs. 5 ArbVG gilt sinngemäß.

* jeweils zwei für den Berufsausbildungs- und Behindertenbereich

§ 6 Richtlinien der Tätigkeit

1. Die Konfliktlotsinnen befassen sich mit Vorbeugung und Abbau von Mobbing im Betrieb. Sie können Maßnahmen zur Verhütung von Mobbing bzw. zur Beseitigung von Umständen, welche Mobbing begünstigen, vorschlagen.
2. Wird an eine der Konfliktlotsinnen ein Mobbingfall herangetragen, bemühen sich diese, in Gesprächen mit den beteiligten Personen eine konstruktive Auseinandersetzung mit dem Konflikt zu ermöglichen. Bei Bedarf kann dies auch eine Information über mögliche interne und externe Hilfsmöglichkeiten bedeuten.
3. Über Informationen und Vorkommnisse, persönliche Daten und Gespräche sowie individuelle Maßnahmen ist absolutes Stillschweigen gegenüber nicht am Verfahren beteiligten Dritten zu bewahren. Werden – mit Einverständnis der Betroffenen – nach der Erstberatung weitere Schritte eingeleitet, so ist eine (mittelbar oder unmittelbar) vorgesetzte Person in Kenntnis zu setzen, damit eventuell notwendige Vorkehrungen getroffen werden können.
4. Andere vereinsangehörige Personen können in Absprache mit den Betroffenen ebenfalls um Teilnahme an der Konfliktbewältigung ersucht werden.
5. Reichen die vereinsinternen Ressourcen zur Lösung des Konfliktes nicht aus, wird mit allen Beteiligten geklärt, ob sie zu einem Konfliktlösungsgespräch im Rahmen einer externen Mediation bereit sind.
   Wenn Einigkeit besteht, bestellt die Konfliktlotsin eine externe Mediatorin zu einem vertraulichen Vermittlungsgespräch (auch außerhalb des Betriebes) mit allen Konfliktparteien. Aufgabe der Mediatorin ist es, einen sicheren Gesprächsrahmen zu schaffen, in dem die Konfliktbeteiligten eine einvernehmliche Regelung zu beiderseitigem Vorteil erarbeiten können.
6. Die Kosten einer externen Mediation werden vom Verein getragen.
7. Als Beendigung des Konfliktlösungsverfahrens kann von der Konfliktlotsin eine Zusammenkunft mit allen Mitarbeiterinnen der jeweiligen Organisationseinheit initiiert und ein abschließendes Gespräch geführt werden.

§ 7 Interventionsplicht der Führungskräfte

Im Rahmen der Fürsorgepflicht sind alle Führungskräfte des Betriebes in ihrem Arbeitsbereich verpflichtet, bei Vorfällen von Mobbing, sexueller Belästigung oder Diskriminierung geeignete Maßnahmen zu setzen und Unterstützung anzubieten.

§ 8 Schutzrechte

1. Jede Mitarbeiterin hat das Recht, sich jederzeit an eine Konfliktlotsin zu wenden. Die Kontaktaufnahme und notwendigen Gespräche können auch während der Arbeitszeit stattfinden.
2. Die Kündigung einer Arbeitnehmerin, die wegen der Inanspruchnahme eines Konfliktbearbeitungsverfahrens erfolgte, kann bei Gericht gemäß §105 Abs. 2 Z i ArbVG (Motivkündigung) angefochten werden.

§ 9 Maßnahmen und Sanktionen

1. Wurden Mobbinghandlungen festgestellt, kann die Geschäftsführung die Teilnahme an einschlägigen Schulungsmaßnahmen anordnen.
2. Wird die Teilnahme verweigert und/oder ist anders keine Wiederherstellung eines partnerschaftlichen Verhaltens herzustellen, so hat die Unternehmensleitung in Abstim-

mung mit dem Betriebsrat angemessene disziplinäre Maßnahmen wie z. B.: Verwarnung, Versetzung, Beendigung des Dienstverhältnisses zu ergreifen. Die diesbezüglichen arbeitsverfassungsrechtlichen Mitwirkungsrechte des Betriebsrates (§ 102 ArbVG) bleiben unberührt.

3. In schweren Fällen wie z. B.: schwere Sachbeschädigung, Körperverletzung oder Vergewaltigung wird vom Unternehmen oder dem/der Betroffenen Strafanzeige erstattet.

§ 10 Informations- und Bildungsmaßnahmen

1. Diese Betriebsvereinbarung wird gemeinsam mit der Broschüre „Partnerschaftliches Verhalten am Arbeitsplatz" allen Beschäftigten zugänglich gemacht.
2. Die Weiterbildung im Themenbereich Konfliktmanagement und Mobbing ist allen in Vorgesetztenfunktionen Beschäftigten zu ermöglichen und dringlichst anzuraten.
3. Vereinsinterne Seminare zum Thema „Partnerschaftliches Verhalten am Arbeitsplatz" sind regelmäßig anzubieten.
4. Die Fähigkeit, Konflikte konstruktiv zu lösen, wird als wesentlicher Bestandteil der Leitungskompetenz angesehen und wird in das Anforderungsprofil bei der Besetzung von Leitungsfunktionen aufgenommen.

§ 11 Schlussbestimmungen

Diese Betriebsvereinbarung kann von jedem Vertragspartner mit Ablauf eines Kalendervierteljahres gekündigt werden. Die Kündigungsfrist beträgt 3 Monate.

Wien, 5.3.2003

Dr. Walter Schaffraneck, Geschäftsführer
Wolfgang Linke, BRV Berufsausbildung
Angelika Hlawaty, Stv.BRV Behindertenhilfe

Muster zur Betriebsvereinbarung „Mobbingabwehr" (DAG-Berlin)

Zwischen der Geschäftsleitung ....
und
dem Betriebsrat ....
wird folgende Betriebsvereinbarung gemäß § 77 Abs. 2 und § 88 Abs. 1 BetrVG abgeschlossen.

§ 1 Gegenstand

Gegenstand dieser Betriebsvereinbarung sind Maßnahmen zur Vorbeugung, Feststellung und Behandlung von Schikanen (Mobbing) im Betrieb.

§ 2 Geltungsbereich

Diese Betriebsvereinbarung gilt für den Betrieb sowie für seine einzelnen Betriebsteile und Nebenbetriebe.
Diese Betriebsvereinbarung gilt für alle Mitarbeiter und Mitarbeiterinnen sowie Auszubildende.

§ 3 Bestellung von Beauftragten

Jede Vertragspartei bestellt eine(n) dem Betrieb angehörige(n) Beauftragte(n). Beide Beauftragten befassen sich mit Vorbeugung, Feststellung und Behandlung von Mobbing im Betrieb. Durch die Beauftragten können einvernehmlich Maßnahmen zur Mobbingabwehr vorgeschlagen werden. Kann kein Einvernehmen hergestellt werden, so ist eine unabhängige Fachperson zu der Entscheidung hinzuzuziehen.

§ 4 Schulung

1. Beide Beauftragten haben einen Anspruch auf regelmäßige geeignete Schulung von mindestens 2 Wochen im Jahr.
2. Im Rahmen der Mobbingvorbeugung sind die Führungskräfte des Betriebes verpflichtet, einmal jährlich an geeigneten Schulungs- oder Fortbildungsveranstaltungen teilzunehmen.
3. Die Überwachung obliegt den Beauftragten.

§ 5 Vorbeugende Maßnahmen

1. Durch die Beauftragten beider Vertragsparteien ist Informationsmaterial zum Thema „Mobbing" zusammenzustellen und jedem Mitarbeiter zur Verfügung zu stellen.
2. Den Beauftragten ist das Recht einzuräumen, Sprechstunden durchzuführen. Bei Bedarf stellt der Arbeitgeber einen geeigneten Raum zur Verfügung.
3. Auf Betriebsversammlungen sollten im Sinne vorbeugender Maßnahmen Experten zu den Themen „Mobbing" und „Sexuelle Belästigung" referieren.

§ 6 Feststellung

1. Jeder Mitarbeiter/Mitarbeiterin hat das Recht, sich als potentielles Mobbingopfer an einen Beauftragten zu wenden.
2. Das allgemeine Beschwerderecht gemäß der §§ 84, 85 Betriebsverfassungsgesetz bleibt unberührt.
3. Die Beauftragten haben im Einzelfall geeignete Maßnahmen zur Abhilfe vorzuschlagen.

§ 7 Behandlung

Über die von Beauftragten vorgeschlagene Handhabung und Maßnahmen verständigen sich Betriebsrat und Arbeitgeberseite. Die beteiligten Personen haben das Recht und die Pflicht, eine Schlichtung einzuleiten. Im Bedarfsfalle sind externe Stellen (z. B. Einigungsstelle) einzuschalten.

§ 8 Kostentragung

Der Arbeitgeber verpflichtet sich, sämtliche aus dieser Betriebsvereinbarung entstehenden Kosten zu tragen, sofern nicht andere Träger für diese aufkommen.

§ 9 Schlussbestimmung

Diese Betriebsvereinbarung tritt mit Wirkung vom .... in Kraft. Sie kann mit einer Frist von 3 Monaten zum Jahresende, frühestens zum 31.12. ...., gekündigt werden.

Diese Betriebsvereinbarung wirkt nach bis zum Abschluß einer neuen Vereinbarung.

Ort, Datum

Geschäftsleitung Betriebsrat

Fragebogen zur Erhebung der demographischen Daten

Bundesland:

Wien	Oberösterreich	Kärnten
Niederösterreich	Steiermark	Tirol
Burgenland	Salzburg	Vorarlberg

Ich wohne in einer
Großstadt
Kleinstadt
Dorf

EinwohnerInnenzahl meines Heimatortes ....

Geschlecht: männlich weiblich

Alter: ....

Familienstand:
verheiratet oder in Lebensgemeinschaft lebend
geschieden
ledig

Haben Sie Kinder? ja nein
Wenn ja, wieviele? ....

Schulbildung: ....
....

Beruflicher Werdegang: ....
....

Ich bin im öffentlicher Dienst beschäftigt	ja	nein
Ich bin in der Privatwirtschaft beschäftigt	ja	nein
Sind Sie entsprechend Ihrer beruflichen Ausbildung eingesetzt?	ja	nein

Wenn nein, welche berufliche Tätigkeit führen Sie aus? ....
....

Haben Sie innerhalb Ihres Betriebes noch andere Funktionen? ja nein
Wenn ja, welche?..
....

Sind Sie für einen bestimmten Personenkreis verantwortlich (ChefIn)? ja nein
Wenn ja, für wieviele Personen?...

Wie lange sind Sie bereits in Ihrem Betrieb tätig? .... Jahre

Betriebsgröße :
unter 20 MitarbeiterInnen
20 bis 50 MitarbeiterInnen
50 bis 100 MitarbeiterInnen
100 bis 1000 MitarbeiterInnen
über 1000 MitarbeiterInnen

Zur Mobbingsituation, die im Interview geschildert wird:

Ich war .... Monate einer Mobbingsituation ausgesetzt.

In dieser Zeit war ich innerhalb einer Woche .... (bitte Häufigkeit angeben) Mobbinghandlungen ausgesetzt.

Die Attacken sind von einem (einer)	Einzelnen
	Gruppe ausgegangen.
Die Mobbingattacken	waren speziell gegen mich gerichtet
	haben auch andere KollegInnen betroffen

Falls auch andere KollegInnen betroffen waren, bitte schildern Sie, in welcher Form:
....
....
....

Hauptsächlich war ich folgenden Mobbinghandlungen ausgesetzt:
....
....
....

Danke für Ihre Mitarbeit!

Interviewleitfaden der empirischen Untersuchung

1. Arbeitskontext

Beschreibung der Tätigkeit und des Betriebes.

2. Mobbingauslöser, Mobbingverlauf, Mobbingende

Wodurch wurde diese Mobbingsituation ausgelöst?
Wie hat sich die Mobbingsituation entwickelt?
Welchen psychischen und physischen Represssionen waren Sie ausgesetzt?
Waren Sie verbalen oder physischen sexuellen Übergriffen ausgesetzt?
Wie oft in der Woche waren Sie der Mobbingsituation ausgesetzt?
Wie lange hat sich diese Situation hingezogen?
Haben Sie das Gefühl, dass Sie systematisch gemobbt wurden?
Welche Ziele haben Ihre MobberInnen verfolgt?
Hat sich die Situation aufgelöst und wenn ja, wie?
Wie hätte die Eskalation (wenn es eine gab) verhindert werden können?
Wer war Ihrer Meinung nach der/die VerursacherIn der Mobbingsituation?

3. Eigenverhalten und Erleben

Wie haben Sie sich in der Mobbingsituation verhalten? Welche Maßnahmen haben Sie ergriffen? (Haben Sie etwas falsch gemacht?)
Welche psychischen und physischen Folgen hatte das für Sie?
Was haben Sie getan, um mit Ihren psychischen und physischen Schmerzen zurande zu kommen?

4. Fremdverhalten

Wie haben sich Ihre KollegInnen verhalten?
Gab es Menschen, die Sie unterstützt haben?
Welche Interventionen haben Ihnen geholfen und von wem wurden sie gesetzt?

5. Organisatorische Rahmenbedingungen

Welche betriebliche Interventionen hätten geholfen, die Mobbingsituation zu verhindern?
Durch welche betrieblichen Interventionen hat sich die Situation verschlechtert/verbessert?
Welche organisatorischen Rahmenbedingungen hätten die Lösung des Problems verhindert/gefördert?

Sachregister

Mag. Dr. Christa Kolodej ist Arbeits-, Wirtschafts- und Organisationspsychologin (AWO), (Lehr-)Supervisorin, Coach, (eingetragene) Mediatorin, Organisationsentwicklerin, Trainerin im Profit- und Non-Profitbereich, Gastprofessorin und Universitätslektorin an der Karl-Franzens-Universität Graz, Leiterin des Zentrums für Konflikt- und Mobbingberatung am Arbeitsplatz „Work & People" sowie für die Konzeption und wissenschaftliche Leitung des Lehrgangs „Konflikt- und Mobbingberatung" der Arge Bildungsmanagement, Wien, verantwortlich.

Handy: 0676/74 94 194, E-Mail: DrKolodej@gmx.at, Internet: www.kolodej.at